実践的技術者のための
電気電子系教科書シリーズ

通信システム工学

アナログ・ディジタル変復調技術

下塩義文
西山英治　編著

理工図書

発刊に寄せて

人類はこれまで狩猟時代，農耕時代を経て工業化社会，情報化社会を形成し，その時代時代で新たな考えを導き，それを具現化して社会を発展させてきました。中でも，18 世紀中頃から 19 世紀初頭にかけての第 1 次産業革命と呼ばれる時代は，工業化社会の幕開けの時代でもあり，蒸気機関が発明され，それまでの人力や家畜の力，水力，風力に代わる動力源として，紡績産業や交通機関等に利用され，生産性・輸送力を飛躍的に高めました。第 2 次産業革命は，20 世紀初頭に始まり，電力を活用して労働集約型の大量生産技術を発展させました。1970 年代に始まった第 3 次産業革命では電子技術やコンピュータの導入により生産工程の自動化や情報通信産業を大きく発展させました。近年は，第 4 次産業革命時代とも呼ばれており，インターネットであらゆるモノを繋ぐ IoT（Internet of Things）技術と人工知能（AI：Artificial Intelligence）の本格的な導入によって，生産・供給システムの自動化，効率化を飛躍的に高めようとしています。また，これらの技術やロボティクスの活用は，過去にどこの国も経験したことがない超少子高齢化社会を迎える日本の労働力不足を補うものとしても大きな期待が寄せられています。

このように，工業の技術革新はめざましく，また，その速さも年々加速しています。それに伴い，教育機関にも，これまでにも増して実践的かつ創造性豊かな技術者を育成することが望まれています。また，これからの技術者は，単に深い専門的知識を持っているだけでなく，広い視野で俯瞰的に物事を見ることができ，新たな発想で新しいものを生みだしていく力も必要になってきています。そのような力は，受動的な学習経験では身に付けることは難しく，アクティブラーニング等を活用した学習を通して，自ら課題を発見し解決に向けて主体的に取り組むことで身につくものと考えます。

本シリーズは，こうした時代の要請に対応できる電気電子系技術者育成のための教科書として企画しました。全 23 巻からなり，電気電子の基礎理論をしっかり身に付け，それをベースに実社会で使われている技術に適用でき，また，新たな開発ができる人材育成に役立つような編成としています。

編集においては，基本事項を丁寧に説明し，読者にとって分かりやすい教科書とすること，実社会で使われている技術へ円滑に橋渡しできるよう最新の技術にも触れること，高等専門学校（高専）で実施しているモデルコアカリキュラムも考慮すること，アクティブラーニング等を意識し，例題，演習を多く取り入れ，読者が自学自習できるよう配慮すること，また，実験室で事象が確認できる例題，演習やものづくりができる例題，演習なども可能なら取り入れることを基本方針としています。

また，日本の産業の発展のためには，農林水産業と工業の連携も非常に重要になってきています。そのため，本シリーズには「工業技術者のための農学概論」も含めています。本シリーズは電気電子系の分野を学ぶ人を対象としていますが，この農学概論は，どの分野を目指す人であっても学べるように配慮しています。将来は，林業や水産業と工学の関わり，医療や福祉の分野と電気電子の関わりについてもシリーズに加えていければと考えています。

本シリーズが，高専，大学の学生，企業の若手技術者など，これからの時代を担う人に有益な教科書として，広くご活用いただければ幸いです。

2016 年 11 月　　　　編集委員会

実践的技術者のための電気・電子系教科書シリーズ
編集委員会

田中秀和　大同大学教授

博士(工学)（名古屋工業大学），技術士（情報工学部門）

1973 年　名古屋工業大学工学部電子工学科卒業

1973 年　川崎重工業（株）ほかに従事し，

1991 年　豊田工業高等専門学校（助教授，教授）

2004 年　大同大学教授（2016 年からは特任教授）

著書　QuickC トレーニングマニュアル（JICC 出版局），C 言語によるプログラム設計法（総合電子出版社），C ++によるプログラム設計法（総合電子出版社），C 言語演習（啓学出版，共著），技術者倫理―法と倫理のガイドライン（丸善，共著），技術士の倫理（改訂新版）（日本技術士会，共著），実務に役立つ技術倫理（オーム社，共著），技術者倫理　日本の事例と考察（丸善出版，共著）

所　哲郎　岐阜工業高等専門学校教授

博士(工学)（豊橋技術科学大学）

1982 年　豊橋技術科学大学大学院修士課程修了

1982 年　岐阜工業高等専門学校（助手，講師，助教授を経て）

2001 年　岐阜工業高等専門学校教授　現在に至る

著書　学生のための初めて学ぶ基礎材料学（日刊工業新聞社，共著）

所属は 2016 年 11 月時点で記載

まえがき

本書は，高専の 4，5 年生・大学専門課程の通信工学のテキストとして書いたものである．通信工学の中でも，主にアナログ変復調，ディジタル変復調について記載している．筆者は，米国の教科書のように，自分で読んで理解でき，練習問題を通じてさらに理解を深めるといった教科書ができないかとずっと考えてきた．このたび，このテキストの執筆の機会を与えていただき，できるだけこのような内容になるように務めたつもりである．式の展開はできるだけ省略せずに記載し，式を並べるだけでなく，式の意味を説明するようにした．また，各章の中に練習問題を設け，その解を記載した．章末の練習問題にも解答を付した．ぜひ，自分で解いて学習して欲しい．

第 1 章は通信工学で重要な周波数スペクトルの求め方や考え方について述べた．第 2 章では従来のアナログ変復調について述べた．やや古い内容も入っているが，基礎的な考え方を含む内容ということで取り入れた．第 3 章は，パルスを変調せずに伝送する仕組みについて述べた．第 4 章では，ディジタル通信の基礎となる標本化定理を詳しく説明し，アナログ信号をパルスに変換して伝送する仕組みについて述べた．最後の第 5 章では，ディジタル信号を変調して送る様々な仕組みについて述べた．最近の携帯電話や無線 LAN，衛星通信など様々な分野でディジタル通信の利用は進歩しているが，本書ではその仕組み等については述べることができなかった．地デジや携帯電話で使用される OFDM 変復調までは記載したので，基礎的な変復調の仕組みを理解して，様々な通信システムの学習をしてもらえればいいと考える．

本書の執筆にあたり，内外の多くの書籍を参考にした．巻末にこれらを記載し，感謝申し上げる次第である．また，本書の執筆の機会を与えていただいた，一関高専校長柴田尚志先生感謝申し上げる．

目次

1章　フーリエ級数と周波数スペクトル ---------- 1
1.1　信号の表現 ---------- 1
1.2　ひずみ波交流 ---------- 3
1.2.1　任意のひずみ波交流は多くの正弦波の和で成り立っている ---------- 3
1.2.2　任意の大きさと位相を持った正弦波信号は cos 波と sin 波の和で表せる ---------- 4
1.3　三角関数によるフーリエ級数 ---------- 5
1.3.1　三角関数によるひずみ波交流の展開 ---------- 5
1.3.2　係数 a_n と b_n の意味 ---------- 6
1.3.3　周波数スペクトル ---------- 8
1.4　指数関数によるフーリエ級数 ---------- 9
1.4.1　フーリエ級数の指数関数による表現 ---------- 9
1.4.2　周波数スペクトル ---------- 10
1.4.3　負の周波数の考え方と両側スペクトル・片側スペクトル ---------- 11
1.5　周波数スペクトルとその描き方 ---------- 12
1.6　ひずみ波交流の実効値 ---------- 15
1.7　フーリエ級数からフーリエ変換へ ---------- 16
1.8　ディジタル信号の周波数スペクトル ---------- 21

2章　アナログ変調・復調 ---------- 29
2.1　各種用語、変調・復調が必要な理由 ---------- 29
2.1.1　変調、復調などの各種用語 ---------- 29
2.1.2　変調の種類 ---------- 30
2.2　信号波の種類と周波数成分 ---------- 31
2.2.1　信号波と周波数帯幅 ---------- 31
2.2.2　音声の周波数成分 ---------- 31

2.2.3 楽器・音楽の周波数成分 ----- 31
2.2.4 画像の周波数成分 ----- 32
2.3 変調の必要性と役割 ----- 33
2.4 振幅変調方式 ----- 36
2.4.1 両側波帯-抑圧搬送波変調(DSB-SC；Double Side Band-Suppressed Carrier Modulation) ----- 36
2.4.2 DSB-FC 変調(狭義の AM 変調)(両側帯波－全搬送波変調；Double Side Band-Full Carrier Modulation) ----- 40
2.4.3 SSB 変調方式(Single Side Band modulation system；搬送波抑圧—単側波帯変調方式) ----- 54
2.5 振幅変調、復調回路 ----- 56
2.5.1 ベース変調回路 ----- 56
2.5.2 コレクタ変調回路 ----- 58
2.5.3 包絡線検波回路 ----- 60
2.5.4 同期検波回路 ----- 61
2.6 角度変調方式 ----- 62
2.6.1 FM（周波数変調） ----- 62
2.6.2 PM（Phase Modulation；位相変調） ----- 76
2.6.3 FM と PM の周波数スペクトルのまとめ ----- 79
2.6.4 間接 FM と直接 FM ----- 80
2.6.5 FM の三角雑音とプリエンファシス・ディエンファシス ----- 83
2.6.6 FM 変調、復調回路 ----- 86
2.7 FM ステレオ放送 ----- 94
2.7.1 モノラルとの互換性 ----- 94
2.7.2 FM ステレオ信号の送信 ----- 94
2.7.3 FM ステレオ信号の受信 ----- 95
2.8 周波数分割多重通信方式 ----- 98
2.9 雑音と雑音指数 ----- 100

2.9.1 熱雑音 ---------- 100
2.9.2 雑音指数 ---------- 104
2.9.3 等価雑音電力，等価雑音温度，等価雑音抵抗 ---------- 106
2.9.4 N段縦続接続時の雑音指数 ---------- 107

3章 ベースバンド伝送方式 ---------- 117
3.1 ベースバンド伝送の送受信処理手順 ---------- 117
3.2 クロック信号を取り出しやすく直流を含まない符号 ---------- 118
3.3 連続する0を置き換える技術 ---------- 122
3.3.1 BNZS(Binary N-zero Substitution) ---------- 122
3.3.2 CMI(Coded Mark Inversion)符号 ---------- 123
3.4 符号間干渉 ---------- 124
3.5 回線の等化 ---------- 131
3.5.1 回線の周波数－位相ひずみ，振幅ひずみによる符号間干渉 ---------- 131
3.5.2 逆特性等化器 ---------- 131
3.6 アイパターン ---------- 134

4章 パルス変調方式 ---------- 139
4.1 各種パルス変調方式 ---------- 139
4.2 標本化定理 ---------- 140
4.2.1 標本化定理とは ---------- 141
4.2.2 PAM波は元の信号波の情報を含んでいるか ---------- 141
4.2.3 PAM波を信号波と単位インパルス信号の積で表す ---------- 145
4.2.4 PAM波から元の信号を取り出すにはどうするか ---------- 147
4.2.5 標本化する周波数はどれだけあれば良いか（標本化定理） ---------- 149
4.3 アナログ信号からディジタル信号への変換 ---------- 153
4.3.1 サンプル＆ホールド回路 ---------- 154
4.3.2 AD変換器 ---------- 154

4.4 PWN 変調 ---- 159
4.4.1 PWN 変調回路例 ---- 159
4.4.2 PWN 復調回路 ---- 161
4.5 PPM 変調 ---- 162
4.6 PCM 方式 ---- 163
4.6.1 PCM による電話伝送 ---- 163
4.6.2 BPF ---- 164
4.6.3 標本化 ---- 165
4.6.4 量子化 ---- 165
4.6.5 量子化誤差の実効値 ---- 167
4.6.6 S/N ---- 171
4.6.7 PCM におけるダイナミックレンジ ---- 172
4.6.8 符号の割当 ---- 173
4.6.9 圧伸（圧縮と伸縮） ---- 177
4.7 時分割多重方式（TDM） ---- 180

5章 ディジタル変調方式 ---- 185
5.1 概要 ---- 185
5.1.1 ディジタル通信方式とアナログ通信方式 ---- 185
5.1.2 ディジタル通信方式の特徴 ---- 185
5.1.3 各種ディジタル変調波形 ---- 186
5.2 ASK(振幅シフトキーイング) ---- 188
5.2.1 概要と波形 ---- 188
5.2.2 式での表現 ---- 188
5.2.3 ASK 波の発生法 ---- 189
5.2.4 ASK 波の復調 ---- 190
5.2.5 ASK 波の周波数スペクトル ---- 194
5.2.6 ASK 波の誤り率 ---- 196

5.3 FSK（周波数シフトキーイング） 201
5.3.1 位相連続 FSK と位相不連続 FSK 201
5.3.2 FSK 信号の波形と式による表現 202
5.3.3 FSK 信号の変調指数と周波数スペクトル 203
5.3.4 FSK 変調回路および復調回路 205
5.3.5 MSK と GMSK 207
5.4 PSK（位相シフトキーイング） 211
5.4.1 各種 PSK 信号の波形 211
5.4.2 2 相 PSK（BPSK） 213
5.4.3 4 相 PSK（QPSK） 222
5.4.4 オフセット QPSK（OQPSK） 230
5.4.5 $\pi/4$ シフト QPSK（$\pi/4$-Shift QPSK） 232
5.4.6 誤差ベクトル振幅精度（EVM） 233
5.5 多値変調技術 234
5.5.1 概要 234
5.5.2 直交振幅変調（QAM） 235
5.6 OFDM 変調方式 240
5.6.1 信号の直交性 242
5.6.2 マルチパスの影響 242
5.6.3 OFDM の周波数効率 245
5.6.4 マルチパスへの対応 246
5.6.5 ガードインターバル 249
5.6.6 SFN（Single Frequency Network） 249
5.6.7 OFDM 変調法 251
5.7 スペクトル拡散変調方式（SS；Spread-Spectrum Modulation System） 255
5.7.1 直接スペクトル拡散変調 256
5.7.2 周波数ホッピング（跳躍）スペクトル拡散変調 259

5.7.3 妨害波とスペクトル拡散 260
5.7.4 PN 符号 216

1章　フーリエ級数と周波数スペクトル

ある電気信号の中に，どのような周波数の信号がどの程度の大きさで入っているのかを知ることは，通信工学ではとても大事である。例えば，テレビのひとつのチャンネルを放送するのに 6MHz の**占有周波数帯幅**（通信に必要な周波数の幅）を要するが，これがもし 12MHz であれば，テレビ放送に割り当てられた周波数帯幅の中で，同時に放送できる局の数が半分になってしまう。また，音声に比べ多くの情報を含む動画を送るには，音声より広い占有周波数帯幅を必要とする。通信に使用できる周波数は有限の資源であり，ある情報を伝えるのに必要な占有周波数帯幅を知り，適切な周波数帯利用を行う必要がある。1 章では，通信工学で用いる信号の表し方と，情報を表す電気信号に含まれる周波数成分を求める方法について述べる。

1.1　信号の表現

通信システムにより音声や動画を伝送する場合，それらを表す情報を電気信号に変換する必要がある。一般に，この変換された電気信号には，ひとつの周波数ではなく多くの周波数成分を含んでいる。通信工学でこのようないろいろな周波数を含んだ電気信号を取り扱うときの代表として，単一正弦波を用いる場合が多い（ここでは，正弦波状に振動する波を正弦波とよび，正弦波と余弦波を区別する必要があるときは，それぞれ sin 波，cos 波と記す）。この理由は，ひとつの正弦波信号だけを考えればよいので解析が簡単になることと，通信システムが線形なシステムの場合，あるひとつの周波数に対する特性がわかれば，複数の周波数に対する特性を重ね合わせることで，周波数帯域全体の特性を知ることができるからである。

実際に信号を伝送する場合，搬送波周波数を中心にある幅を持った帯域信号

を伝送する場合が多い。搬送波周波数f_c付近の帯域信号を

$$x(t)=A(t)\cos\{2\pi f_c t+\theta(t)\} \tag{1.1}$$

ただし，$A(t)$：振幅，f_c：搬送波周波数，$\theta(t)$：位相

で表す。sin 波でなく cos 波を用いるのは，後の説明等で用いる計算で便利だからである。この式は，$A(t)$と$\theta(t)$が変化しなければ単に単一周波数の正弦波状に変化する信号を表すが，$\theta(t)$を一定値θとし，$A(t)$の部分を次式の下線部，

$$e_{\mathrm{AM}}(t)=\underline{E_c(1+m\cos 2\pi f_s t)}\cos(2\pi f_c t+\theta) \tag{1.2}$$

とすると振幅変調の式を表し，$A(t)$の部分を一定値E_cとし，$\theta(t)$の部分を

$$e_{\mathrm{FM}}(t)=E_c\cos(2\pi f_c t+\underline{m_f\sin 2\pi f_s t}) \tag{1.3}$$

とすると周波数変調の式を表すことができる。このように，$A(t)$や$\theta(t)$を変化させることで，さまざまな被変調波を表すことができる。したがって，何らかの原理や回路で式(1.1)の形を実現できれば，変調ができたということになる。

式(1.1)をもう少し考察する。加法定理を用いて式(1.1)を展開すると，

$$\begin{aligned}x(t)&=A(t)\cos\{2\pi f_c t+\theta(t)\}\\&=A(t)\cos 2\pi f_c t\cdot\cos\theta(t)-A(t)\sin 2\pi f_c t\cdot\sin\theta(t)\\&=a(t)\cos 2\pi f_c t-b(t)\sin 2\pi f_c t\end{aligned} \tag{1.4}$$

ただし，$a(t)=A(t)\cos\theta(t)$，$b(t)=A(t)\sin\theta(t)$

となる。ここで，

$$d(t)=a(t)+jb(t)=A(t)\cos\theta(t)+jA(t)\sin\theta(t)=A(t)e^{j\theta(t)} \tag{1.5}$$

とおくと，式(1.1)は

$$\begin{aligned}x(t)&=\mathrm{Re}\{d(t)e^{j2\pi f_c t}\}=\mathrm{Re}\{A(t)e^{j\{2\pi f_c t+\theta(t)\}}\}\\&=\mathrm{Re}[A(t)\cos\{2\pi f_c t+\theta(t)\}+jA(t)\sin\{2\pi f_c t+\theta(t)\}]\\&=A(t)\cos\{2\pi f_c t+\theta(t)\}\end{aligned} \tag{1.6}$$

と表せる。式(1.6)より，$x(t)$を作るためには，つまり変調するためにはデータを表す複素数$d(t)$を作り，それに搬送波を表す複素指数関数$e^{j2\pi f_c t}$を掛け算して，その実部を取ればよいことがわかる。このことから，$d(t)$を複素変調関数（あるいは複素基底帯域信号または複素包絡線とも呼ぶ），$e^{j2\pi f_c t}$を複素搬送波と呼ぶ。具体的な変調方式については，後の章で述べる。

1.2　ひずみ波交流

電気信号には，のこぎり波のように周期的に繰り返すもの（周期信号）と，電源スイッチを入れた瞬間などに見られる一時的な信号（非周期信号あるいは過渡信号）がある。周期信号には，単一正弦波の正弦波交流と複数の正弦波の和からできている**ひずみ波交流**と呼ばれるものがある。ここでは，ひずみ波交流を作っている各正弦波はcos波とsin波の和で表されることを述べ，ひずみ波交流が多くの正弦波の和で成り立っている一例を示す。また，ひずみ波交流波形からその成分であるcos波，sin波の大きさを求める方法について述べる。

1.2.1　任意のひずみ波交流は多くの正弦波の和で成り立っている

図 1-1 にひずみ波交流の例を示す。このような波形が本当に正弦波の和だけでできるのだろうか。**図 1-2** に奇数次の高調波（周波数が基本波の周波数の奇数倍の正弦波のこと。なお，基本波とは周期がひずみ波交流の周期と同じ正弦波のこと）を加えていくことで矩形波に近づいていく様子を示す。**図 1-2**(a)は振幅がAで周期$T_0(=1/f_0)$の矩形波を示す。**図 1-2**(b)はそれぞれの周波数がf_0，$3f_0$，$5f_0$で，大きさが$4A/\pi$，$4A/3\pi$，$4A/5\pi$である3つのsin波（図では1,3,5で表す）と，3つのうちf_0と$3f_0$のsin波の和をとったもの（1 + 3），3つとも和をとったもの(1 + 3 + 5)，および矩形波をひとつの図に示したものである。この図からわかるように，f_0，$3f_0$，$5f_0$の周波数の順にsin波を加えて行くと，だんだん矩形波の形に近づいて行くことがわかる。これより，矩形波が多くのsin波の和からできることが推測できる。

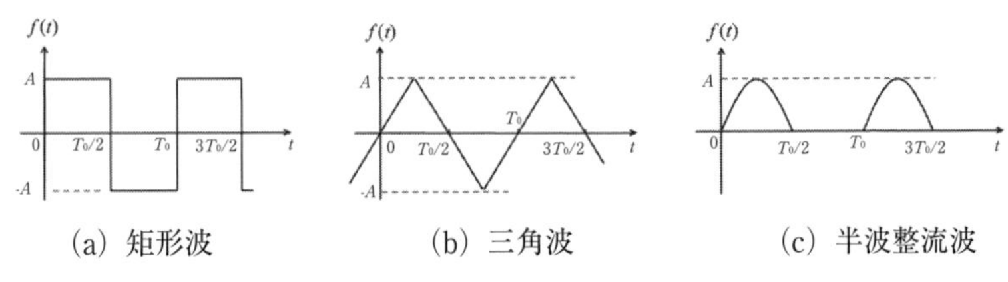

(a) 矩形波　　(b) 三角波　　(c) 半波整流波

図1-1　さまざまなひずみ波交流の波形

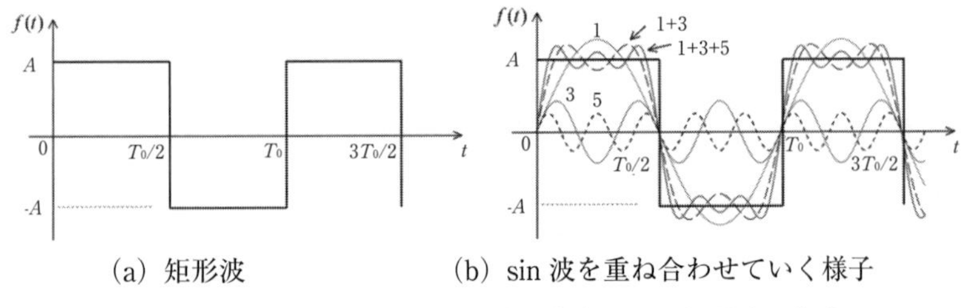

(a) 矩形波　　(b) sin 波を重ね合わせていく様子

図1-2　矩形波と複数の sin 波の合成による矩形波の作成

1.2.2　任意の大きさと位相を持った正弦波は cos 波と sin 波の和で表せる

任意の正弦波は，振幅E，周波数fおよび位相θを与えることで，cos 波

$$E\cos(2\pi ft+\theta) \tag{1.7}$$

だけで表すことができる。この式を展開すると，

$$\begin{aligned} E\cos(2\pi ft+\theta) &= E\cos\theta\cdot\cos 2\pi ft - E\sin\theta\cdot\sin 2\pi ft \\ &= a\cos 2\pi ft + b\sin 2\pi ft \end{aligned} \tag{1.8}$$

ただし，$a=E\cos\theta$，$b=E\sin\theta$，$\theta=\tan^{-1}\dfrac{b}{a}$

となる。これからわかるように，式(1.7)で表される任意の正弦波は，共に周波数がfで位相がゼロである，振幅aの cos 波と振幅bの sin 波の和から作ることができることがわかる。したがって，複数の正弦波の和で成り立っているひずみ波交流は，各正弦波の大きさと位相を求める代わりに，各正弦波の成分である cos 波と sin 波の大きさa，bを求めることで各正弦波成分を求めることが

できる。これらの係数a，bを求めるのに使われるのが**フーリエ級数**の展開係数を求める式であり，フーリエ級数の展開係数は cos 波と sin 波の大きさを表している。展開係数の計算には三角関数を用いる方法と指数関数を用いる方法の二通りがあるので，これらについて述べる。また，展開係数の計算法だけでなく，式の意味を説明する。なお，周期のある波形はフーリエ級数で解析できるが，非周期的な信号はフーリエ変換によって解析される。この章の最後で，フーリエ変換についても述べる。

1.3　三角関数によるフーリエ級数

フーリエ級数を用いてひずみ波交流を作っている各成分を計算する方法を述べる。また，ひずみ波交流を作っている各正弦波の周波数を横軸に，大きさを縦軸にとって描いた図を周波数スペクトルと呼ぶが，この周波数スペクトルについても説明する。

1.3.1　三角関数によるひずみ波交流の展開

ひずみ波交流を$f(t)$とすると，$f(t)$は次のフーリエ級数に展開できる。

$$f(t)=\frac{a_0}{2}+\sum_{n=1}^{\infty}(a_n\cos n\omega_0 t+b_n\sin n\omega_0 t) \tag{1.9}$$

ただし，$T_0=1/f_0$：基本周期，　　$f_0=\omega_0/2\pi$：基本周波数

$$a_n=\frac{2}{T_0}\int_{-T_0/2}^{T_0/2}f(t)\cos n\omega_0 t dt \quad (n=0,\ 1,\ 2,\cdots) \tag{1.10a}$$

$$b_n=\frac{2}{T_0}\int_{-T_0/2}^{T_0/2}f(t)\sin n\omega_0 t dt \quad (n=1,\ 2,\ 3,\cdots) \tag{1.10b}$$

係数a_nは$f(t)$に含まれる成分のうち角周波数$n\omega_0$の cos 波成分（偶関数成分）の大きさを，b_nは sin 波成分（奇関数成分）の大きさを表している。定数$a_0/2$については，問 1-1 を参照。

【問 1-1】式(1.9)第1項の$a_0/2$の意味を説明せよ。

解）式(1.10a)で，$n = 0$ とおいて計算すると，

$$a_0=\frac{2}{T}\int_{-T_0/2}^{T_0/2}f(t)dt \quad \rightarrow \quad \frac{a_0}{2}=\frac{1}{T}\int_{-T_0/2}^{T_0/2}f(t)dt$$

となることから，$a_0/2$は$f(t)$の平均値（直流分）を表していることがわかる。1/2が付いているのは，$n=0$ の場合も含めて式(1.10a)で計算するため，2で割らないと平均値にならないからである。1周期の平均値は，電気の分野では信号に含まれる直流分の大きさである。

1.3.2　係数a_nとb_nの意味

フーリエ級数の係数の意味を考える。関数$f(t)$に偶関数（y 軸に対して線対称の波形）である cos 波をかけて，基本波の1周期の区間を積分する場合，$f(t)$に含まれている sin 波成分は奇関数（y 軸に対して点対象の波形）であるため，cos 波を掛けた結果も y 軸に対して点対称になり，これを1周期積分するとゼロになる。逆に，$f(t)$に奇関数の sin 波を掛けて1周期積分すると，$f(t)$に含まれる偶関数である cos 波成分はゼロとなる。また，cos 波同士，sin 波同士を掛け算すると，同じ周波数の場合以外は，1周期積分するとゼロになる。**図 1-3** に示す sin 波と cos 波を掛けた場合の例で説明すると，sin 波が x 軸の正側と負側で符号が異なるので，これに x 軸の正側，負側で符号が同じである cos 波を掛けたものは，周波数が異なる場合でも x 軸の正側と負側で符号が異なり，これを1周期積分すると，互いに打ち消し合って消えてしまう。これに対し，**図 1-4** からわかるように，cos 波に cos 波を掛けた場合は，周波数が等しい場合だけ正の値となり，一周期積分すると必ず正の値が残る。これは，sin 波に sin 波を掛けた場合も同様である。フーリエ級数はこの性質を利用して，自分が取り出したい周波数の cos 波あるいは sin 波の大きさを計算できるようにしたものである。

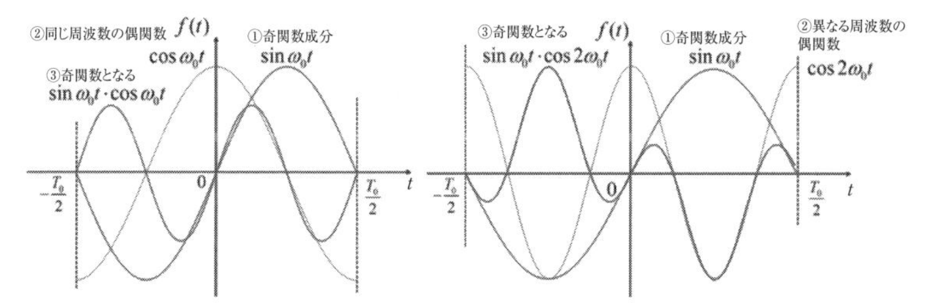

(a) sin 波に同じ周波数の cos 波を掛けて積分すると消える　(b) sin 波に異なる周波数の cos 波を掛けて積分すると消えてしまう

図 1 - 3　sin 波成分は cos 波を掛けて一周期積分すると消えてしまう

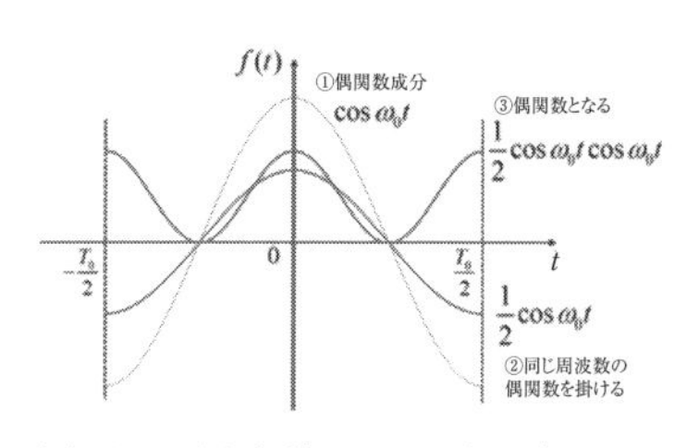

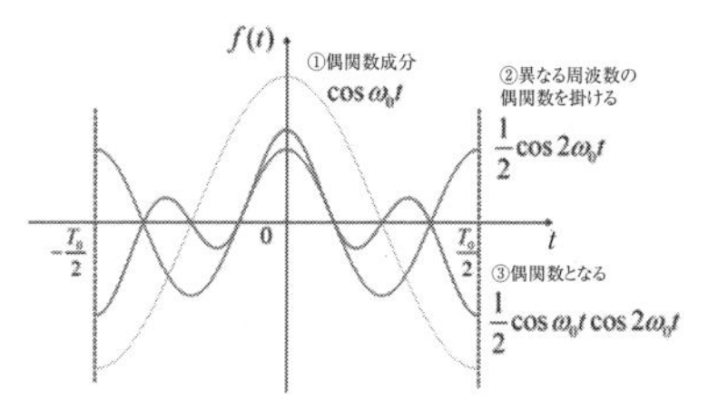

(a) 同じ周波数の cos 波どうしを掛けて積分すると正の値が残る　(b) 異なる周波数の cos 波どうしを掛けて積分すると消えてしまう

図 1 － 4　cos 波成分は同じ周波数の cos 波を掛けたときだけ値が残る

【問 1-2】周期関数$f(t)$に含まれる，角周波数が$n\omega_0$である cos 波成分の大きさを求めるには，式(1.10a)

$$a_n=\frac{2}{T_0}\int_{-T_0/2}^{T_0/2}f(t)\cos n\omega_0 t dt(n=0,\ 1,\ 2,\ 3\cdots)$$

を計算するが，この式は係数が$2/T_0$となっており，$-T_0/2\sim T_0/2$間の平均を求めているわけではない。では，

(1)　この係数の 2 という数値は一体どこから来ているのか，また，

(2)　この式を計算すると，$f(t)$に含まれている成分のうち，角周波数$n\omega_0$の cos 波成分の大きさだけが求められることを説明せよ。

解）(1)式(1.10a)は$-T_0/2\sim T_0/2$間の平均を求める式ではない。例えば，周期関数を，$f(t)=a_n\cos n\omega_0 t$とすると，

$$\frac{2}{T_0}\int_{-T_0/2}^{T_0/2} a_n \cos n\omega_0 t \cdot \cos n\omega_0 t dt = \frac{2}{T_0}\int_{-T_0/2}^{T_0/2} a_n \frac{1+2\cos 2n\omega_0 t}{2} dt = a_n$$

となり，三角関数を用いた計算過程で分母に2が表れるので，これを打ち消すためにあらかじめ分子に2をつけているだけである。これによって，周波数が$n\omega_0$である成分の大きさa_nが計算できる。

(2)　$f(t)$に含まれる sin 波は奇関数であるため，偶関数である cos 波を掛けて積分するとゼロになる。角周波数$n\omega_0$の cos 波成分は，$\cos m\omega_0 t$をかけて$-T_0/2$〜$T_0/2$間で積分すると，$m \neq n$ の場合

$$\begin{aligned}&\frac{2}{T_0}\int_{-T_0/2}^{T_0/2} a_n \cos n\omega_0 t \cdot \cos m\omega_0 t dt\\ &= \frac{2a_n}{T_0}\int_{-T_0/2}^{T_0/2} \frac{\cos (n+m)\omega_0 t + \cos (n-m)\omega_0 t}{2} dt\\ &= \frac{a_m}{T_0}\left[\frac{\sin (m+n)\omega_0 t}{n+m} + \frac{\sin (m-n)\omega_0 t}{n-m}\right]_{-T_0/2}^{T_0/2} = 0\end{aligned}$$

と0になり，$m=n$ のときだけ(1)のように値が残る。

1.3.3　周波数スペクトル

式(1.9)は，cos 波と sin 波に分かれているが，これをまとめて

$$\begin{aligned}f(t) &= \frac{a_0}{2} + \sum_{n=1}^{\infty} (a_n \cos n\omega_0 t + b_n \sin n\omega_0 t)\\ &= \frac{a_0}{2} + \sum_{n=1}^{\infty} \sqrt{a_n^2 + b_n^2} \cos (n\omega_0 t + \theta_n) \qquad (1.11)\end{aligned}$$

$$\theta_n = \tan^{-1} \frac{b_n}{a_n}$$

と表すことができる。このように表したとき，横軸に0，nf_0をとり，縦軸にa_0，$\sqrt{a_n^2+b_n^2}$を取って描いたグラフが，一般によく用いられる周波数スペクトルである。横軸にnf_0，縦軸にθ_nを取ると位相スペクトルである。周波数スペクトルを描くと，どの周波数成分がどれだけの大きさ含まれているかが一目でわかるため，通信工学では重要な図である。

1.4　指数関数によるフーリエ級数

指数関数を用いたフーリエ級数の計算について述べる。また，これを用いたときの周波数スペクトルについて説明する。

1.4.1　フーリエ級数の指数関数による表現

式(1.9)のフーリエ級数は指数関数で表した方が式(1.10a)，(1.10b)の係数を同時に求めることができて便利なので，フーリエ級数の指数関数表現を求めてみる。オイラーの公式を利用して，式(1.9)の三角関数部分を指数関数に変換し，途中で 1/j=-j を用いて整理すると次式となる。

$$\begin{aligned} f(t) &= \frac{a_0}{2} + \sum_{n=1}^{\infty} (a_n \cos n\omega_0 t + b_n \sin n\omega_0 t) \\ &= \frac{a_0}{2} + \sum_{n=1}^{\infty} \left(a_n \frac{e^{jn\omega_0 t} + e^{-jn\omega_0 t}}{2} + b_n \frac{e^{jn\omega_0 t} - e^{-jn\omega_0 t}}{2j}\right) \\ &= \frac{a_0}{2} + \frac{1}{2}\sum_{n=1}^{\infty} (a_n - jb_n) e^{jn\omega_0 t} + \frac{1}{2}\sum_{n=1}^{\infty} (a_n + jb_n) e^{-jn\omega_0 t} \end{aligned} \tag{1.12}$$

この式の 3 行目第 3 項において，a_n，b_nの添え字の n を $-n$ に，指数部の $-n$ を n に置き換えると，n の範囲を $n=1$，2，･･･の代わりに $n=-1$，-2，･･･とすることができるので，

$$\begin{aligned} &(a_n + jb_n)\varepsilon^{-jn\omega_0 t},\ (n=1, 2, 3) \\ &\qquad \rightarrow\ (a_{-n} + jb_{-n})\varepsilon^{jn\omega_0 t},\ (n=-1, -2, -3) \end{aligned} \tag{1.13}$$

と置き換えることができる。したがって，式(1.12)は

$$f(t) = \frac{a_0}{2} + \frac{1}{2}\sum_{n=1}^{\infty} (a_n - jb_n) e^{jn\omega_0 t} + \frac{1}{2}\sum_{n=-\infty}^{-1} (a_{-n} + jb_{-n}) e^{jn\omega_0 t} \tag{1.14}$$

となる。さらに，a_n，b_nを表す式(1.10a)，(1.10b)において，n を $-n$ に置き換えて，$\cos(-x)=\cos(x)$，$\sin(-x)=-\sin(x)$ を用いると，

$$\left.\begin{aligned} a_{-n}&=\frac{2}{T_0}\int_{-T_0/2}^{T_0/2}f(t)\cos(-n\omega_0 t)dt=\frac{2}{T_0}\int_{-T_0/2}^{T_0/2}f(t)\cos(n\omega_0 t)dt=a_n \\ b_{-n}&=\frac{2}{T_0}\int_{-T_0/2}^{T_0/2}f(t)\sin(-n\omega_0 t)dt=-\frac{2}{T_0}\int_{-T_0/2}^{T_0/2}f(t)\sin(n\omega_0 t)dt=-b_n \end{aligned}\right\} \tag{1.15}$$

が得られる。また，$b_0=0$なので，

$$\frac{a_0}{2}=\frac{a_0-jb_0}{2} \tag{1.16}$$

と考えると，式(1.14)は，

$$\begin{aligned} f(t)&=\frac{1}{2}(a_0-jb_0)+\frac{1}{2}\sum_{n=1}^{\infty}(a_n-jb_n)e^{jn\omega_0 t}+\frac{1}{2}\sum_{n=-1}^{-\infty}(a_n-jb_n)e^{jn\omega_0 t} \\ &=\frac{1}{2}\sum_{n=-\infty}^{n=\infty}(a_n-jb_n)e^{jn\omega_0 t}=\sum_{n=-\infty}^{n=\infty}F(n)e^{jn\omega_0 t} \end{aligned} \tag{1.17}$$

$$\text{ただし，}F(n)=\frac{1}{2}(a_n-jb_n),\quad(n=0,\ \pm 1,\ \pm 2,\cdots) \tag{1.18}$$

とまとめることができる。式(1.18)に式(1.10a)，(1.10b)を代入して整理すると，

$$F(n)=\frac{1}{T_0}\int_{-T_0/2}^{T_0/2}f(t)\varepsilon^{-jn\omega_0 t}dt \tag{1.19}$$

となる。式(1.17)がフーリエ級数展開の式(1.9)に，式(1.19)が係数を求める式(1.10a)，(1.10b)に対応しており，式(1.17)，(1.19)をフーリエ級数の指数関数形と呼ぶ。

1.4.2　周波数スペクトル

展開係数を表す式(1.18)は複素数であり，絶対値と位相を用いて

$$F(n)=|F(n)|\varepsilon^{j\theta_n} \quad \text{：複素スペクトル} \tag{1.20}$$

$$\text{ただし，}|F(n)|=\frac{1}{2}\sqrt{a_n{}^2+b_n{}^2} \quad \text{：振幅スペクトル}$$

$$\theta_n=\tan^{-1}\left(\frac{-b_n}{a_n}\right) \quad \text{：位相スペクトル}$$

と表せる。絶対値$|F(n)|$および位相θ_nは，それぞれ周波数スペクトルの振幅と

位相を表している。振幅スペクトルはnf_0なる周波数成分が$f(t)$という信号の中にどれだけの大きさで入っているかを示す量であり，位相スペクトルはその成分の位相を示す。これらは別々に振幅スペクトル，位相スペクトルとしてグラフに描くことができる。一般にはどのような周波数成分が含まれているかを知りたいので，振幅スペクトルだけを用いる。なお，共に$\sqrt{a_n^2+b_n^2}$を含む式(1.20)と，式(1.11)を比べると，式(1.20)の$|F(n)|$には1/2が付いている。これは，式(1.20)の方は，nの範囲が$n=0$，±1，±2，・・・と正負を含むのに対し，式(1.11)の方は$n=1,2,$・・・と正の値だけであることから，次の節でも述べるように$|F(n)|$の方が半分の大きさになっているわけである。

1.4.3　負の周波数の考え方と両側スペクトル・片側スペクトル

正弦波で表したものと指数関数で表したものの2つのスペクトルの意味を考えて見よう。周波数nf_0（角周波数：$n\omega_0$），大きさE_n，位相θ_nの正弦波は，

$$E_n\cos(n\omega_0 t+\theta_n) \tag{1.21}$$

で表される。これは，オイラーの公式を用いると次式となる。

$$E_n\cos(n\omega_0 t+\theta_n)=\frac{E_n}{2}\{\varepsilon^{j(n\omega_0 t+\theta_n)}+\varepsilon^{-j(n\omega_0 t+\theta_n)}\} \tag{1.22}$$

式(1.22)の両辺を比べると，左辺はひとつの周波数成分で表されるのに対し，右辺は次のように正負2つの周波数成分で表される。

大きさ：$\dfrac{E_n}{2}$，位相：θ_n，角周波数：$n\omega_0$

大きさ：$\dfrac{E_n}{2}$，位相：$-\theta_n$，角周波数：$-n\omega_0$

右辺の負の周波数成分は，指数関数を用いたために式の上で生じたものであり，正の周波数成分と同じものと考えて良い。したがって，周波数スペクトルを描くときは，左辺の式を利用して正の周波数の所だけにE_nの大きさで描いてもよいし，右辺の式を利用して，正負2つの周波数位置に$E_n/2$の大きさで描いてもよい。それぞれを，**片側スペクトル**，**両側スペクトル**と呼ぶ。

1.5　周波数スペクトルとその描き方

フーリエ級数展開を用いると，ある波形に含まれる信号の周波数成分とその大きさが判り，これを図に表したものが周波数スペクトルである。正弦波で計算すると，正の周波数だけなので片側スペクトルが得られ，指数関数で計算すると負の周波数が出てくるので，両側スペクトルが描けることになる。ここでは，例題を用いてこれらの周波数スペクトルの描き方を説明する。

【問 1-3】　次の各信号の周波数スペクトルを描け。

(1)　$f(t)=A\cos(2\pi f_0 t+\theta)$　(単一周波数の場合)

解）これは，**問図 1-1 (a)** に示す単一正弦波なので，片側スペクトルは同図(b)となる。$f(t)$を指数関数で表すと次式となり，正負２つの周波数で大きさが半分の成分が生じる。したがって，両側スペクトルが同図(c)となる。

$$A\cos(2\pi f_0 t+\theta)=\frac{A}{2}\{\varepsilon^{j(2\pi f_0 t+\theta)}+\varepsilon^{-j(2\pi f_0 t+\theta)}\}$$

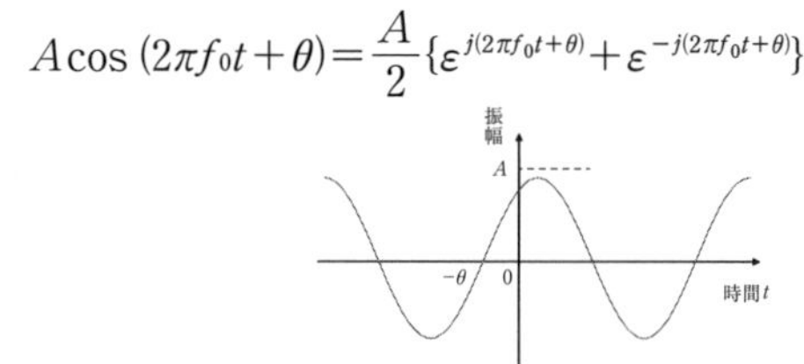

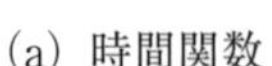
(a) 時間関数

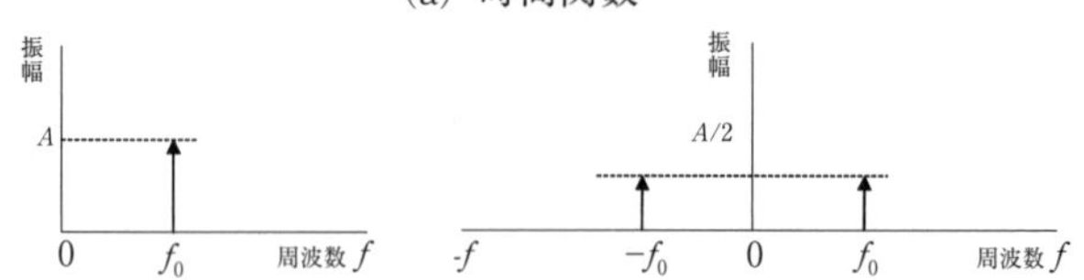

(b) 片側スペクトル　　　(c) 両側スペクトル

問図 1-1　単一正弦波の時間波形と２種類の周波数スペクトル

(2)　$f(t)=\cos(2\pi f_1 t)+\sqrt{3}\sin(2\pi f_1 t)$　(同じ周波数の cos 波と sin 波の和)

解）**問図 1-2 (a)** に示すように，同じ周波数成分なのでひとつの式で表すことができ，片側スペクトルが同図(b)のように描ける。

$$f(t)=\sqrt{1^2+\sqrt{3}^2}\cos\left(2\pi f_1 t+\tan^{-1}\frac{-\sqrt{3}}{1}\right)=2\cos\left(2\pi f_1 t-\frac{\pi}{3}\right)$$

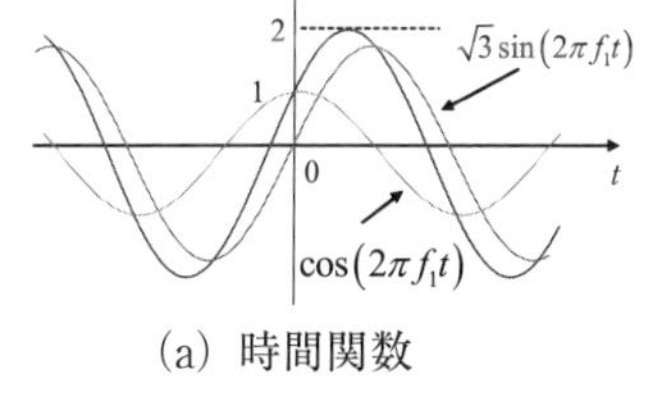

(a) 時間関数

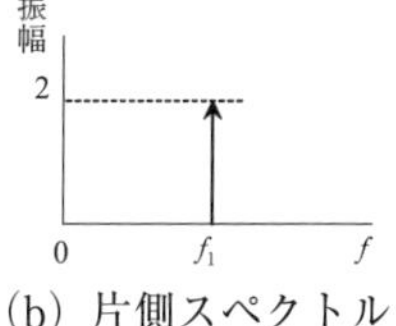

(b) 片側スペクトル

問図 1 - 2　同じ周波数の sin と cos の成分がある場合の時間波形と片側スペクトル

(3)　$f(t)=5\cos(6280t)+2\cos(12560t)$　　（複数周波数の場合）

解）周波数成分は，6280/2π＝1000 Hz と 12560/2π＝2000 Hz なので，片側スペクトルは，**問図 1-3 (a)** となる。指数関数で表すと

$$f(t)=5\frac{\varepsilon^{j2\pi1000t}+\varepsilon^{-j2\pi1000t}}{2}+2\frac{\varepsilon^{j2\pi2000t}+\varepsilon^{-j2\pi2000t}}{2}$$

となるので，両側スペクトルは同**図 (b)** となる。

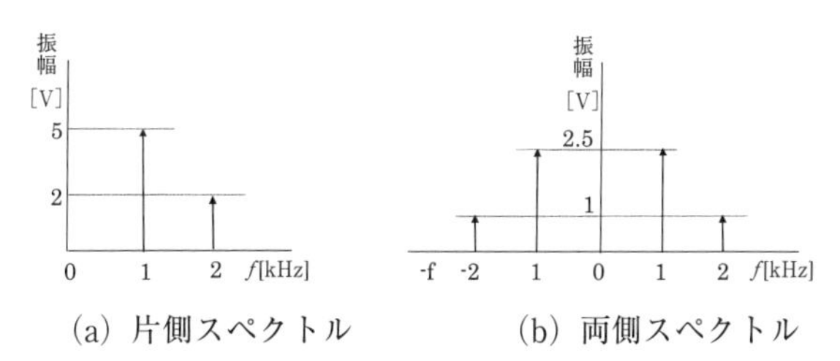

(a) 片側スペクトル　　(b) 両側スペクトル

問図 1 - 3　複数周波数の場合の片側スペクトルと両側スペクトル

【問 1-4】　**図 1-2 (a)** の矩形波について，以下の各問に答えよ。

(1)　三角関数を用いてフーリエ級数に展開し，片側スペクトルを描け。

(2)　指数関数を用いてフーリエ級数に展開し，両側スペクトルを描け。

解）（1）奇関数だから偶関数成分の $a_n=0$ で，直流分 a_0 も 0 である。従って b_n だけ求めるとよい。b_n を求めるときに sin 波を掛けて計算するので，$x=0$ で y 軸に関して線対称となり，0～$T_0/2$ まで積分するとよい。さらに，0～$T_0/2$ の間でも線対称なので，0～$T_0/4$ まで積分すればよい。矩形波はまた対称波（半周期毎に極性が反転する波）でもあるので，奇数次成分しか含まない。

$$b_n=\frac{2}{T_0}\int_{-T_0/2}^{T_0/2}f(t)\sin n\omega_0 t dt$$

$$=\frac{2}{T_0/2}\int_0^{T_0/2}A\sin n\omega_0 t dt=\frac{2}{T_0/4}\int_0^{T_0/4}A\sin n\omega_0 t dt$$

$$=\frac{8}{T_0}\int_0^{T_0/4}A\sin n\omega_0 t dt=\frac{8\mathrm{A}}{n\omega_0 T_0}[-\cos n\omega_0 t]_0^{T_0/4}$$

$$=\frac{-4A}{n\pi}\{\cos(n\omega_0 T_0/4)-\cos(0)\}=\begin{cases}0 & (n=2,4,\cdots)\\ \dfrac{4A}{n\pi} & (n=1,3,\cdots)\end{cases}$$

$$\therefore\quad f(t)=\frac{4A}{\pi}\left(\sin\omega_0 t+\frac{1}{3}\sin 3\omega_0 t+\frac{1}{5}\sin 5\omega_0 t+\cdots\right)$$

（2）指数関数では，定義式通りに計算すると次のようになる。

$$F(n)=\frac{1}{T_0}\int_{-T_0/2}^{T_0/2}f(t)\varepsilon^{-jn\omega_0 t}dt$$

$$=\frac{1}{T_0}\int_{-T_0/2}^{0}(-A)\varepsilon^{-jn\omega_0 t}dt+\frac{1}{T_0}\int_0^{T_0/2}A\varepsilon^{-jn\omega_0 t}dt$$

$$=\frac{A}{jn\omega_0 T_0}[\varepsilon^{-jn\omega_0 t}]_{-T_0/2}^{0}+\frac{A}{-jn\omega_0 T_0}[\varepsilon^{-jn\omega_0 t}]_0^{T_0/2}$$

$$=\frac{A}{jn2\pi}(\varepsilon^0-\varepsilon^{jn\omega_0 T_0/2})-\frac{A}{jn2\pi}(\varepsilon^{-jn\omega_0 T_0/2}-\varepsilon^0)$$

$$=\begin{cases} 0 & (n=\pm 2, \pm 4,\cdots) \\ \dfrac{2A}{jn\pi} & (n=\pm 1, \pm 3,\cdots) \end{cases}$$

これより時間関数を求める。次式において $(\cos n\omega_0 t)/n$ の各成分は，$\cos(-x)=\cos x$ となることと分母に n があることを考えると，n の正負で相殺して消えるので sin 波成分のみが残ることになる。なお，$F(0)=0$ である。

$$f(t)=\sum_{n=-\infty}^{\infty}\frac{2A}{jn\pi}\varepsilon^{jn\omega_0 t}=\sum_{n=-\infty}^{\infty}\frac{2A}{jn\pi}(\cos n\omega_0 t+j\sin n\omega_0 t)$$

$$=\cdots+\frac{2A}{-j3\pi}\{\cos(-3\omega_0 t)+j\sin(-3\omega_0 t)\}$$

$$+\frac{2A}{-j\pi}\{\cos(-\omega_0 t)+j\sin(-\omega_0 t)\}$$

$$+\frac{2A}{j\pi}(\cos\omega_0 t+j\sin\omega_0 t)$$

$$+\frac{2A}{j3\pi}(\cos 3\omega_0 t+j\sin 3\omega_0 t)+\cdots$$

$$=\frac{4A}{\pi}\left(\sin\omega_0 t+\frac{1}{3}\sin 3\omega_0 t+\frac{1}{5}\sin 5\omega_0 t+\cdots\right)$$

1.6 ひずみ波交流の実効値

実効値は電力の計算などで使用されるので，ひずみ波交流についても実効値を求めておく。交流の大きさを示すには最大値や平均値など色々な指標が考えられる。電力はエネルギーなので，交流と直流で同じ電圧を用いたとき同じ電力を発生すると決めると都合がよい。そこで，直流と交流で同じ電圧なら同じ電力を発生するように定めた値が交流の実効値である。

ひずみ波交流電圧 $e(t)$ に含まれる各成分の角周波数と振幅をそれぞれ $n\omega_0$，E_{m_n} とすると，

$$e(t)=\sum_{n=1}^{\infty}E_{m_n}\cos n\omega_0 t \qquad [\mathrm{V}] \qquad (1.23)$$

と表すことができる。実効値 E の定義は，実効値を表す英語の root mean square value からもわかるように，二乗（square）の平均（mean）の平方根（root）であるから，

$$E=\sqrt{\frac{1}{T_0}\int_0^{T_0} e(t)^2 dt} \qquad [\mathrm{V_{rms}}] \tag{1.24}$$

である。式(1.24)の二乗の部分を計算すると，

$$\begin{aligned} e(t)^2 &= (E_{m_1}\cos\omega_0 t + E_{m_2}\cos 2\omega_0 t + E_{m_3}\cos 3\omega_0 t + \cdots)^2 \\ &= E_{m_1}{}^2\cos^2\omega_0 t + E_{m_2}{}^2\cos^2 2\omega_0 t + E_{m_3}{}^2\cos^2 3\omega_0 t + \cdots \\ &\quad + 2E_{m_1}\cos\omega_0 t(E_{m_2}\cos 2\omega_0 t + E_{m_3}\cos 3\omega_0 t + \cdots) \\ &\quad + 2E_{m_2}\cos 2\omega_0 t(E_{m_1}\cos\omega_0 t + E_{m_3}\cos 3\omega_0 t + \cdots) \\ &\quad + 2E_{m_3}\cos 3\omega_0 t(E_{m_1}\cos\omega_0 t + E_{m_2}\cos 2\omega_0 t + \cdots) \\ &\quad + \cdots \end{aligned} \tag{1.25}$$

となる。この式の3行目以下は ω_0 の n 倍の成分からなっており，0～T_0 まで積分すると全部消えてしまう。残るのは，2行目の成分のうち，二乗を倍角の公式で変換したときに生じる定数の部分だけである。したがって，最後まで計算すると実効値は次のようになる。

$$\begin{aligned} E &= \sqrt{\frac{1}{T_0}\int_0^{T_0} e(t)^2 dt} = \sqrt{\left(\frac{E_{m_1}}{\sqrt{2}}\right)^2 + \left(\frac{E_{m_2}}{\sqrt{2}}\right)^2 + \cdots + \left(\frac{E_{m_n}}{\sqrt{2}}\right)^2 + \cdots} \\ &= \sqrt{E_1{}^2 + E_2{}^2 + \cdots + E_n{}^2 + \cdots} \end{aligned} \tag{1.26}$$

ただし，$E_n = \dfrac{E_{m_n}}{\sqrt{2}}$：各周波数成分の実効値

つまり，ひずみ波交流の実効値は，ひずみ波を作っている各周波数成分の実効値の二乗和を求め，その平方根を取ったものである。

1.7　フーリエ級数からフーリエ変換へ

フーリエ級数の式(1.17)において周期 T_0（$=2\pi/\omega_0$）を∞にすることでフーリエ変換の式を導いてみる。まず，式(1.17)を次のように変形する。

$$f(t)=\sum_{n=-\infty}^{n=\infty}F(n)e^{jn\omega_0 t}=\sum_{n=-\infty}^{n=\infty}\frac{F(n)}{f_0}e^{j2\pi nf_0 t}f_0 \tag{1.27}$$

次に，T_0を∞にするので$f_0=1/T_0$を df とおく，特定の周波数ではなく幅 df で考える。式(1.27)でf_0で割ったり掛けたりしているのはf_0を df と置き換えるためである。つまり $F(n)$ を周波数の幅で割り，これを $F(f)$ として扱い，割った分を掛けて補正する。df を用いると nf_0は ndf となり，これは df を n 倍した値の周波数と考えられるので，これを周波数 f とおくことにする。そして，和を積分に変える。これらの操作により式(1.27)は，

$$f(t)=\sum_{n=-\infty}^{n=\infty}\frac{F(n)}{f_0}e^{j2\pi nf_0 t}f_0 \xrightarrow[\frac{F(n)}{f_0}\to F(f)]{f_0\to df,\ nf_0\to f,\ \Sigma\to\int} \int_{-\infty}^{\infty}F(f)e^{j2\pi ft}df$$
$$=\frac{1}{2\pi}\int_{-\infty}^{\infty}F(f)e^{j\omega t}d\omega \quad (\omega=2\pi f,\ d\omega=2\pi df) \tag{1.28}$$

となる。次に，式(1.19)は，

$$F(n)=\frac{1}{T_0}\int_{-T_0/2}^{T_0/2}f(t)\varepsilon^{-jn\omega_0 t}dt=f_0\int_{-T_0/2}^{T_0/2}f(t)\varepsilon^{-jn\omega_0 t}dt \tag{1.29}$$

として，$F(f)=F(n)/f_0$に代入し，$T_0\to\infty$，$(n\omega_0=2\pi nf_0)\to 2\pi f$ とすると，

$$F(f)=\frac{F(n)}{f_0}=\int_{-T_0/2}^{T_0/2}f(t)\varepsilon^{-jn\omega_0 t}dt \xrightarrow[T_0\to\infty]{n\omega_0\to 2\pi f} \int_{-\infty}^{\infty}f(t)\varepsilon^{-j2\pi ft}dt \tag{1.30}$$

となって，フーリエ変換の対が得られる。これが，非周期時間関数の周波数成分を求めるフーリエ変換の式である。

【問 1-5】フーリエ変換の式を用いて，**問図 1-4** の $t=t_0$を中心として，幅が τ[秒]で，振幅が A[V]の単一パルスの周波数成分を求めよ（この波形は後にディジタル信号を表すのに頻繁に用いられ，その周波数成分が必要になるのでここで求めておく）。

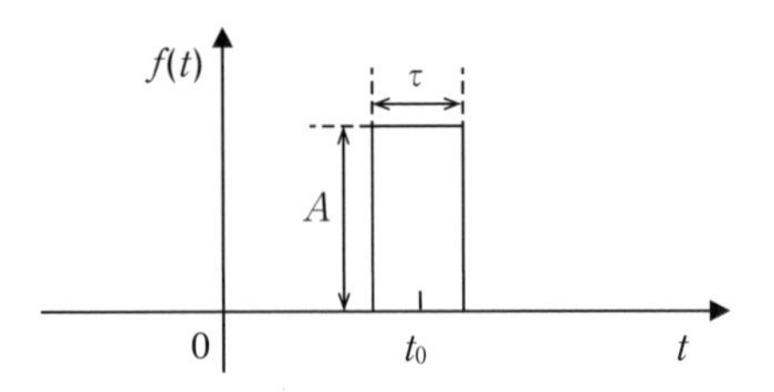

問図1-4　$t=t_0$を中心として，幅τ，振幅Aの単一パルス

解）パルスの存続期間は，$t_0-\tau/2\sim t_0+\tau/2$で，またその区間内での大きさが$A$なので，次のように表すことができる。計算は（補足1）に記す。

$$F(\omega)=\int_{-\infty}^{\infty}f(t)\varepsilon^{-j\omega t}dt=A\tau\varepsilon^{-j\omega t_0}\mathrm{sinc}(\omega\tau/2)$$

$$\text{ただし，}\mathrm{sinc}(\omega\tau/2)=\frac{\sin(\omega\tau/2)}{\omega\tau/2}$$

この式において，振幅の$A\tau$はパルス波形の面積で，スペクトルの最大値を示し，sinc($\omega\tau/2$)の部分が周波数スペクトルの変化を示している。横軸を周波数fにして$|F(f)|$をグラフに表すと**問図1-5**となる。また，$\varepsilon^{-j\omega t_0}$の部分は位相を表している。**問図1-4**の図からわかるように，このパルス波形は時間軸では$t=t_0$だけ右の方にずれた波形であるが，位相スペクトル上は各周波数で位相がωt_0だけ遅れたスペクトルとなる。

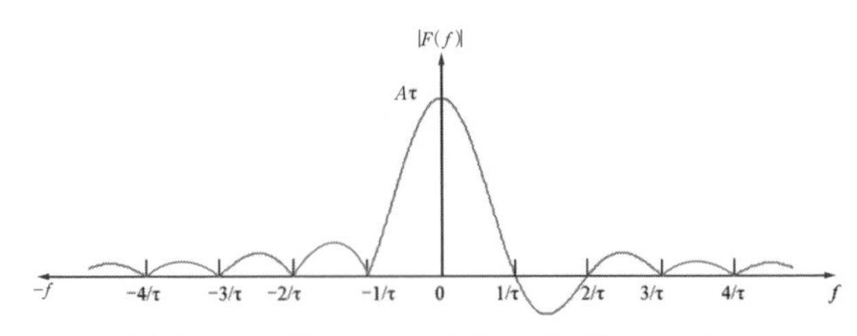

問図1-5　単一パルス波形の周波数スペクトル

（補足１）計算

$$F(\omega)=\int_{-\infty}^{\infty}f(t)\varepsilon^{-j\omega t}dt=\int_{t_0-\tau/2}^{t_0+\tau/2}A\varepsilon^{-j\omega t}dt=\frac{A}{-j\omega}[\varepsilon^{-j\omega t}]_{t_0-\tau/2}^{t_0+\tau/2}$$

$$=\frac{A}{-j\omega}\{\varepsilon^{-j\omega(t_0+\tau/2)}-\varepsilon^{-j\omega(t_0-\tau/2)}\}=\frac{A\varepsilon^{-j\omega t_0}}{j\omega}(\varepsilon^{j\omega\tau/2}-\varepsilon^{-j\omega\tau/2})$$

$$=\frac{A\varepsilon^{-j\omega t_0}}{j\omega}[\{\cos(\omega\tau/2)+j\sin(\omega\tau/2)\}-\{\cos(\omega\tau/2)-j\sin(\omega\tau/2)\}]$$

$$=\frac{A\varepsilon^{-j\omega t_0}}{\omega}2\sin(\omega\tau/2)=2A\varepsilon^{-j\omega t_0}\frac{\sin(\omega\tau/2)}{\omega}$$

$$=A\tau\varepsilon^{-j\omega t_0}\frac{\sin(\omega\tau/2)}{\omega\tau/2}=A\tau\varepsilon^{-j\omega t_0}\mathrm{sinc}(\omega\tau/2)$$

（補足２）sinc 関数

$\mathrm{sinc}(\omega\tau/2)$部分は，**sinc 関数**（ジンク関数またはシンク関数）とよばれ，通信工学では時々用いられるので，ここで sinc 関数の形を調べておく。**問図 1-6** に示すように，$\sin x/x$ のうち $\sin x$ は ± 1 の振幅で周期的に繰り返す波形であり，$1/x$ は x が増加するにしたがって小さくなる波形なので，$\sin x$ に $1/x$ を掛けた波形は全体としては，$|x|$ が増加するにつれて次第に減少する関数になっている。また，$\sin x$ も $1/x$ も奇関数であることから，これらを掛けてできている $\mathrm{sinc}(x)$ は偶関数となり，線対称な波形となる。したがって，**問図 1-5** の周波数スペクトルの図も線対称になっている。

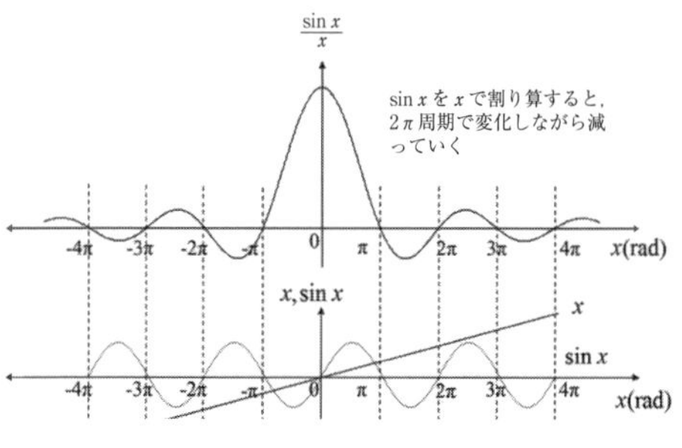

問図 1－6　sinc 関数の波形

なお，xの代わりにπxを用いた式が出てくるときがある。これは，関数をグラフにしたとき，$\sin x/x$はxがπ変わるごとに値が0になるのに対し，$\sin\pi x/\pi x$は，xの値が整数の時に0となる。**問図 1-7** のように横軸の目盛が異なるだけである。

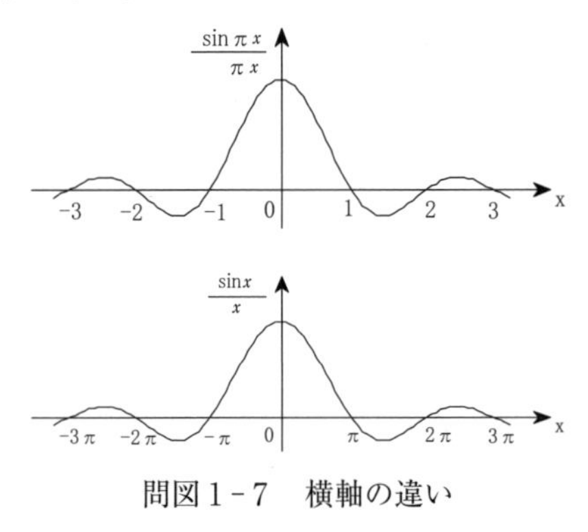

問図 1 - 7　横軸の違い

【問 1-6】$f(t)$をt_0だけ時間軸の正側に移動した波形である$f(t-t_0)$のフーリエ変換$\int_{-\infty}^{\infty} f(t-t_0)\varepsilon^{-j\omega t}dt$を計算し，$f(t)$のフーリエ変換$F(\omega)$との違いを考察せよ。

解）まず，$x=t-t_0$とおくと$t=x+t_0$。これをxで微分して$dt=dx$なので，

$$\int_{-\infty}^{\infty} f(t-t_0)\varepsilon^{-j\omega t}dt=\int_{-\infty}^{\infty} f(x)\varepsilon^{-j\omega(x+t_0)}dx$$

となる。t_0の項は定数なので積分の外に出すと，残りのxで積分する部分は$f(t)$のフーリエ変換と同じなので，これを$F(\omega)$とおくと次式となる。

$$\int_{-\infty}^{\infty} f(x)\varepsilon^{-j\omega(x+t_0)}dx=\left(\int_{-\infty}^{\infty} f(x)\varepsilon^{-j\omega x}dx\right)\varepsilon^{-j\omega t_0}=F(\omega)\varepsilon^{-j\omega t_0}$$

つまり，時間軸がt_0だけ正の方に移動した波形のフーリエ変換は，元の波形のフーリエ変換に比べ，$-\omega t_0$なる位相遅れとなって現れることがわかる。

1.8　ディジタル信号の周波数スペクトル

ここでは，**図 1-5 (a)** に示すディジタル信号（振幅 A，周期 T_0，パルス幅 τ の周期波形）の周波数スペクトルについて理解するために，τ の変化に対する周波数スペクトルを考察する。また問 1-5 で説明した単一パルスの周波数スペクトルとの関係を考える。計算のために，ディジタル信号を**図 1-5 (b)** のように表し，その周波数スペクトルを求める。

図 1.5 (b) の波形は周期波形なので式(1.17)，(1.19) を用いて複素フーリエ級数の式で計算することができる。係数$F(n)$は式(1.19)を用いて

$$
\begin{aligned}
F(n) &= \frac{1}{T_0}\int_{-\tau/2}^{\tau/2} f(t)\varepsilon^{-jn\omega_0 t}dt = \frac{A}{-jn\omega_0 T_0}[\varepsilon^{-jn\omega_0 t}]_{-\tau/2}^{\tau/2} \\
&= \frac{A}{-jn\omega_0 T_0}(\varepsilon^{-jn\omega_0\tau} - \varepsilon^{jn\omega_0\tau}) = \frac{2A}{n\omega_0 T_0}\sin\left(\frac{n\omega_0\tau}{2}\right) \\
&= \frac{A\tau}{T_0}\frac{\sin\left(\frac{n\omega_0\tau}{2}\right)}{\frac{n\omega_0\tau}{2}} = Af_0\tau\frac{\sin(n\pi f_0\tau)}{n\pi f_0\tau}
\end{aligned}
\tag{1.31}
$$

となる。係数が得られたので，式(1.17)を用いて時間関数を求めると，

$$
\begin{aligned}
f(t) &= \sum_{n=-\infty}^{\infty} F(n)e^{jn\omega_0 t} = \sum_{n=-\infty}^{\infty} Af_0\tau\frac{\sin(n\pi f_0\tau)}{n\pi f_0\tau}e^{jn\omega_0 t} \\
&= Af_0\tau\sum_{n=-\infty}^{\infty}\frac{\sin(n\pi f_0\tau)}{n\pi f_0\tau}(\cos n\omega_0 t + j\sin n\omega_0 t) \\
&= \frac{A\tau}{T_0}\sum_{n=-\infty}^{\infty}\frac{\sin(n\pi f_0\tau)}{n\pi f_0\tau}\cos n\omega_0 t
\end{aligned}
\tag{1.32}
$$

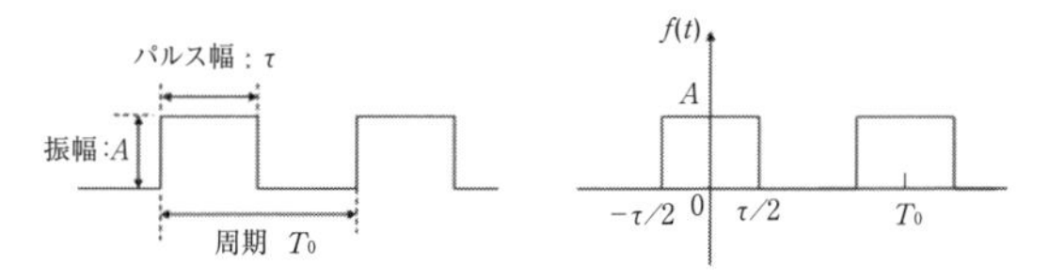

(a) 周期とパルス幅　　(b) 計算用に書き換えた図

図 1-5　周期的なディジタル信号波形

となる。式(1.32)の2行目にあった$j\sin n\omega_0 t$部分が3行目で消えるのは，

$$\frac{\sin(-n\pi f_0\tau)}{-n\pi f_0\tau}\sin(-n\omega_0 t)=-\frac{\sin(n\pi f_0\tau)}{n\pi f_0\tau}\sin(n\omega_0 t) \tag{1.33}$$

となることから，$n=-\infty\sim\infty$の和を取るとnの正と負で相殺するからである。式(1.32)からわかるように，高調波成分の大きさは$\sin(n\pi f_0\tau)/(n\pi f_0\tau)$で決まることがわかる。また，$n\pi f_0\tau=\pm\pi, \pm 2\pi, \cdots$と$\pi$の整数倍のところでは，$\sin(n\pi f_0\tau)=0$となり係数は0になることがわかる。

T_0を一定として，τを$\tau = T_0/2$，$T_0/4$，$T_0/10$，0と狭くしたときの周波数スペクトルの変化を**図1-6(a)～(d)**に示す。**図1-5**のディジタル信号は周期関数なので，**図1-6**の各周波数スペクトルは周波数間隔が基本周波数f_0の整数倍からなるとびとびの線スペクトルとなっている。また，パルス幅τが狭くなると高周波成分が多く含まれるため，高次の周波数成分の振幅が大きくなり，それにつれて帯域が広がっていくが，T_0が一定なのでスペクトルの周波数間隔f_0は変化しない。**図1-6(a)～(c)**のいずれにおいても，最初に周波数スペクトルが0になる周波数は，$n\pi f_0\tau=\pm\pi$つまり$nf_0=\pm 1/\tau$となる場合であり，τが小さくなるとnが大きくなることからも高い周波数でもスペクトルの振幅が小さくならず，帯域が広がることがわかる。

図1-6(d)のように，τを極限まで小さくしたインパルス信号（面積が1で，その時刻で値が無限大で，それ以外では0となるパルス）が繰り返す波形の場合は，周波数スペクトルが0になるところは，$f_0\tau$が無限小になることからnが無限大でないといけないので，周波数スペクトルは無限の周波数まで振幅が等しい線スペクトルになる。この周波数スペクトルを式で求めると，**図1-5**においてパルスの面積$A\tau = 1$の条件の元で，$\tau\to 0$にした場合であるから，$\lim_{x\to 0}\frac{\sin x}{x}=1$を用いて

$$F(n)=\lim_{\tau\to 0}\frac{A\tau}{T_0}\cdot\frac{\sin(n\pi f_0\tau)}{n\pi f_0\tau}=\frac{1}{T_0}\lim_{\tau\to 0}\frac{\sin(n\pi f_0\tau)}{n\pi f_0\tau}=\frac{1}{T_0} \tag{1.34}$$

となる。これより，インパルス列の周波数スペクトルは，高次の周波数までスペクトル成分が同じ大きさとなり，無限の帯域となることがわかる。

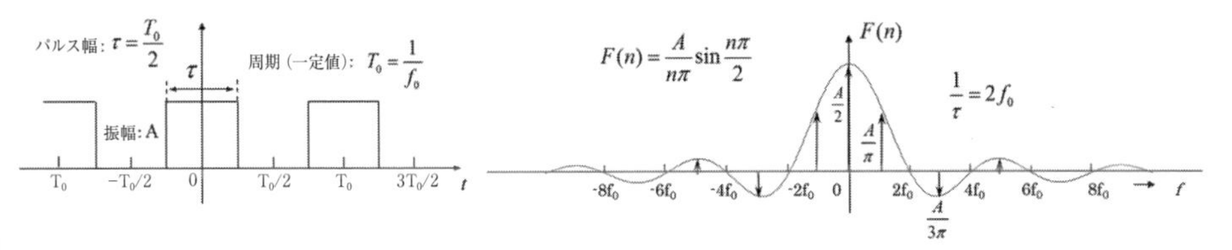

(a) τ = T_0／2の場合

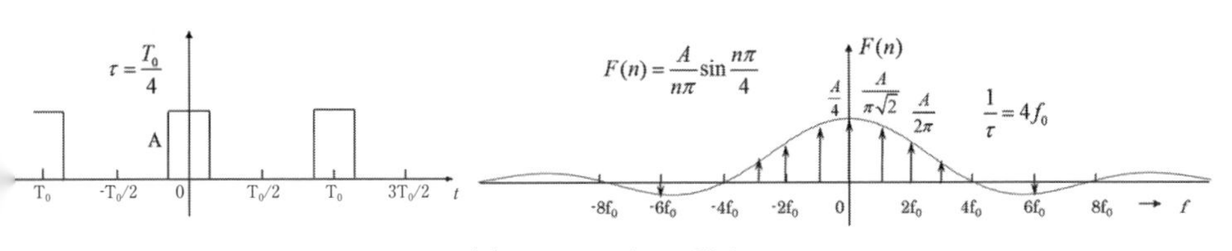

(b) τ = T_0／4の場合

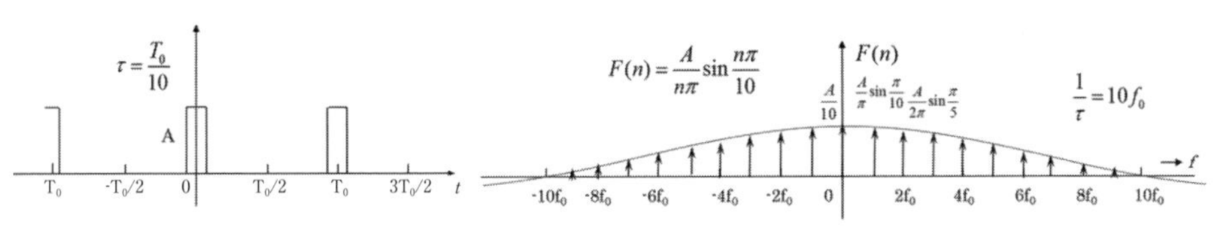

(c) τ = T_0／10の場合

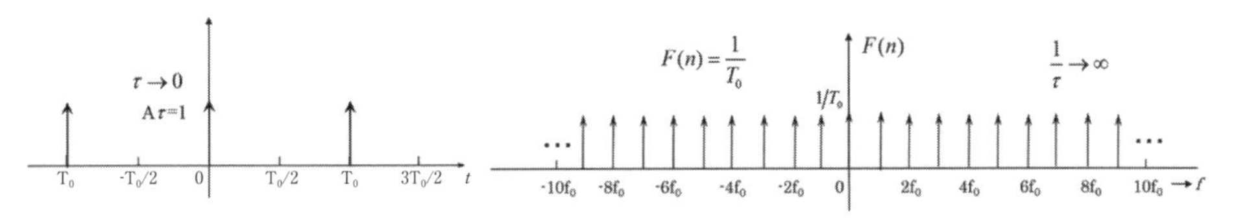

(d) $A\tau = 1$で$\tau \to 0$の場合

図1-6　周期一定で，パルス幅を変えたときの周波数スペクトル

次にパルス幅τを一定にしたままで，周期T_0を大きくした場合の周波数スペクトルを**図1-7(a)〜(d)**に示す。T_0を大きくするとf_0=1/T_0が小さくなっていくことから，スペクトル間隔は狭くなり，**図1-7(d)**のようにT_0が無限大になると連続スペクトルになると考えられる。T_0が無限大ということは，時間波形としては単一パルスとなるのでその周波数スペクトルを求めて**図1-7(d)**

と同じになることを確かめる。そのために，**図 1-5(b)** の $t=0$ の位置のパルス1個だけの場合の周波数スペクトルを求める。$-\tau/2 \sim \tau/2$ の範囲で振幅を A とすると，問 1-5 の補足 1 で求めたのと同様に，

$$\begin{aligned} F(f) &= \int_{-\infty}^{\infty} f(t) e^{-j2\pi ft} dt = \int_{-\tau/2}^{\tau/2} A e^{-j2\pi ft} dt \\ &= A\tau \frac{\sin \pi f\tau}{\pi f\tau} = A\tau \operatorname{sinc} x. \quad (x=\pi f\tau) \end{aligned} \tag{1.35}$$

となる。周波数スペクトルが最初に 0 になるところは，$\sin \pi f\tau = 0$ より，$\pi f\tau = \pi$ なので $f\tau = 1$，つまり $f = 1/\tau$ である。周波数スペクトルは**図 1-7(d)** のようにスペクトルの間隔がゼロ，つまり連続スペクトルとなるが，その全体的な形は**図 1-6(a)** の周期波形の周波数スペクトルの図と変わらないことがわかる。つまり，周波数スペクトルの間隔が無限小となるため，無限の周波数成分が生じるが，最初に周波数スペクトルが 0 になる周波数の値は変わらないことになる。

【問 1-7】**図 1-5(b)** の波形の周波数スペクトルを三角関数を使って求めよ。

解） (1) 直流成分はパルスの面積を周期で割り，次の値となる。

$$a_0 = \frac{A\tau}{T_0}$$

(2) 高調波成分は，**図 1-5(b)** より y 軸に対して波形が線対称となるから，sin 波の成分は含んでおらず，cos 波成分だけなので，

$$\begin{aligned} b_n &= \frac{2}{T_0} \int_{-\tau/2}^{\tau/2} A \cos n\omega_0 t dt = \frac{2A}{n\omega_0 T_0} [\sin n\omega_0 t]_{-\tau/2}^{\tau/2} \\ &= \frac{2A}{n\omega_0 T_0} \left\{ \sin n\omega_0 \frac{\tau}{2} - \sin n\omega_0 \left(-\frac{\tau}{2} \right) \right\} = \frac{4A}{n\omega_0 T_0} \sin \frac{n\omega_0 \tau}{2} \\ &= \frac{2A\tau}{T_0} \frac{1}{\frac{n\pi\tau}{T_0}} \sin \frac{n\pi\tau}{T_0} = \frac{2A\tau}{T_0} \frac{\sin n\pi D}{n\pi D}. \quad \left(D = \frac{\tau}{T_0},\ \omega_0 T_0 = 2\pi \right) \end{aligned}$$

となる。したがって，次式が得られる。

$$f(t) = a_0 + \sum_{n=1}^{\infty} b_n \cos n\omega_0 t = \frac{A\tau}{T_0} + \sum_{n=1}^{\infty} \frac{2A\tau}{T_0} \frac{\sin n\pi D}{n\pi D} \cos n\omega_0 t$$

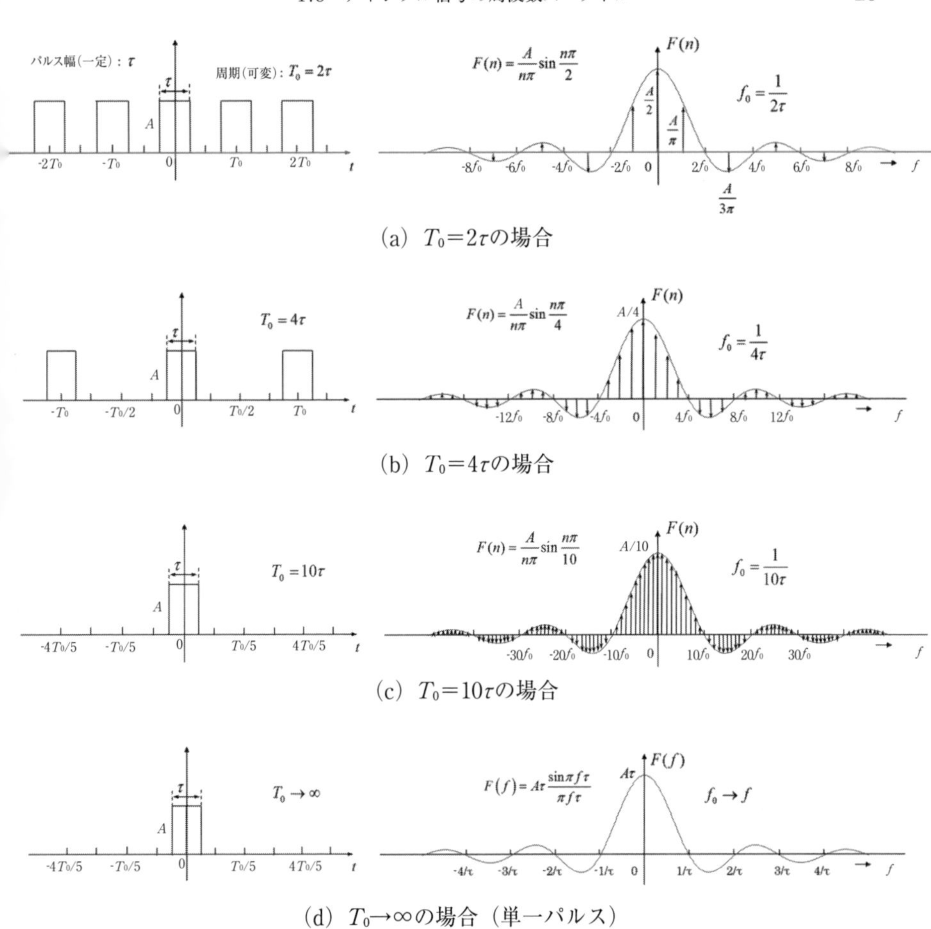

図1-7 パルス幅を一定で，周期を変えた場合の周波数スペクトル

練習問題

（周波数スペクトルに関する問題）

1．周波数スペクトルを描け（片側スペクトルで）

(1)　$e(t)=2\sin\omega_1 t+3\sin 3\omega_1 t+4\sin 4\omega_1 t$

(2)　$e(t)=2\sin\omega_1 t+3\cos 3\omega_1 t+4\sin 4\omega_1 t$（異なる周波数の cos 波と sin 波）

(3)　$e(t)=2\sin\omega_1 t+3\cos 3\omega_1 t+4\sin 3\omega_1 t$（同じ周波数の cos 波と sin 波）

（答）(1)の各項は全て sin で周波数が異なるだけなので，各周波数の振幅で縦軸を記入する。(2)は sin と cos が混ざっているが，周波数成分としては(1)と同じなので，(1)と同じ図となる。位相スペクトルも描くと cos と sin で $\pi/2$ 異なる。(3)は，sin と cos が混ざっているが同じ周波数のものは次のように合成するとよい。

$$e(t)=2\sin\omega_1 t+\sqrt{3^2+4^2}\sin(3\omega_1 t+\theta)=2\sin\omega_1 t+5\sin(3\omega_1 t+\theta),\ \theta=\tan^{-1}\frac{3}{4}$$

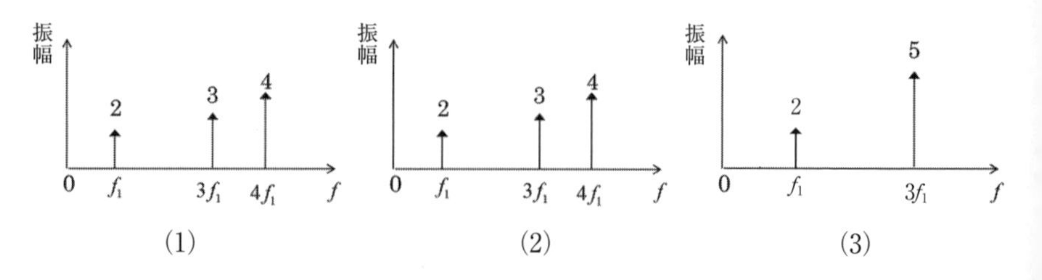

2．周波数スペクトルを描け（両側スペクトルで）

(1)　$e(t)=\varepsilon^{-j\omega_1 t}+2\varepsilon^{-j3\omega_1 t}+\varepsilon^{j\omega_1 t}+2\varepsilon^{j3\omega_1 t}$

(2)　$e(t)=2\sin\omega_1 t+4\sin 3\omega_1 t$

（答）(2)は指数関数に直すと

$$e(t)=2\sin\omega_1 t+4\sin 3\omega_1 t=\frac{e^{j\omega_1 t}-e^{-j\omega_1 t}}{j}+2\frac{e^{j3\omega_1 t}-e^{-j3\omega_1 t}}{j}$$
$$=j(e^{-j\omega_1 t}+2e^{-j3\omega_1 t}-e^{j\omega_1 t}-2e^{j3\omega_1 t})$$

となり，周波数と係数の大きさは(1)と同じになるので。(1)も(2)も同じ周波数スペクトルとなる。

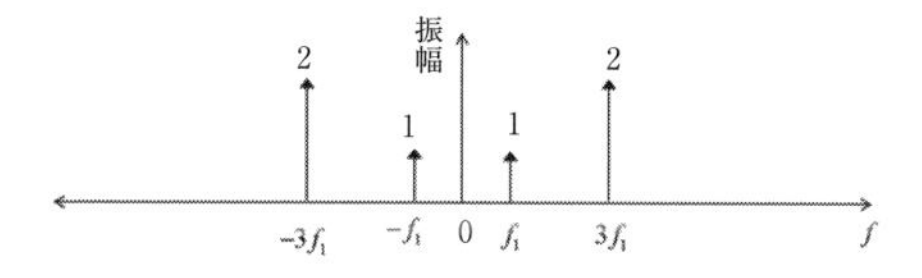

（フーリエ級数に関する問題）

1．次の各波形をフーリエ級数に展開せよ。

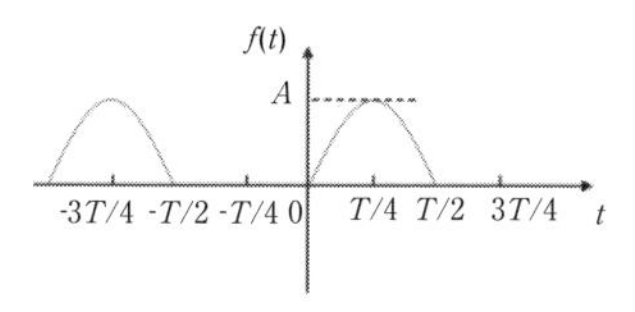

(1)　半波整流波

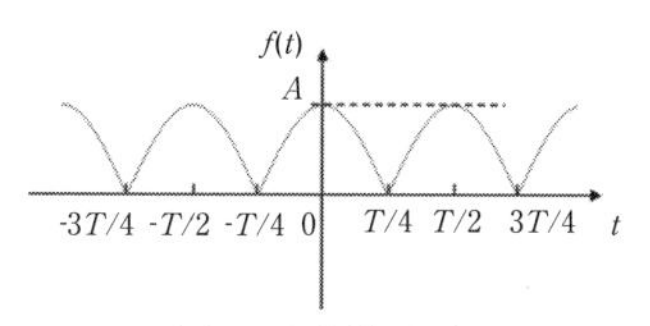

(2)　両波整流波

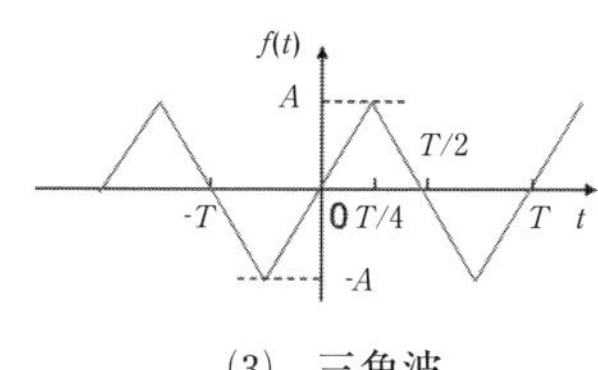

(3)　三角波

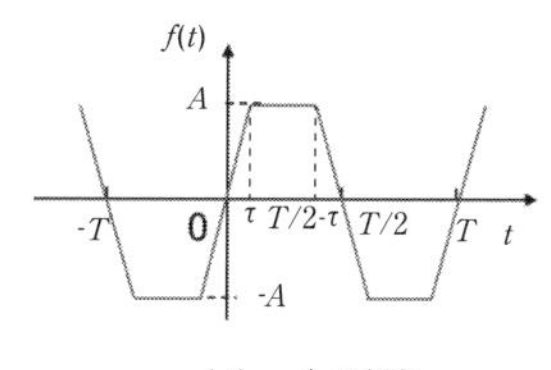

(4)　台形波

（答）

(1)　$f(t)=\frac{A}{2}\sin\omega t+\frac{A}{\pi}\left(1-\frac{2}{1\cdot3}\cos 2\omega t-\frac{2}{3\cdot5}\cos 4\omega t-\frac{2}{5\cdot7}\cos 6\omega t\cdots\cdots\right)$

(2)　$f(t)=\frac{4A}{\pi}\left(\frac{1}{2}-\frac{\cos 2\omega t}{1\cdot3}-\frac{\cos 4\omega t}{3\cdot5}-\frac{\cos 6\omega t}{5\cdot7}\cdots\cdots\right)$

(3)　$f(t)=\frac{8A}{\pi^2}\left(\sin\omega t-\frac{1}{3^2}sin3\omega t+\frac{1}{5^2}sin5\omega t-\frac{1}{7^2}\sin 7\omega t+\cdots\cdots\right)$

(4)　$f(t)=\frac{4A}{\pi\omega\tau}\left(sin\omega\tau\sin\omega t+\frac{\sin 3\omega\tau}{3^2}sin3\omega t+\frac{\sin 5\omega\tau}{5^2}sin5\omega t+\cdots\cdots\right)$

2．$e(t)=2\sin\omega_0 t+4\sin 2\omega_0 t$ [V]の実効値を求めよ（実効値の定義式に従って，最後まで全部計算してみること）。

（答）

$$E=\sqrt{\frac{1}{T_0}\int_0^{T_0} e^2(t)dt}=\sqrt{\frac{1}{T_0}\int_0^{T_0}(2\sin\omega_0 t+4\sin 2\omega_0 t)^2 dt}$$

$$=\sqrt{\frac{1}{T_0}\int_0^{T_0}(4\sin^2\omega_0 t+16\sin\omega_0 t sin 2\omega_0 t+16\sin^2 2\omega_0 t)^2 dt}$$

$$=\sqrt{\frac{1}{T_0}\int_0^{T_0}\{2(1-\cos 2\omega_0 t)+8(-\cos 3\omega_0 t+\cos\omega_0 t)+8(1-\cos 4\omega_0 t)\}dt}$$

$$=\sqrt{\frac{1}{T_0}\int_0^{T_0}(2+8)dt}=\sqrt{10}\text{ V}$$

となり，$E=\sqrt{\left(\frac{2}{\sqrt{2}}\right)^2+\left(\frac{4}{\sqrt{2}}\right)^2}=\sqrt{2+8}=\sqrt{10}$で計算した値と同じになる。定義式にしたがって計算すると，途中でω_0の整数倍の成分が生じるがこれらは0～T_0で積分すると消えることを確認して欲しい。

３．次の実効値を求めよ。

(1)　$e(t)=3\sqrt{2}\sin\omega_0 t+4\sqrt{2}\cos 2\omega_0 t$ [V]

(2)　$e(t)=3\sqrt{2}\sin(\omega_1+\omega_2)t+4\sqrt{2}\sin 2(\omega_1-\omega_2)t$ [V]（$\omega_1=n\omega_2$，nは整数）

（答）

(1)　周波数が２つあるので，それぞれの実効値の二乗を加えて，平方根を求める。

$$E=\sqrt{3^2+4^2}=5\text{ V}$$

(2)　$\omega_1+\omega_2=n\omega_2+\omega_2=(n+1)\omega_2$，$\omega_1-\omega_2=(n-1)\omega_2$と，いずれも$\omega_2$の整数倍なので，ひずみ波と考えられ，$E=\sqrt{3^2+4^2}=5$ V

2章　アナログ変調・復調

この章では，変調，復調で使用する基本的な用語の説明を行い，振幅変調や周波数変調などのアナログ変調・復調方式について，理論と回路を説明する。また，増幅器や受信機等で問題となる雑音指数やSN比についても述べる。

2.1　各種用語，変調・復調が必要な理由

2.1.1　変調，復調などの各種用語

通信を行うということは，相手に何らかの情報を伝えることである。その情報には，人の声や音楽などの音声，写真などの画像，TV映像などの動画，そしてコンピュータ等で使用される，0と1で表されるディジタル信号などがある。電気的な通信システムでは，これらの情報は全ていったん電気信号に変換して伝送される。一般に，情報を表す電気信号は周波数が低く，**ベースバンド信号**(**基底帯域信号**)とか変調波，あるいは単に信号波と呼ばれる。本書では，信号波と呼ぶことにする。

図2-1に示すように，放送局から音声や音楽などを表す信号波を伝送する場合を例に考えてみよう。放送局では，搬送波と呼ばれる周波数と振幅が一定の高周波信号を発生し，その周波数や振幅を信号波の情報に応じて変化させて伝送する。つまり，信号波の情報（大きさ，周波数，位相）を何らかの方法で搬送波に乗り移らせて，運んでもらうことになる。この信号波を搬送波に乗り移らせる操作を変調と呼び，変調によって変化させられた搬送波を被変調波と呼ぶ。変調と逆に，被変調波から信号波を取り出す操作を復調あるいは検波と呼ぶ。変調の方法には，**図2-1**左に波形を示したように，搬送波の振幅を信号波の大きさで変化させる振幅変調，信号波の大きさで搬送波の周波数を変化させる周波数変調などがあり，それぞれAMラジオ放送，FMラジオ放送に利用されている。また，変調された電気信号が通る通路のことを通信路と呼び，電

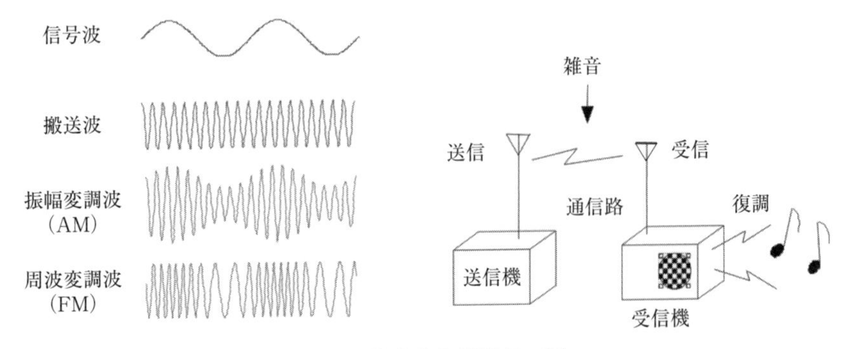

図2－1　代表的な通信系の図

気信号として有線で送る場合には同軸ケーブルやツイストペアケーブル，電波として送る場合は自由空間や導波管，光の場合は光ファイバがこの役目を果たしている。

2.1.2　変調の種類

音声信号の場合は音の大きさが連続的に変化し，白黒画像の場合は画像内のある点における明るさを表す信号が連続的に変化する。このように，大きさが連続的に変化する信号はアナログ信号と呼ばれる。また，0と1のように，大きさがとびとびの値を持つ信号はディジタル信号と呼ばれる。最近の通信では，アナログ信号もディジタル信号に変換して伝送することが多い。AMラジオやFMラジオなどはアナログ信号による変調であり，アナログ変調と呼ばれる。これに対して，ディジタル信号により搬送波を変調して伝送する方式があり，これをディジタル変調と呼ぶ。最近は，5章で述べるPSK，FSK，QAM，OFDMといった各種のディジタル変調が多く用いられている。また，搬送波を用いず，ディジタル信号を少し加工するだけで，そのまま同軸ケーブルなどの通信路に送り出す伝送方式をベースバンド信号伝送と呼ぶ。これについては，第3章で述べる。また，パルスを種々の形式で伝送するものをパルス変調とよび，PAM，PWM，PCMなどがある。これについては，4章で述べる。

2.2　信号波の種類と周波数成分

2.2.1　信号波と周波数帯幅

荷物を運ぶ場合，少ない荷物を運ぶ自転車は狭い道で十分だが，多くの荷物を運ぶトラックは広い道でなければ走ることができない。通信では，荷物の量が情報量に対応し，道路の幅が周波数帯幅となる。多くの情報を伝送するには広い周波数帯幅が必要となる。音だけを送るラジオ放送に比べ，動画を伝送する TV 放送はそれだけ広い周波数帯幅を必要とする。同じ時間で多くの情報を伝送するには信号を早く変化させる必要があり，高い周波数成分まで送らないといけない。

音や画像の情報を表す信号波がどのような周波数成分を含んでいるかを知り，必要最小限の幅で伝送することは，限られた資源である周波数を有効に使って通信を行うために重要である。そこで，伝送すべき音声や音楽，映像信号がどのような周波数成分を含んでいるかを以下に記す。

2.2.2　音声の周波数成分

人の音声に含まれる周波数は約 150 Hz〜8 kHz の範囲で，そのうち 400 Hz〜600 Hz 付近にエネルギーは集中しているという。伝送時には，この周波数範囲だけを送ればいい訳ではなく，各個人の声の特徴は 3 kHz 付近までの範囲に含まれているため，3 kHz 付近までの信号を伝送する必要がある。従って，電話回線では情報が伝わればいいので，300 Hz〜3.4 kHz の範囲を伝送し，AM ラジオ放送はもう少し良い音を送るために 7.5 kHz までを伝送している。

2.2.3　楽器・音楽の周波数成分

ピアノを例に，楽器に含まれている周波数を調べてみる。**図 2-2** に示す標準的な平均律の 88 鍵ピアノの音階は 7 オクターブと 1/4 である。1 オクターブで周波数が 2 倍になり，1 オクターブ内には半音が 12 個ある。従って，半音

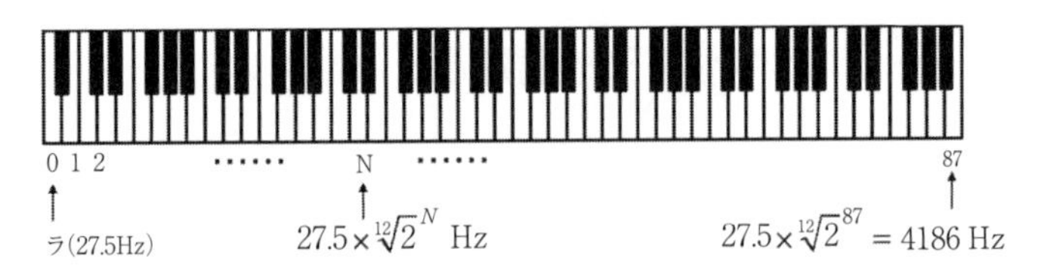

図2-2　ピアノの鍵と周波数

刻みの間隔数は12 × (7 + 1/4)＝87個となり，鍵の数は88となる。一番低いラの音が27.5 Hzで，半音で$\sqrt[12]{2}$ずつ上がるため，27.5 HzのN個上の音は$27.5\times\sqrt[12]{2}^{N}$Hzと表せ，もっとも高いドの音は，$27.5\times\sqrt[12]{2}^{87}$＝4186 Hzとなる。各鍵に対応する基本波のほかに，倍音（高調波）も含まれており，例えば一番高いドの音の3倍の高調波が含まれているとすると4186 × 3＝12558 Hzとなる。そこで，FM放送では音楽をサービスの中心としているため，音質を重視して50 Hz〜15 kHzの範囲を伝送している。これは，人の耳に聞こえる周波数が20 Hz〜20 kHz程度であることを考えると，ほぼ全域を伝送していることがわかる。

2.2.4　画像の周波数成分

テレビの1枚の画像が，縦×横= 400ライン× 640画素からなると考えよう。この画像を左から右に，上から下に走査しながら表示することを考える。人の目は，50 ms〜100 msよりも早く変化するものにはついて行けず，残像が残るといわれる。そこで，画像を1/30秒(約33 ms)ごとに表示すると，前の画像が残像として残っている間に次の画像が来るので，ちらつきを感じることなく映像をみれる。1ライン内で隣り合った画素が白と黒を交互に繰り返している時（つまり，画面に白黒の細い縦じまが見えている状態）が一番周波数が高いと考えられる。白と黒の一組を1周期と考えると，1ラインが640画素なので320周期の信号となる。縦に400ラインあるので，全部で320 × 400 = 128000周期となる。この信号を1/30秒間に送らないといけないので，1周期に要する時間は(1/30)／128000=1／(3.84×10^6)［秒/周期］=3.84 MHz となり，映像信号がかなり高い周波数を含むことがわかる。

2.3 変調の必要性と役割

音声信号を伝送したい場合，大声を出しても遠くまで届かない。そこで，マイクロホンを使って増幅器で音声信号を増幅してエネルギーを与え，増幅器の出力にアンテナをつなぐと，そのまま送信されそうであるが，そううまくはいかない。普通は変調という操作を経て送信し，復調という操作で信号を受信することで通信を行う。この変調，復調が必要な理由を以下に述べる。

(1) 通信路の多重化

ひとつの通信路に同じ周波数で複数の信号波を送信するとそれらが重なってしまい，受信する側では別々に取り出すことができなくなる。そこで，変調によりそれぞれの信号波の周波数をそれぞれ異なる周波数に移して伝送するとよい。受け取る側では，別々の周波数で受信して，もとの信号波に戻す操作を行えば，それぞれの信号を取り出せる。このように，ひとつしかない通信路を用いて，多くの信号波を同時に伝送することを通信路の多重化と呼ぶ。周波数を変える方法だけでなく，時間分割したり，符号を使ったりとさまざまな技術が開発されている。具体的な技術については後で述べる。

(2) 周波数資源の有効利用

AM 放送でひとつの放送局が使用する周波数帯幅は 15 kHz である。これに対して，FM 放送では 200 kHz が必要である。200 kHz の信号を送るのに，AM ラジオ放送に割り当てられている 526.5 kHz から 1606.5 kHz の中波(MF；Medium Frequency)帯の電波を使ったとすると，(1606.5−526.5)kHz ÷ 200 kHz = 5.4 でわずか 5 局しか送ることができない。これに対し，FM ラジオ放送に割り当てられている 76.1 MHz から 94.9 MHz の超短波（VHF；very High Frequency）帯を用いると，18.8 MHz ÷ 200 kHz = 94 で 94 局も使うことができる。従って，周波数帯幅の広い信号を伝送する場合は，それに見合った高い周波数帯を用いることにより，限りある周波数資源を有効に利用できる。地上デジタルテレビ放送では従来のアナログテレビ程度の周波数帯幅(6 MHz)でハイビジョン信号を伝送できるが，これはOFDMという新しい変調方式を使い，データ圧縮などさまざまな技術を駆使して使用する周波数帯幅をできるだけ狭くしているからである。これについても後で説明する。

(3)　アンテナ長の問題

周波数f(Hz)の信号の波長λ(m)は，光の速度c(m/s)で1波長進むのに$T=1/f$ (s) かかるので，$T=\lambda/c$より，

$$\lambda=\frac{c}{f} \qquad [\mathrm{m}] \tag{2.1}$$

ただし，$c = 3\times 10^8$ m/s　：真空中の光速度

で表される。アンテナ長は半波長や1/4波長などいろいろあるが，いずれにせよ波長によって長さが決まる。音声のような低い周波数のアンテナは長さがkmオーダとなり，とても作ることができない。また，音声帯域の低い方と高い方の周波数の両方に適切な長さのアンテナは，長さが極端に異なるので作ることができない。変調をかけて音声信号を搬送波付近の高い周波数に変換すると，搬送波周波数に対して音声の周波数幅はわずかなものなので，ひとつの長さのアンテナで音声の全帯域にわたって効率の良い電波の放射ができる。

表2-1に，地上デジタルテレビ放送，AMラジオ放送，FMラジオ放送，携帯電話で用いている周波数帯と占有周波数帯域幅を示す。

表2-1　各種放送・通信で使用される周波数帯

サービス名	周波数帯	占有周波数帯幅
地上波デジタルテレビ	UHF(13～52チャンネル)：470～710 MHz	6 MHz
AMラジオ	526.5 kHz～1606.5 kHz	15 kHz
FMラジオ	76.1 MHz～94.9 MHz	150 kHz
携帯電話	800 MHz帯，1.7 GHz帯，2 GHz帯	

【問 2-1】(1) TV の ch13(470〜476 MHz)を受信する場合と，(2) AM ラジオの 1200 kHz を受信する場合のアンテナ長を求めよ。ただし，アンテナ長は $\lambda/2$ とする。

解) (1)　$\lambda(\mathrm{m}) = 300/f(\mathrm{MHz})$ より，ch13 の中間の周波数 473 MHz を用いて，$\lambda = 300/473 = 0.634$ m なので，$\lambda/2 = 31.7$ cm

(2)　$\lambda = 300/1.2 = 250$ m なので，$\lambda/2 = 125$ m

(4)　電波伝搬の問題

信号を遠方に届けるためにはエネルギーが必要である。変調という操作によって，遠くまで信号が到達するエネルギーを与えるが，同じエネルギーを与えても，用いる周波数によって届く範囲は異なってくる。例えば，中波放送は夜間になると遠方まで届くようになる。これは，昼間は高さの低い電離層(D 層，80 km 付近)を通過する際に電波が減衰して数十 km 程度しか届かないのに対し，夜間になると D 層が消え，より高い電離層(E 層，100〜120 km)による反射が生じ，何百 km も先に届くようになるためである。また，衛星通信では 1 GHz〜10 GHz の電波の窓と呼ばれる周波数帯が通信に都合が良い。これは，この周波数帯では電波に対して雨や大気中の水分あるいは酸素等による吸収あるいは散乱による減衰の影響が少ないためである。また，自由空間を伝搬する場合の伝搬損失は周波数が高いほど大きい。このように，周波数によって電波の伝搬特性が変わるため，サービスしたいエリアや伝搬特性などによって，目的に相応しい周波数を選んで，通信を行う必要がある。

(5)　雑音の問題

信号が減衰せず，通信路に雑音がなければ通信の問題はほぼ解決する。しかし実際は通信路には雑音が存在する。変調方式によって雑音に対する強さが変わるので，通信路に応じた変調方式を用いる必要がある。

2.4 振幅変調方式

振幅変調方式は搬送波の振幅(大きさ)を信号波の大きさに応じて変化させる変調方式である。搬送波および変調により生じる側帯波の有無によって，次のような種類がある。以下，順を追って説明する。

- **両側波帯－抑圧搬送波変調(DSB-SC)**
- **両側波帯－全搬送波変調(DSB-FC)**(いわゆる **AM 変調**)
- **単側波帯変調(SSB)**

2.4.1 両側波帯－抑圧搬送波変調(DSB-SC；Double Side Band－Suppressed Carrier Modulation)

図 2-3 に示すように，2つの信号$e_c(t)$と$e_s(t)$を掛けると2つの周波数成分($f_c \pm f_s$)が生じる($f_s \pm f_c$も考えられるが，ここでは$f_c >> f_s$とし，掛け算した結果として共に正の周波数が得られる方を考える)。掛け算することで信号$e_s(t)$の周波数f_sをもう片方の信号e_cの周波数f_cの分だけ変えられることがわかる。また，e_sの波形も掛け算して得られた波形の中に保持されており，$e_s(t)$が持つ情報を伝達できることがわかる。これが DSB-SC 変調であり，SSB 信号を作る前段階や FM ステレオ放送の副チャンネル信号を作る際に用いられている。最近のディジタル変調では2つの信号の積を取ることが多いので，この点からも重要な技術である。

(1) 数式による DSB-SC 変調の表し方

DSB-SC 変調は2つの正弦波の掛け算なので，ブロック図で表すと**図 2-4** となる。この出力として得られる DSB-SC 波を式で表してみる。2つの単一正弦波信号($f_c >> f_s$ とする)を，次のようにそれぞれ搬送波$e_c(t)$，信号波$e_s(t)$とする。

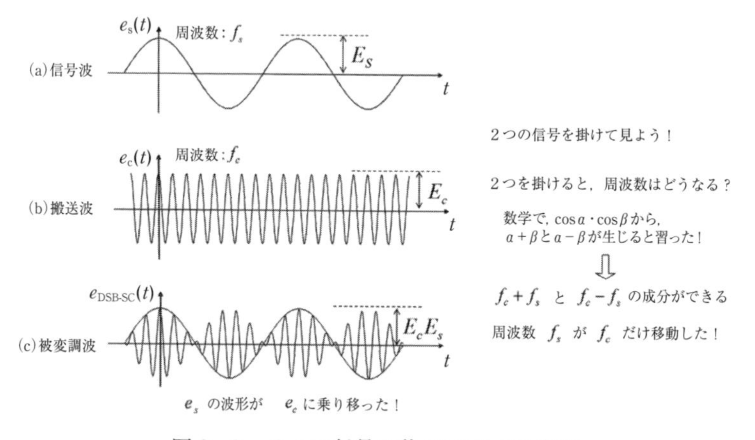

図2-3　2つの信号の積がDSB-SC変調

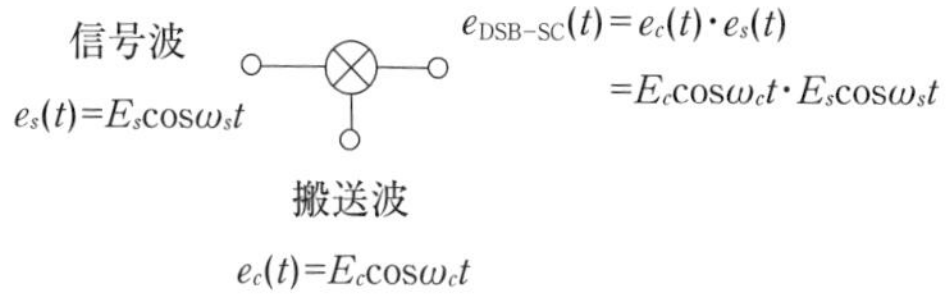

信号波

$e_s(t)=E_s\cos\omega_s t$

$e_{DSB-SC}(t)=e_c(t)\cdot e_s(t)$

$=E_c\cos\omega_c t\cdot E_s\cos\omega_s t$

搬送波

$e_c(t)=E_c\cos\omega_c t$

図2-4　DSB-SC変調のブロック図

$$搬送波：e_c(t)=E_c\cos\omega_c t \tag{2.2}$$

$$信号波：e_s(t)=E_s\cos\omega_s t \tag{2.3}$$

ただし，E_c：搬送波の振幅，E_s：信号波の振幅

$\omega_c = 2\pi f_c$:搬送波角周波数，$f_c = \omega_c/(2\pi)$：搬送波周波数

$\omega_s = 2\pi f_s$:信号波角周波数，$f_s = \omega_s/(2\pi)$：信号波周波数

式(2.2)と式(2.3) を掛けたものを $e_{DSB\text{-}SC}$で表すと，次式が得られる。

$$\begin{aligned} e_{DSB-SC}(t) &= e_c(t)\cdot e_s(t) = E_c\cos\omega_c t\cdot E_s\cos\omega_s t \\ &= \frac{E_cE_s}{2}\{\cos(\omega_c+\omega_s)t+\cos(\omega_c-\omega_s)t\} \end{aligned} \tag{2.4}$$

この式の振幅からわかるように，また**図2-3(c)**に示すDSB-SC波の波形より，搬送波の振幅が変調波の大きさの変化に応じて変化していることがわかる。つまり，変調波の情報がきちんと被変調波に伝わっていることになる。

【問 2-2】下左図のような位相関係を持った信号波と搬送波について，AM(DSB-SC)変調波形を描け。

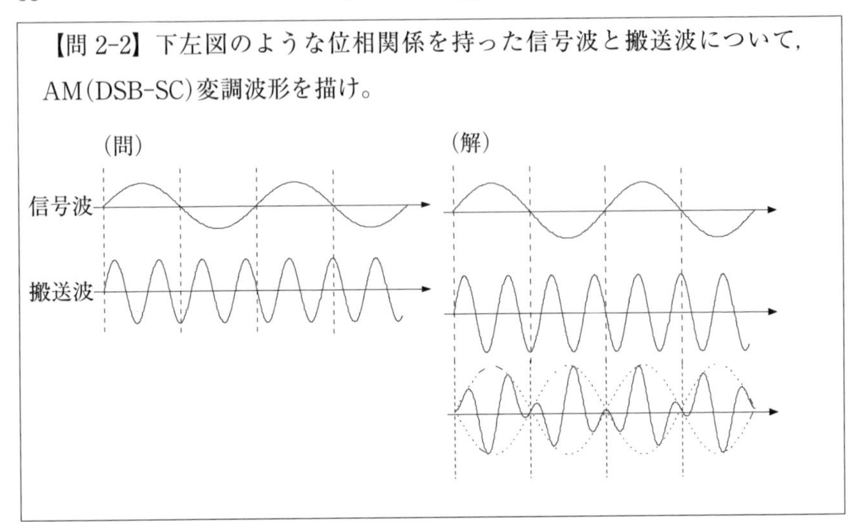

(2)　周波数スペクトルと占有周波数帯幅

三角関数を指数関数で表すと，式(2.2)〜(2.4)は次のように書ける。

$$e_c(t)=E_c\cos 2\pi f_c t=\frac{E_c}{2}(e^{j2\pi f_c t}+e^{-j2\pi f_c t}) \tag{2.5}$$

$$e_s(t)=E_s\cos 2\pi f_s t=\frac{E_s}{2}(e^{j2\pi f_s t}+e^{-j2\pi f_s t}) \tag{2.6}$$

$$e_{\mathrm{DSB-SC}}(t)=\frac{E_c E_s}{4}\{\varepsilon^{j2\pi(f_c+f_s)t}+\varepsilon^{j2\pi(f_c-f_s)t}+\varepsilon^{-j2\pi(f_c+f_s)t}+\varepsilon^{-j2\pi(f_c-f_s)t}\} \tag{2.7}$$

これらの式から分かるように，正弦波ではひとつの周波数だったものが，指数関数で表すと2つになっている。式(2.2)〜(2.6)を周波数スペクトルとして表したのが**図 2-5**の片側スペクトルと両側スペクトルである。**図 2-5 (a)**, **(b)**, **(c)**の各両側スペクトルにおいてそれぞれ$-f_s$，$-f_c$，$-(f_c+f_s)$，$-(f_c-f_s)$なる負の周波数成分が存在する。これは，指数関数を用いて表現したために生じたもので，あくまで数式上のことで，実際には負の周波数を持つ信号があるわけではない。従って，周波数0の所から折り返して，それぞれ正の周波数f_s，f_c，f_c+f_s，f_c-f_sと同じと考えればよい。そうすれば，各周波数成分の大き

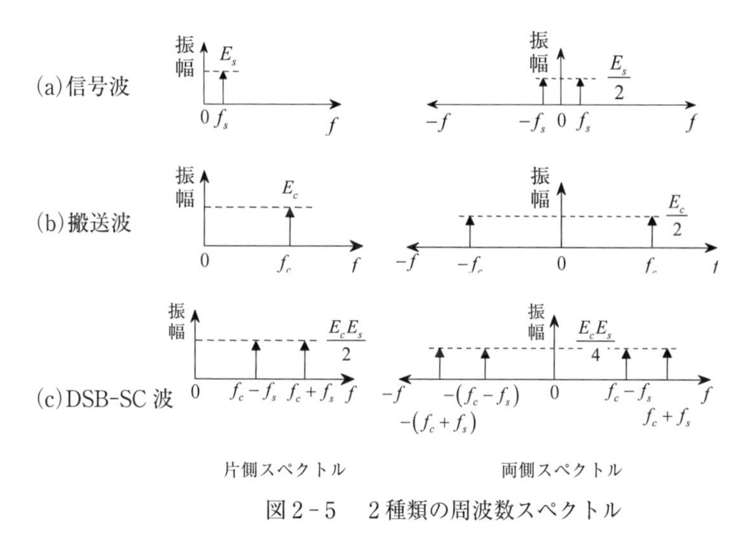

図 2 - 5　2 種類の周波数スペクトル

さは負側と正側が加算されるので，片側スペクトルの場合と同じ大きさになる。

図 2-5(c) の片側スペクトルをみると，搬送波成分は無くなり f_c+f_s と f_c-f_s の 2 つの側波成分が生じている。搬送波よりも上側の側波が存在している周波数範囲を上側波帯(USB；Upper Side Band)，下側の側波が存在している周波数範囲を下側波帯(LSB；Lower Side Band)と呼ぶ。

DSB-SC 波を伝送するのに必要な周波数帯幅を $B_{\mathrm{DSB\text{-}SC}}$ と書くと，

$$B_{\mathrm{DSB\text{-}SC}}=(f_c+f_s)-(f_c-f_s)=2f_s \tag{2.8}$$

である。なお，このようにある信号を伝送するのに必要な周波数帯幅のことを占有周波数帯幅と呼ぶ。

DSB-SC 変調を用いることで元の f_s という周波数成分を f_c だけ周波数を変えることができた。このように掛け算することで同じ周波数帯にある複数の信号を，少しずつ搬送波周波数を変えて周波数軸上に並べることができる。その結果，これらを同時にひとつの通信路で伝送できるようになる。このような仕組みを周波数分割多重方式と呼んでいる。詳しくは後で述べる。

2.4.2 DSB-FC 変調(狭義の AM 変調)(両側波帯－全搬送波変調；Double Side Band-Full Carrier Modulation)

DSB-FC 変調は，一般に AM 変調と呼ばれるもので，搬送波の振幅を信号波の大きさによって変化させることにより，信号波の情報を伝送するものである。変調・復調が容易であり，中波のラジオ放送，ファクシミリの画像信号などに用いられている。振幅の変化によって情報を伝送しているので，雑音に対してはあまり強くない。占有周波数帯域幅は DSB-SC 波と同じ$2f_s$である。

(1) 数式による表し方

AM 変調の各信号波形および周波数スペクトルを**図 2-6** に示す。**図 2-6(a)**，(b)の信号波$e_s(t)$と搬送波$e_c(t)$を DSB-SC 変調と同様に，

$$e_s(t)=E_s\cos\omega_s t \tag{2.9}$$

$$e_c(t)=E_c\cos\omega_c t \tag{2.10}$$

ただし，$E_c \geq E_s$

とする。このとき，**図 2-7** に示すように搬送波$E_c\cos\omega_c t$の振幅を信号波の大きさに応じて変化させれば良いので，AM 波を表す式は次のようになる。

$$\begin{aligned} e_{\mathrm{AM}}(t)&=(E_c+E_s\cos\omega_s t)\cos\omega_c t \\ &=E_c(1+m\cos\omega_s t)\cos\omega_c t \end{aligned} \tag{2.11}$$

ただし，$m=E_s/E_c$

式(2.11)の最初の式で，$(E_c+E_s\cos\omega_s t)$の項は，搬送波の振幅がE_cを中心として，$E_s\cos\omega_s t$で変化していることを表している。従って，AM 波の振幅は **図 2-6(c)** の時間関数に示すように，$\cos\omega_s t$が$+1$の時に最大値 E_c+E_s になり，$\cos\omega_s t$が -1 の時に最小値 E_c-E_s となる。なお，図 2-6 (c)の時間波形の破線部を包絡線とする。

(2) AM 波の周波数スペクトル

式(2.11)を展開して，AM 波が持つ周波数成分を調べてみると，

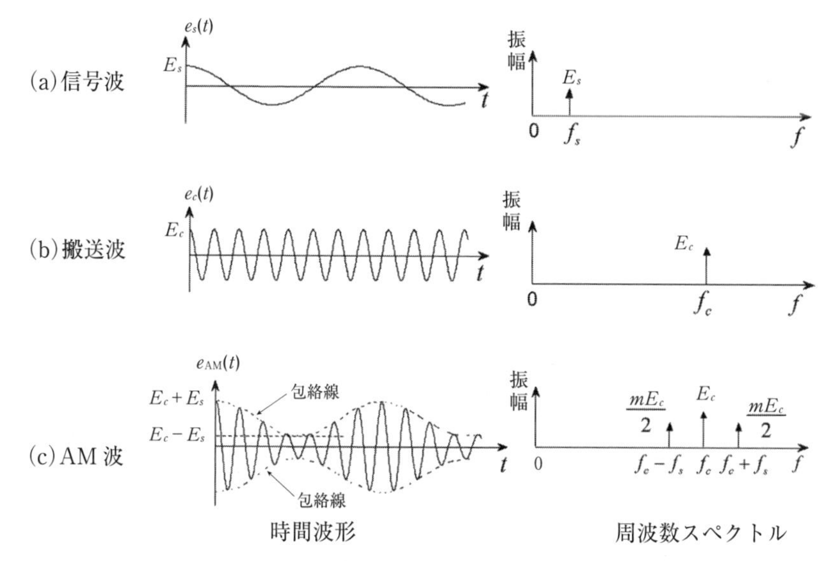

図 2 - 6　DSB-FC 変調の各波形と周波数スペクトル（片側スペクトル）

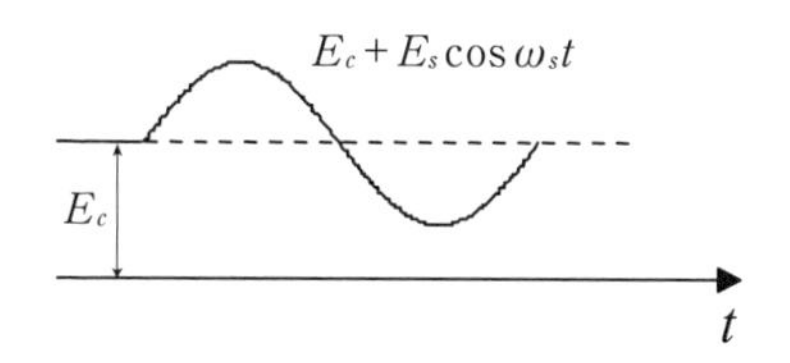

図 2 - 7　搬送波の振幅変化

$$
\begin{aligned}
e_{\mathrm{AM}}(t) &= E_c(1+m\cos\omega_s t)\cos\omega_c t \\
&= E_c\cos\omega_c t + mE_c\cos\omega_c t\cdot\cos\omega_s t \\
&= E_c\cos\omega_c t + \frac{mE_c}{2}\cos(\omega_c+\omega_s)t + \frac{mE_c}{2}\cos(\omega_c-\omega_s)t
\end{aligned}
\tag{2.12}
$$

となる。これより，AM 波は，**図 2-6(c)** の周波数スペクトルに示すように，それぞれE_c，$mE_c/2$，$mE_c/2$の大きさを持つf_c，f_c+f_s，f_c-f_sの 3 つの周波数成分を含んでおり，DSB-SC 波に比べると，搬送波成分が消えずに残っているのがわかる。AM 波の伝送に必要な AM の占有周波数帯幅B_{AM}は，

$$
B_{\mathrm{AM}}=(f_c+f_s)-(f_c-f_s)=2f_s \tag{2.13}
$$

となり，DSB-SC 波の場合と同じである。

⑶　**変調指数**（または**変調度**）

式(2.11)において，搬送波に対する信号波の振幅比E_s/E_cを

$$m=\frac{E_s}{E_c}\quad \text{または}\quad m=\frac{E_s}{E_c}\times 100\quad [\%] \tag{2.14}$$

とおき，それぞれ変調指数または変調度と呼ぶ。変調指数は，通常$E_c \geqq E_s$なので$0 \leqq m \leqq 1$である。$m>1$（$E_c<E_s$）の場合を過変調と呼び，復調した場合にひずみを生じる。**図 2-8** に各種の m に対する波形を示す。

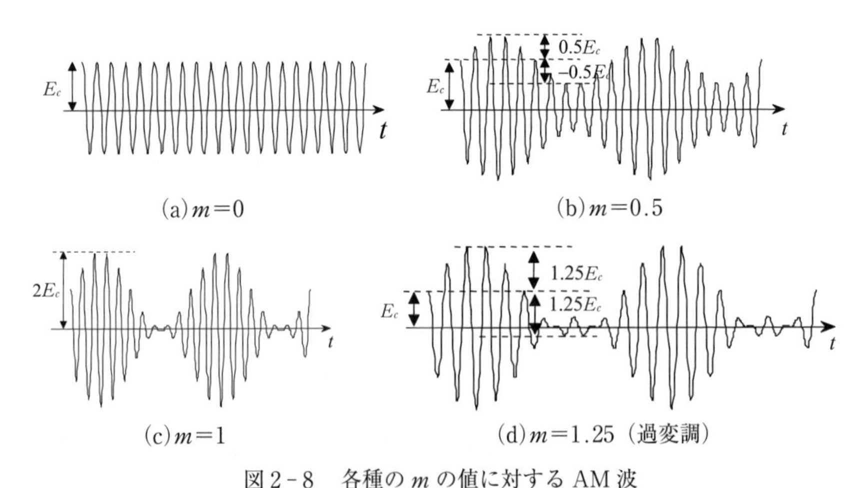

図 2-8　各種の m の値に対する AM 波

【問 2-3】最大値$100\sqrt{2}$ V，周波数 600 kHz の正弦波搬送波を最大値$50\sqrt{2}$ V，周波数 600 Hz の正弦波で AM(DSB-FC)変調したとき，つぎの値を求めよ。

⑴　変調度，⑵　上下両側波の振幅と周波数，⑶　周波数スペクトル

⑷　占有周波数帯幅

解）⑴　$m=50\sqrt{2}/100\sqrt{2}\times 100=50\%$

⑵　$f_{USB}=f_c+f_s=600.6$ kHz，$f_{LSB}=f_c-f_s=599.4$ kHz，

振幅は共に$\dfrac{mE_c}{2}=\dfrac{0.5\times 100\sqrt{2}}{2}=25\sqrt{2}$ V

(3) 周波数スペクトル

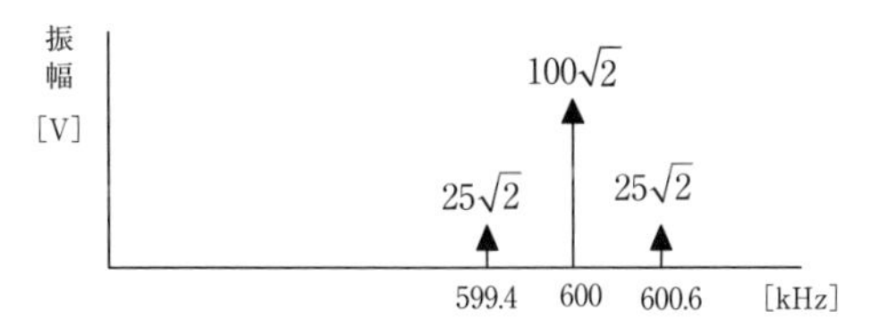

(4) $B_{AM} = 2 \times f_s = 1.2\,\text{kHz}$

【問 2-4】AM(DSB-FC)変調で 30 %の変調を行いたい。搬送波の振幅を 80 V とすると，信号波の振幅はいくらにすればよいか。

解）$E_s = mE_c = 0.3 \times 80 = 24\,\text{V}$

(4) 変調指数の測定法

変調指数を測定する方法には，次のようないくつかの方法がある。ここで(a)～(c)について述べ，(d)，(e)は後の(5)，(6)で述べる。

(a)通常のオシロスコープを用いる方法

(b)X－Yスコープを用いる方法

(c)スペクトラムアナライザを用いる方法

(d)送信機の出力電力を測定する方法

(e)空中線電流を測定する方法

(a)オシロスコープを用いる方法

図 2-9 にオシロスコープ上の AM 波を示す。AM 波の振幅がもっとも大きい時のピーク間電圧 E_{max}と，振幅がもっとも小さい時のピーク間電圧 E_{min}を測定する。そのとき，変調指数 m は式(2.15)で与えられる。

$$m = \frac{E_s}{E_c} = \frac{E_{max} - E_{min}}{E_{max} + E_{min}} \tag{2.15}$$

$\because\ E_{max} = 2(E_c + E_s),\ E_{min} = 2(E_c - E_s)$より

$E_c = (E_{max} - E_{min})/4$

$E_s = (E_{max} + E_{min})/4$

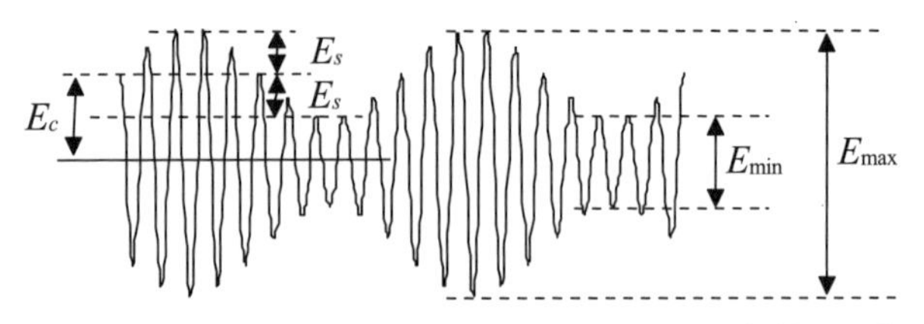

図2-9 オシロスコープを用いたAM波の変調指数の測定

この方法で，E_{max}とE_{min}を求める利点は，(a)上下の大きさだけを測定すればいいので誤差が少なくなること，(b)AM波をオシロスコープ垂直軸の中心に持ってくる手間を省くことができることである。

(b-1)**X-Yスコープ法（台形描画法）**

図2-10に示すように，信号波をX軸に，AM波をY軸に加える。すると，左下に詳細図として示したように，Y軸のAM波とX軸の信号波の値で決まる座標位置に生じる輝点が作る波形は台形となる。表示された台形のY軸方向の最大値と最小値を測定し，式(2.15)で変調指数を求める。**図2-10**に示す波形は，X軸の信号波とY軸のAM波包絡線の信号波の位相がt=0でどちらも位相0になっている場合を描いているので，図の向きの台形となっている。

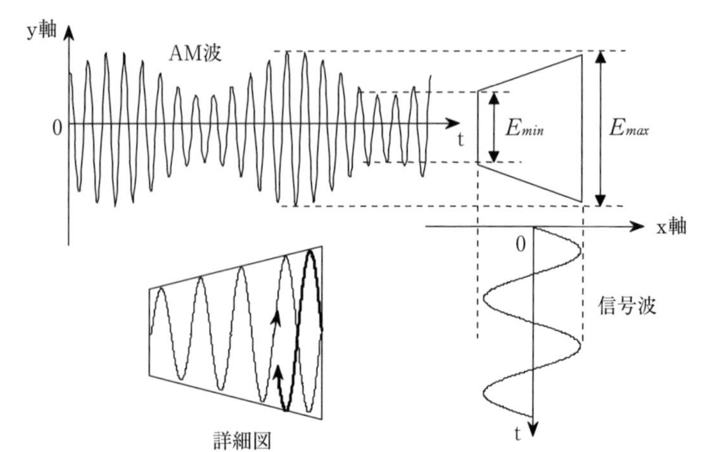

図2-10 オシロスコープをX－Yスコープとして用い，台形を描かせる方法

【問 2-5】**図 2-10** のオシロスコープ上に生じる台形の上下の直線部分を数式で表せ。

解）X 軸，Y 軸にはそれぞれ信号波と AM 波が加わる。式(2.9)，式(2.11)より，

$$x = E_s \cos \omega_s t,\quad y = E_c(1 + m\cos \omega_s t)\cos \omega_c t,\quad m = E_s/E_c$$

である。この式より信号波を消去すると，

$$y = (E_c + x)\cos \omega_c t$$

が得られる。この式で，$\cos \omega_c t = 1$のときが，**図 2-10** の台形の上側の直線を示し，$\cos \omega_c t = -1$のときが，下側の直線を示しているので，次のように表される。

上側の直線：$y = x + E_c$，下側の直線：$y = -x - E_c$

(b-2) X-Y スコープ法（**楕円形描画法**）

図 2-11 に示すように，AM 波をＣＲ直列回路に加え，Ｒの端子間電圧をＸ軸に，Ｃの端子間電圧をＹ軸に加える。このとき，両者間で搬送波の位相が π/2 だけずれるので，変調信号の変化に応じて大きさが変化す

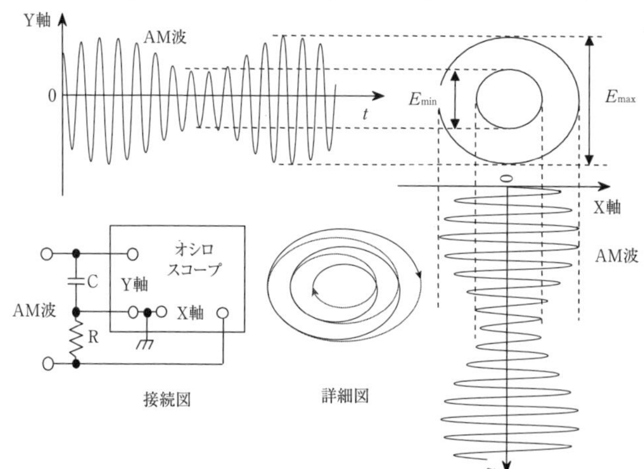

図 2-11　オシロスコープを X-Y スコープとして用い，楕円形を描かせる方法

る楕円を描くことになる。表示された波形より，もっとも外側の楕円の大きさ$E_{\max}$と，もっとも内側の楕円の大きさ$E_{\min}$を測定し，式(2.15)で変調指数を求める。なお，X 軸 ,Y 軸に加える電圧が同じ大きさ(つまり，$R=1/\omega_c C$)の場合は真円となる。**図 2-11** では，X 軸と Y 軸で搬送波の位相が 90 度異なっていることに注意する。X 軸では搬送波の位相は 0 で，Y 軸では$\pi/2$である。

【問 2-6】**図 2-11** のオシロスコープ上に生じる円の外側と内側の波形を式で求めよ。

解）X 軸，Y 軸には，$\pi/2$だけ搬送波の位相が異なる AM 波が印加されているので，これらを式で表すと，

$$x=E_x(1+m\cos\omega_s t)\cos\omega_c t$$

$$y=E_y(1+m\cos\omega_s t)\cos(\omega_c t+\pi/2)=-E_y(1+m\cos\omega_s t)\sin\omega_c t$$

である。$\sin^2\omega_c t+\cos^2\omega_c t=1$を用いると，次式が得られる。

$$\left(\frac{x}{E_x}\right)^2+\left(\frac{y}{E_y}\right)^2=(1+m\cos\omega_s t)^2$$

一番外側の円は，信号波($\cos\omega_s t$)の振幅が 1 のときに描かれるもので，一番内側の円は -1 のときの波形であるから，次式がそれぞれ解となる。

$$\left(\frac{x}{E_x}\right)^2+\left(\frac{y}{E_y}\right)^2=(1+m)^2,\quad \left(\frac{x}{E_x}\right)^2+\left(\frac{y}{E_y}\right)=(1-m)^2$$

【問 2-7】**図 2-11** の楕円形法によって AM 波を観測するとき，波形を真円にするために用いる C の値を求めよ。ただし，搬送波の周波数は 1 MHz，R の値は 1 kΩとする。

解）**図 2-11** はＲＣ直列回路なので，R と C の両端の電圧は互いに搬送波の位相が 90 度ずれる。R と C それぞれの端子間電圧が同じ大きさのとき，真円になるので，回路に流れる電流をＩとすると，$RI = I/(\omega_c C)$を満たせば良い。従って，$C = 1/(\omega_c R) = 1/(2\pi f_c R) = 1/(2\pi\times 1\times 10^6\times 1\times 10^3)$より，$C=159.2\times 10^{-12}$ F=159.2 pF となる。なお，このときの位相は信号波でなく，搬送波の位相について考えることに注意。

(c)　スペクトラムアナライザを用いる方法

図 2-12 にスペクトラムアナライザで測定した AM 波の周波数スペクトルを示す。左側が dB 目盛，右側が電圧目盛である。スペクトラムアナライザで測定する場合，一般には dB で測定する。**図 2-12** より搬送波と側帯波の電圧での値とデシベルでの測定値が

$$X_c = 20\log_{10} E_c \quad [\text{dB}] \tag{2.16a}$$

$$X_S = 20\log_{10} \frac{mE_c}{2} \quad [\text{dB}] \tag{2.16b}$$

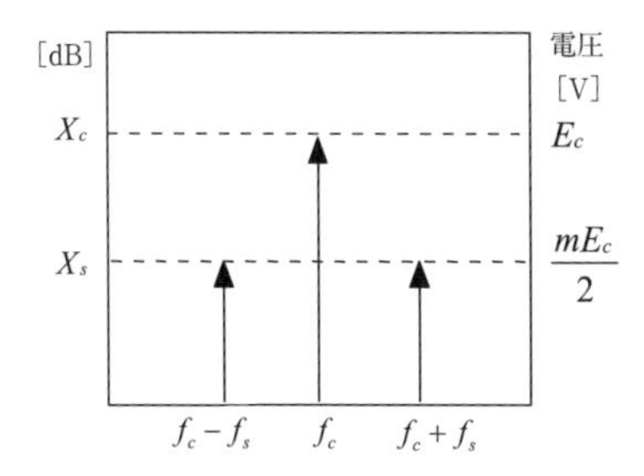

図 2-12　スペクトラムアナライザによる方法

で関係づけられる。これより

$$m = 10^{(X_S - X_C + 20\log 2)/20}$$

$$= 10^{(X_S - X_C + 6)/20} \tag{2.17a}$$

または，

$$m = 2 \cdot 10^{(X_S - X_C)/20} \tag{2.17b}$$

が得られる。

【問 2-8】 スペクトラムアナライザを用いて，AM 波の変調度を測定したところ搬送波が −20dBμ，上側波が −40dBμ であった。

⑴変調度はいくらか。また，⑵搬送波の振幅は何 V か。

解）⑴　側波が搬送波より 20dB 低いということは，側波の振幅 $mE_c/2$ が搬送波の振幅 E_c の 1/10 ということなので，$\frac{mE_c}{2} = \frac{E_c}{10}$ となり $m = 0.2$ となる。

別解）式(2.17b)に代入すると，$m = 2\cdot 10^{(-40-(-10))/20} = 2\cdot 10^{-1} = 0.2$。

(2) 単位がdBμなので，搬送波の振幅は0 dBμ = 1 μVを基準として測定していることがわかる。−20 dBμは1 μVの1/10なので，0.1 μV。式で書けば，20 log(E_c[μV]/1 μV) = −20 dBμより，E_c=0.1 μV。

(5) AM波の電力

R(Ω)の抵抗で消費される電力は，(実効値電圧)$^2/R$で求められる。AM波の電力を求めるには，AM波の実効値を求め，この式に代入すればよい。AM波

$$e_{AM}(t)=E_c\cos\omega_c t+\frac{mE_c}{2}\cos(\omega_c+\omega_s)t+\frac{mE_c}{2}\cos(\omega_c-\omega_s)t \quad (2.18)$$

の実効値E_{AM}は，問2-4を参照して，ひずみ波交流の実効値の式(1.24)より

$$E_{AM}=\sqrt{\left(\frac{E_c}{\sqrt{2}}\right)^2+\left(\frac{mE_c}{2\sqrt{2}}\right)^2+\left(\frac{mE_c}{2\sqrt{2}}\right)^2}=\sqrt{\frac{E_c^2}{2}+\frac{m^2E_c{}^2}{8}+\frac{m^2E_c{}^2}{8}} \quad (2.19)$$

となる。従って，R(Ω)の抵抗に供給されたAM波の電力P_{AM}は，

$$P_{AM}=\frac{E^2{}_{AM}}{R}=\frac{E_c^2}{2R}+\frac{m^2E_c^2}{8R}+\frac{m^2E_c^2}{8R}=P_c+P_{USB}+P_{LSB}$$

$$=\frac{E_c^2}{2R}(1+\frac{m^2}{2})=P_c(1+\frac{m^2}{2}) \quad (2.20)$$

ただし，$P_c=\dfrac{E_c^2}{2R}$，$P_{USB}=P_{LSB}=\dfrac{m^2E_c^2}{8R}=\dfrac{m^2}{4}P_c$

となる。これを変調指数mに対する図で表すと**図2-13**となる。図から，$m = 1$になると$m = 0$のときの1.5倍の電力になり，$m = 0$すなわち変調がかかっていないときでも，搬送波の電力が消費されていることがわかる。また，式(2.20)よりP_{AM}（変調時のAM波電力）とP_c（無変調時のAM波電力）を測定して，mを求めることができる。

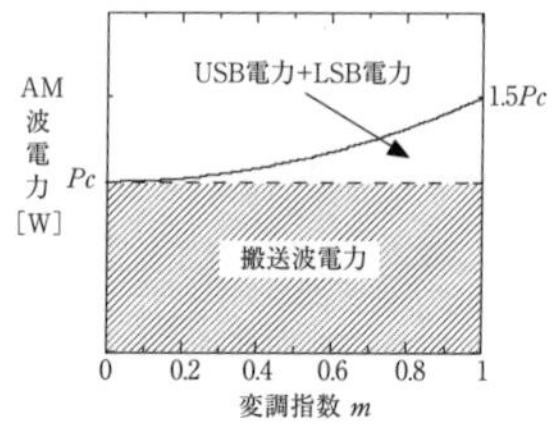

図2-13　mの変化に対するAM波の電力の変化

【問 2-9】AM 波の実効値が，次式で表されることを示せ。

$$E_{AM}=\sqrt{\left(\frac{E_c}{\sqrt{2}}\right)^2+\left(\frac{mE_c}{2\sqrt{2}}\right)^2+\left(\frac{mE_c}{2\sqrt{2}}\right)^2}$$

解）ひずみ波交流の実効値 E は，式(1.26)より

$$E=\sqrt{E_1^2+E_2^2+\cdots+E_n^2}$$

で表せるから，AM 波をひずみ波交流とみなすことができれば，この式から求めることができる。AM 波の各周波数成分がある周波数の整数倍になっていれば，ひずみ波交流とみなせる。そこで，ω_c が ω_s の整数倍であると仮定し，$\omega_c=n\,\omega_s$とおくと，

$$\omega_c+\omega_s=(n+1)\,\omega_s,\quad \omega_c-\omega_s=(n-1)\,\omega_s$$

となり，AM 波の搬送波，側波とも ω_sの高調波と考えることができるので，AM 波をひずみ波と考えて，

$$E_{AM}=\sqrt{\left(\frac{E_c}{\sqrt{2}}\right)^2+\left(\frac{mE_c}{2\sqrt{2}}\right)^2+\left(\frac{mE_c}{2\sqrt{2}}\right)^2}$$

の式で実効値を求めることができる。

【問 2-10】$e_c(t)=E_c\cos\omega_c t$ なる搬送波を $e_s(t)=E_s\cos\omega_s t$ なる信号波で AM 変調したとき，被変調波の実効値を求めよ。

解）このとき，AM 波は

$$e_{AM}(t)=(E_c+E_s\cos\omega_s t)\cos\omega_c t$$
$$=E_c\cos\omega_c t+\frac{E_s}{2}\cos(\omega_c+\omega_s)t+\frac{E_s}{2}\cos(\omega_c-\omega_s)t$$

となるので，ひずみ波交流の式より，

$$E_{AM}=\sqrt{\left(\frac{E_c}{\sqrt{2}}\right)^2+2\left(\frac{E_S}{2\sqrt{2}}\right)^2}=\frac{1}{\sqrt{2}}\sqrt{E_c{}^2+\frac{1}{2}E_S{}^2}\ \text{[V]}$$

【問 2-11】変調度 60% のとき，AM 送信機の出力が 11.8kW である。搬送波電力はどれだけか。

解）$P_{AM}=P_c(1+\frac{m^2}{2})$ より，$P_c=\dfrac{P_{AM}}{1+\frac{m^2}{2}}=\dfrac{11.8}{1+\frac{0.6^2}{2}}=\dfrac{11.8}{1.18}=10\ \text{kW}$

(6) 電流から変調指数を測定する

今までに述べた変調指数の測定方法以外に，**図 2-14** で測定する空中線電流（高周波電流）から変調指数 m を求めることができる。空中線の抵抗を R (Ω) とし，

$$P_{AM}=R\cdot I_{AM}^2,\quad I_{AM}：変調をかけたときの空中線電流 \tag{2.21}$$

$$P_c=R\cdot I_c^2,\quad I_c：変調をかけないときの空中線電流 \tag{2.22}$$

とすると，式(2.20)から，

$$m=\sqrt{2\left(\frac{P_{AM}}{P_c}-1\right)}=\sqrt{2\left\{\left(\frac{I_{AM}}{I_c}\right)^2-1\right\}} \tag{2.23}$$

が得られる。従って，I_{AM} と I_c を測定することで変調指数を求められる。

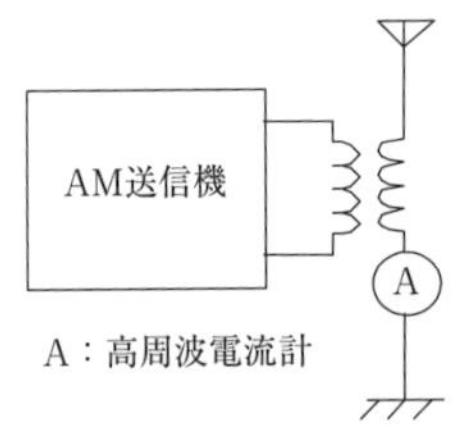

図 2-14 空中線電流から m を求める

【問 2-12】AM 送信機において，変調しないときの空中線電流が 8 A，単一正弦波で振幅変調すると 8.93 A になるという。この場合の変調度は何 % か。

解）式(2.23)から，$m=\sqrt{2\left\{\left(\frac{I_{AM}}{I_c}\right)^2-1\right\}}=\sqrt{2\left\{\left(\frac{8.93}{8}\right)^2-1\right\}}=0.7$

(7)　AM 波のベクトル表示

AM 波をベクトル表示するには，AM 波を構成する 3 つの信号成分をそれぞれベクトルで表し，これを合成すればよい。しかし，3 つの成分は周波数が異なるので，そのままでは非常に複雑な図となる。つまり，**図 2-15(a)** に示されるように，搬送波と側波の位相が全て同じときは最大振幅，側波の位相が搬送波と 90 度異なるときは搬送波の振幅，搬送波と側波の位相が 180 度異なるときは最小振幅と言うように AM 波のベクトルは回転することになる。これをそのまま表示すると，3 つのベクトルを同時に動かすことになり，ひとつのベクトル図では表せないことになる。そこで，搬送波だけを静止しているものと考えると，**図 2-15(b)，(c)** に示すようなベクトル表示が得られる。このベクトル図の考え方は，他の変調方式でも大事であるから，ここでよく理解する必要がある。

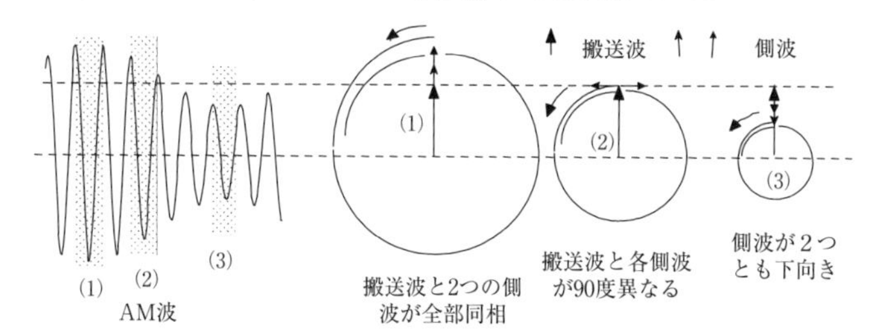

・右側の 3 つの円は，始点と終点では少し半径が変わることに注意

(a)搬送波の一周期ごとに描いたベクトル

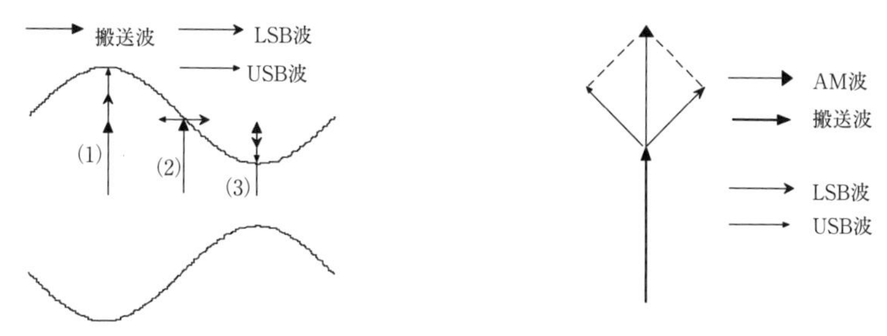

(b)信号波に対応させて描いたベクトル　　(c)搬送波を静止させたときの AM 波のベクトル表示

図 2-15　AM 波のベクトル表示

（補足）dB（デシベル）について

dBには増幅度あるいは減衰率のように，大きさの比をとったものと，1 mWや1 μVなどの，決められた基準値に対する信号の大きさの比を取ったものの2種類がある。前者は相対的な大きさを示し，後者は何Wとか何Vといった絶対値を示す。

dBの考え方を述べる。まず，基準になる値と比較する値の電力比の対数を考える。電力を用いるのはエネルギーであって，電圧と電流をあわせて考えることができるからである。また，対数をとると例えば2倍の場合にはlog2＝0.3となり小数点が付く。そこで，対数を取って10倍すると，10log2＝3となり，小数点が付かなくて良い。そこで，電力比の対数の10倍を用いて，10log(比較値／基準値)としたのがdBの定義である。電力で定義したとはいえ，実際に測定する場合は電圧または電流を用いる場合もあるので，電圧または電流で表すと係数を10から20にすればよい。これは，電力が $P = RI^2$ または $P = E^2/R$ で表されるので，電圧・電流で計算すると，2乗の2が前に出るためである。まとめると，次式となる。

$$20\log_{10}\frac{比較値}{基準値}\,[\mathrm{dB}]$$ （電圧・電流の場合）

$$10\log_{10}\frac{比較値}{基準値}\,[\mathrm{dB}]$$ （電力の場合）

dBを用いる利点は，桁数が減ること，倍率を計算する場合は掛算・割算を必要とするのに対し，対数を用いるので足し算・引算ですむことである。なお，例えば，20 dB大きいといった時，それは電力ですか電圧ですかと聞かれるが，これはどちらでもよい。20dBは電力で考えると，100倍であり，電圧では10倍である。この場合，電圧が10倍になっているということは，$P=\mathrm{V}^2/\mathrm{R}$ から考えて，電力では100倍になっているのである。

表　倍率とdBの関係

倍率［倍］		1000	100	10	2	$\sqrt{2}$	1	$1/\sqrt{2}$	1/2	1/10	1/100
デシベル［dB］	電圧･電流	60	40	20	6	3	0	-3	-6	-20	-40
	電力	30	20	10	3	–	0	–	-3	-10	-20

この表の値は暗記しておくと，計算に便利である。

【問 2-13】下記の各問いに答えよ。

(1)　dBμ は 1 μV を基準とした単位で，0 dBμ が 1 μV を示す。では，120 dBμ は何 V か。

解）$120\ \mathrm{dB\mu}=20\log_{10}\dfrac{E(\mathrm{V})}{1\ \mu\mathrm{V}}=20\log_{10}\dfrac{E(\mathrm{V})}{1\times10^{-6}\ \mathrm{V}}$　より，
$E=1\times10^{-6}\times10^{6}=1\ \mathrm{V}$

(2)　dBm は 1 mW を基準とした単位で，1 mW が 0 dBm である。負荷抵抗が 600 Ω のとき，0 dBm に相当する電圧は何 V か。

解）$P=E^2/R$ より，$E=\sqrt{PR}=\sqrt{600\times1\times10^{-3}}=0.775\ \mathrm{V}$

(3)　600 Ω の抵抗に対して，6 dBm に相当する電圧を求めよ。

解）dBm は，1 mW が基準なので

$$6\ \mathrm{dBm}=10\log_{10}\frac{P\,(\mathrm{W})}{1\ \mathrm{mW}}$$

より，$P = 4$ mW。　　$\therefore\ E=\sqrt{PR}=\sqrt{600\times4\times10^{-3}}=1.55\ \mathrm{V}$

(4)　(a) 29 dB の電圧増幅度は何倍に相当するか。(b) また，36 dB は何倍か。

解）　(a) 29 dB = 20 + 6 + 3 と分けることができるので，この増幅器が 3 つの部分から成り立っていると考え，全体の増幅度を，

$$A_v = A_{v1}\cdot A_{v2}\cdot A_{v3}$$

とする。それぞれの増幅度の積で表すと，

$$29 = 20\log A_v = 20\log(A_{v1}\cdot A_{v2}\cdot A_{v3})$$
$$= 20\log A_{v1} + 20\log A_{v2} + 20\log A_{v3} = 20 + 6 + 3 \quad [\mathrm{dB}]$$

である。前頁の表より，20 dB は 10 倍，6 dB は 2 倍，3 dB は $\sqrt{2}$ 倍なので，

$$A_v = A_{v1}\cdot A_{v2}\cdot A_{v3} = 10\times2\times1.414 = 28.3\ \text{倍}$$

(b) 36 dB＝6 dB × 6 で，6 dB は 2 倍なので，$2^6 = 64$ 倍。

(5)　40 dBm の電力を，ケーブル損失 0.05 dB/m の同軸ケーブルの入力端に加えたとき，同軸ケーブル終端での電力が 0.1 W になった。この同軸

ケーブルの長さを求めよ。ただし，同軸ケーブルは特性インピーダンスで終端してあり，反射はないものとする。
解）40 dBm は 1 mW の 10000 倍なので，10 W。これが 0.1 W，つまり 1/100 になったということは，同軸ケーブルの損失が −20dB となる。20 dB/0.05 dB=400 より 400 m。

2.4.3 SSB 変調方式（Single Side Band Modulation System；搬送波抑圧−単側波帯変調方式）

AM 波を展開した式，

$$e_{AM}(t)=E_c\cos\omega_c t+\frac{mE_c}{2}\cos(\omega_c+\omega_s)t+\frac{mE_c}{2}\cos(\omega_c-\omega_s)t \quad (2.24)$$

からわかるように，第 1 項の搬送波成分には信号波の大きさに関する情報も周波数に関する情報も含まれておらず，常に一定である。一方，側波を見てみると，USB と LSB のいずれにも，$m=E_s/E_c$ の形で信号波の大きさが含まれ，また USB に$(\omega_c+\omega_s)$，LSB に$(\omega_c-\omega_s)$と信号波の周波数成分が入っており，信号波の 2 つの情報，E_sと f_sはいずれも各側波に含まれていることがわかる。従って，2 つの側波のうちいずれかひとつを伝送すれば，信号波の情報を完全に伝えられる。この考えに基づくのが SSB 変調である。SSB にすると帯域が AM 波の半分で済み，電力も節約できる。半面，搬送波が無いので復調は面倒になる。

SSB 波を式で表すと，AM 波の式から搬送波と一方の側帯波を除けば良いので，次の式(2.25)または式(2.26)で表される。これらの式からわかるように，SSB 波の振幅は信号波の大きさに比例し，周波数は USB 波の場合は搬送波よりも高く，LSB 波の場合は搬送波よりも低くなる。

$$e_{USB}(t)=\frac{mE_c}{2}\cos(\omega_c+\omega_s)t \quad (2.25)$$

または

$$e_{LSB}(t)=\frac{mE_c}{2}\cos(\omega_c-\omega_s)t \quad (2.26)$$

⑴ SSB 変調の特徴

(a) AM に比べて電力が少なくて済む

AM 波電力に対する SSB 波電力の比 η を計算してみよう。SSB 波としては USB か LSB のどちらか一方を取ればよいので，式(2.20)を参考にして次のようになる。

$$\eta=\frac{P_{SSB}}{P_{AM}}\left(=\frac{P_{USB}}{P_{AM}}=\frac{P_{LSB}}{P_{AM}}\right)=\frac{m^2P_c/4}{P_c(1+m^2/2)}=\frac{m^2}{2(2+m^2)} \qquad (2.27)$$

これより，m が 0，すなわち変調がかかっていないときは電力は 0 でまったく消費されず，$m=1$ のときでも AM 波の 1/6 の電力で済むことがわかる。

(b) 占有周波数帯幅が AM の半分で済む

どちらか片方の側波帯だけを伝送するので，占有周波数帯幅が AM の半分の f_s で済むことになる。このために，同じ周波数幅なら AM の 2 倍の数の局が同時にひとつの通信路を利用できることになる。

(c) 受信時には搬送波を加えてやる必要がある。

受信側には搬送波が送られて来ないので，普通の AM 受信機では受信できず，復調するときはなんらかの方法で搬送波を作り出して加えてやる必要がある。

⑵ SSB 波の発生法，復調法

SSB 波を発生させるには，DSB-SC 信号を作り BPF（帯域通過フィルタ）を使って，片方の側波だけを取り出すとよい。

【問 2-14】SSB に関する次の各問に答えよ。

⑴ 変調度 60% のとき 118 kW の出力となる AM 送信機がある。

(a) 出力から USB 波を除去した場合の残りの電力を求めなさい。

(b) さらに，搬送波成分を 26 dB 抑圧した場合の残りの電力を求めなさい。

⑵ 次の文章の空欄を埋めなさい。

信号波の周波数を f_s とすると，AM では（　　　）の占有周波数帯幅を必要とするが，SSB では（　　　）で済む。電力は，AM が（P_{AM} =　　　）であるのに対し，SSB では（P_{SSB} =　　　）である。変調がかかっていないときには，SSBはまったく電力が消費されず，変調度m=1のとき，AMに比べて（　　　　　）の電力で済む。

解）(1)(a) AM波の電力が$P_c(1+m^2/2)$で，USB波の電力は$m^2P_c/4$である。従って，USB波を除去すると残りは$P_c(1+m^2/4)=100(1+0.62/4)=109$ kW。(b)搬送波成分を26dB抑圧するということは，$-26=20\log x$より$x=1/200$なので搬送波成分は100 kW/200=0.5 kWとなる。側波は9 kWなのであわせると9.5 kW。

(2) $2f_s$，f_s，$P_{\mathrm{AM}}=P_c(1+m^2/2)$，$P_{\mathrm{SSB}}=m^2P_c/4$，1/6。

2.5 振幅変調，復調回路

代表的なAM変調回路である**ベース変調回路**，**コレクタ変調回路**について，また，これも代表的な復調回路である包絡線検波器について説明する。

2.5.1 ベース変調回路

図 2-16 はベース変調回路である。ベース変調回路では，入力に搬送波と信号波を加算して印加し，トランジスタの非線形性を利用してAM波の成分を含む信号を作り出している。出力側の同調回路ではAM波の成分だけを取り出すことで，変調を行っている。式で解析すると以下のようになる。まず，トランジスタの入出力特性を，2次までの非線形特性を持つと考え，

$$i_c(t)=a_1v_b(t)+a_2v_b(t)^2 \tag{2.28}$$

とする。入力には搬送波と信号波が加算されて印加されるので，これを

$$v_b(t)=E_c\cos\omega_c t+E_s\cos\omega_s t \tag{2.29}$$

とおくと，出力電流は，

$$
\begin{aligned}
i_c(t) &= a_1(E_c\cos\omega_c t + E_s\cos\omega_s t) + a_2(E_c\cos\omega_c t + E_s\cos\omega_s t)^2 \\
&= a_1(E_c\cos\omega_c t + E_s\cos\omega_s t) + \frac{a_2E_c^2}{2}(1+\cos 2\omega_c t) \\
&\quad + \frac{a_2E_s^2}{2}(1+\cos 2\omega_s t) + a_2E_cE_s\{\cos(\omega_c+\omega_s)t + \cos(\omega_c-\omega_s)t\}
\end{aligned}
\tag{2.30}
$$

N：非線形素子（nonlinear device）

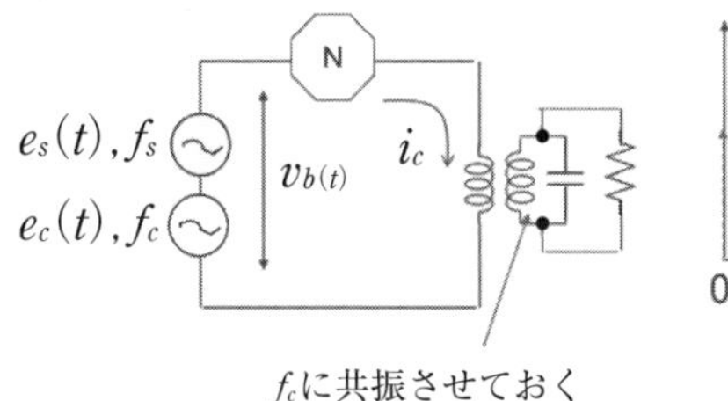

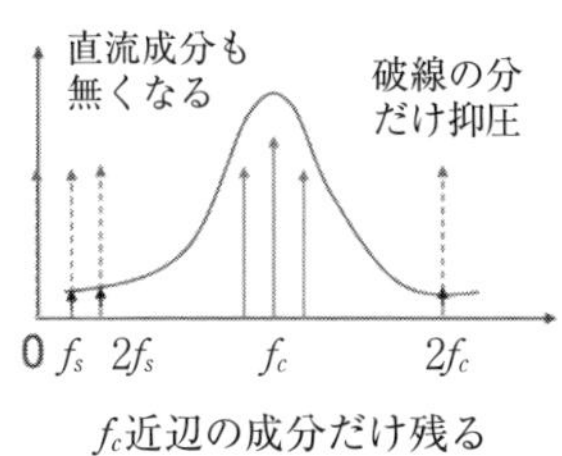

(a) 非線形回路と共振回路　　(b) 出力の周波数スペクトル

図 2-16　AM ベース変調回路（非線形変調回路）

となる。このうち，f_c-f_s，f_c，f_c+f_sの付近だけを出力側の同調回路で取り出し，これを$i_c(t)'$とする。同調回路の電流から電圧への変換係数を k とすると，出力電圧として

$$
e_{AM}(t) = ki_c'(t) = k[a_1E_c\cos\omega_c t + a_2E_cE_s\{\cos(\omega_c+\omega_s)t + \cos(\omega_c-\omega_s)t\}]
\tag{2.31}
$$

が得られる。これは，明らかに搬送波と側波2つを含む AM 波となっている。これが，ベース変調回路の原理である。非線形な特性を利用し，かつ非線形な特性はトランジスタへの入力信号の大きさが小さい時なので，非線形変調回路あるいは小信号変調回路と呼ばれる。

2.5.2　コレクタ変調回路

図 2-17 (a) は，コレクタ変調回路の原理図である。コレクタ変調回路では，振幅の大きな搬送波をベースから印加し，出力は飽和するようにＣ級増幅する。その状態で，コレクタに信号波を印加し，コレクタ電圧を信号波の変化に応じて変化させる。すると，**図 2-17 (b)** に示すようにトランジスタの動作点が移動し，出力コレクタ電流が変化する。この電流には多くの周波数成分が含まれているので，共振回路を通すことでＡＭ波成分だけを取り出す。このようにして，AM 変調を行っている。

式で解析すると，次のようになる。まず，コレクタ電圧は電源電圧V_{cc}と変調信号$E_s\cos\omega_s t$の和であるから，次式で表される。

$$v_c(t)=V_{cc}+E_s\cos\omega_s t=V_{cc}\left(1+\frac{E_s}{V_{cc}}\cos\omega_s t\right)=V_{cc}(1+m\cos\omega_s t) \tag{2.32}$$

ただし，$m=E_s/V_{ce}$

図 2-17 (b) の右上に示すように，共振回路がない場合，コレクタ電圧に比例してコレクタ電流のピーク値が変化するが，このコレクタ電流は回路がＣ級増幅器として動作しているため，パルス状に流れており，さまざまな周波数成分を含んでいる。この電流が共振回路を通ることで，AM 波成分が取り出される。そこで，コレクタ電圧からこの共振回路を通ったコレクタ電流にいたる係数を k とすると，コレクタ電流が次式で表される。

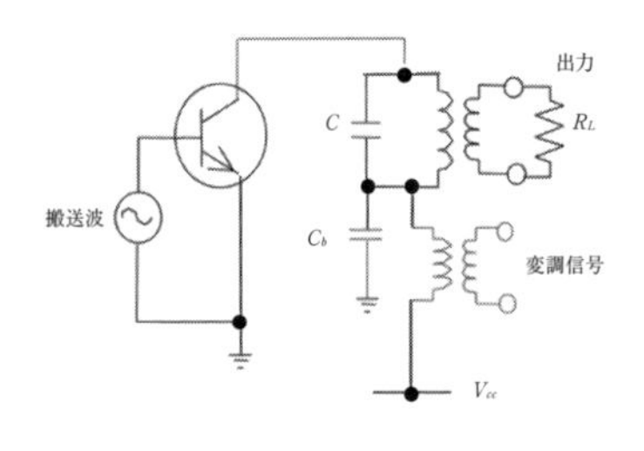

(a) 回路図

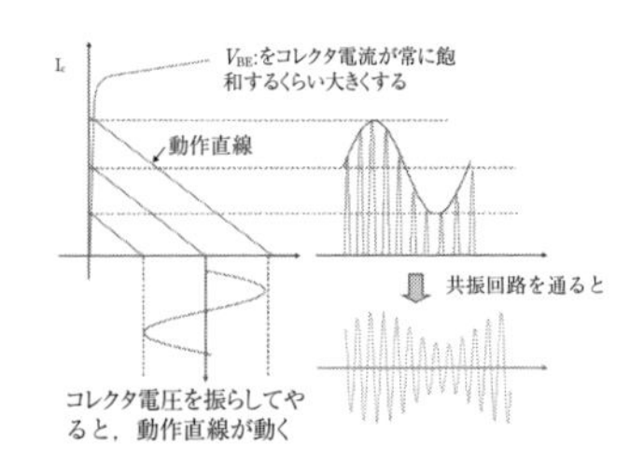

(b) 動作時の各部波形

図 2-17　コレクタ変調回路

$$i_c(t)=kv_c(t)=kV_{cc}\left(1+\frac{E_s}{V_{cc}}\cos\omega_s t\right)=I_{cc}(1+m\cos\omega_s t) \qquad (2.33)$$

コレクタにおける電圧と電流が分かったので，平均電力を求めると

$$\begin{aligned}P_0&=\frac{1}{T}\int_0^T v_c(t)i_c(t)dt=\frac{1}{T}\int_0^T V_{cc}I_{cc}(1+m\cos\omega_s t)^2dt\\&=\frac{V_{cc}I_{cc}}{T}\int_0^T(1+2m\cos\omega_s t+m^2\cos^2\omega_s t)dt\\&=V_{cc}I_{cc}\left(1+\frac{m^2}{2}\right)=P_{cc}\left(1+\frac{m^2}{2}\right)=P_{cc}+P_s\end{aligned} \qquad (2.34)$$

ただし，$P_{cc}=V_{cc}I_{cc}$，$P_s=\dfrac{m^2}{2}P_{cc}$

となる。この式から分かるように，P_{cc}は直流電源から供給され，残りのP_sが変調信号によって供給されることが分かる。これらの電力がコレクタ変調器に供給されるが，実際には回路で熱となって消費される分（コレクタ損失）がある。供給された電力に対して，実際に出力される割合をコレクタ効率ηで表すと，出力電力P_{AM}は

$$\begin{aligned}P_{AM}&=\eta P_o=\eta(P_{cc}+P_s)=\eta(P_{cc}+\frac{m^2P_{cc}}{2})\\&=\eta P_{cc}(1+\frac{m^2}{2})=P_c(1+\frac{m^2}{2})\end{aligned} \qquad (2.35)$$

となる。コレクタ変調回路の電力の収支を図にすると，**図 2-18** となる。

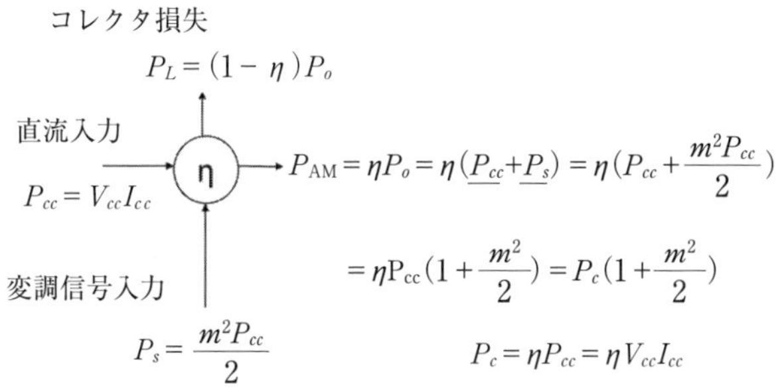

コレクタ損失

$P_L=(1-\eta)P_o$

直流入力

$P_{cc}=V_{cc}I_{cc}$

η

$P_{AM}=\eta P_o=\eta(\underline{P_{cc}}+\underline{P_s})=\eta(P_{cc}+\dfrac{m^2P_{cc}}{2})$

$=\eta P_{cc}(1+\dfrac{m^2}{2})=P_c(1+\dfrac{m^2}{2})$

変調信号入力

$P_s=\dfrac{m^2P_{cc}}{2}$

$P_c=\eta P_{cc}=\eta V_{cc}I_{cc}$

図 2-18　コレクタ変調回路の電力の収支

2.5.3　包絡線検波回路

被変調波から元の信号波を取り出すことを復調という。復調は，検波とも呼ばれる。AM 検波器にはさまざまな回路があるが，ここではもっとも基本的な**包絡線検波器**について述べる。

図 2-19 は，AM 波，AM 包絡線検波器の回路，検波出力波形を示す。**図 2-20** は，検波器をいくつかに分解し，各部の動作を示したものである。**図 2-20 (a)** は，まずダイオードで AM 波の正の部分を取り出している。次に，**図 2-20 (b)** では，コンデンサと抵抗を並列に接続することにより，AM 波の電圧が増加しているときはコンデンサに充電する。電圧が下がっていくときはコンデンサに充電された電圧よりも入力電圧が低いため，ダイオードが逆方向になり，信号源側が切り離された形となる。このときは，コンデンサに蓄えられた電圧は抵抗を通じて放電することになる。充電する時はダイオードの内部抵抗 r_d とコンデンサ C からなる RC 直列回路の持つ短い時定数で充電され，放電するときは RC 並列回路の長い時定数で放電するため，元の信号波を取り出すことができる。最後に，**図 2-20 (c)** に示すように直列に接続されたコンデンサによって，直流成分を除去すると元の信号波が取り出される。これが AM 包絡線検波器の動作である。AM 検波器において，入力における変調信号の振幅と復調後の変調信号の大きさの比を検波効率と呼んでいる。検波効率 η は次式で定義される。

$$\eta = \frac{\text{復調された信号波の振幅}}{\text{検波器に入力されたAM波内の信号波の振幅}} \tag{2.36}$$

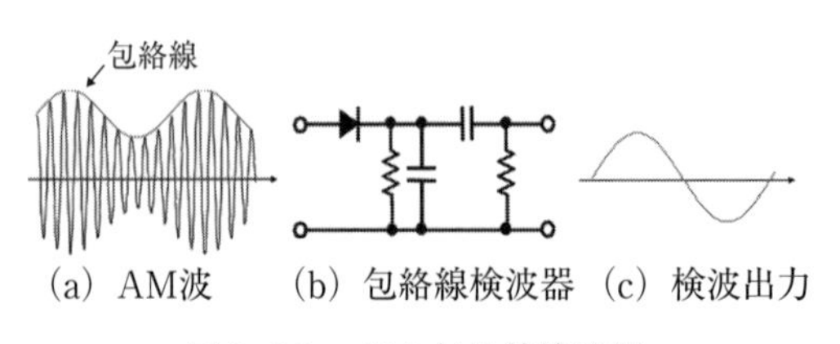

図 2-19　AM 包絡線検波器

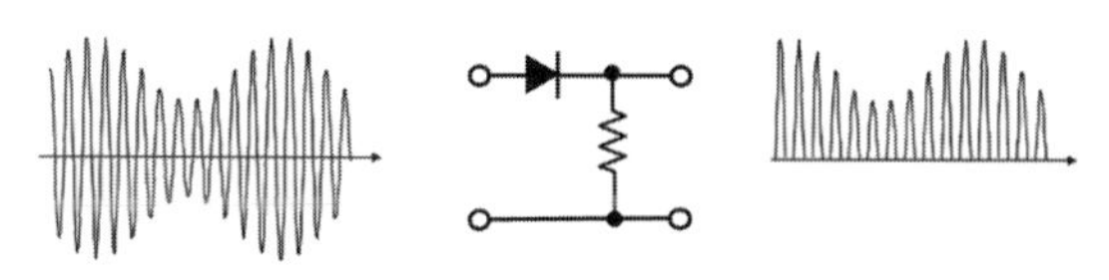

(a) 第1段階：半波整流する

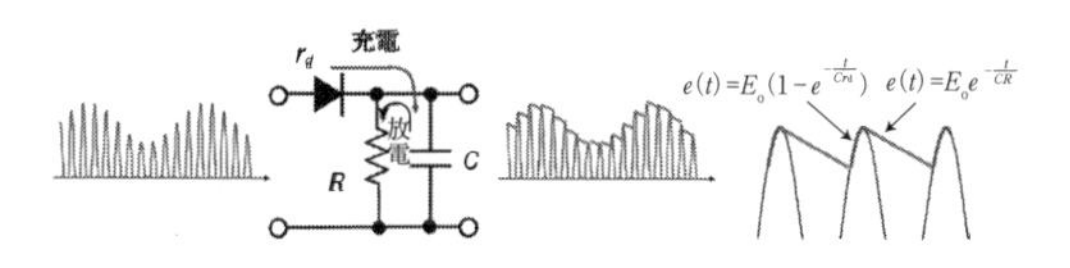

(b) 第2段階：充電と放電の繰り返しで包絡線を取り出す

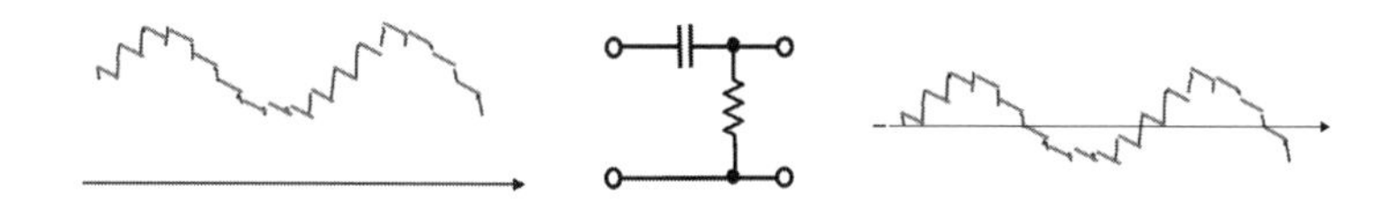

(c) 最終段：直流成分を除去して元の信号を取り出す

図2-20　AM検波の過程

2.5.4　同期検波回路

同期検波とは，送信した搬送波と同じ搬送波を受信側で準備し，これを受信信号に掛け算することで検波を行うものである。乗算器を用いることで，容易にAM検波を行うことができる。受信信号と搬送波をそれぞれ，

$$e_{\mathrm{AM}}(t)=E_c(1+m\cos\omega_s t)\cos\omega_c t \tag{2.37}$$

$$e_c(t)=E\cos\omega_c t \tag{2.38}$$

と表すと，掛け算して，LPF（低域通過濾波器；Low Pass Filter）を通過したときの同期検波出力は

$$\begin{aligned}e_{\mathrm{AM}}(t)&=E_c(1+m\cos\omega_s t)\cos\omega_c t\cdot E\cos\omega_c t\\&=\frac{E_cE}{2}(1+m\cos\omega_s t)(1+\cos 2\omega_c t)\\&=\frac{E_cE}{2}(1+\cos 2\omega_c t+m\cos\omega_s t+m\cos\omega_s t\cos 2\omega_c t)\\&\approx\frac{mE_cE}{2}(1+\cos\omega_s t)\end{aligned}\tag{2.39}$$

となる。最後の式は，その前の式の各成分がf_sよりも高い周波数成分を含むため，LPF を通過させることで，これらを除去した波形を示している。これよりさらに直流分を除去することで元の信号波を取り出すことができる。問題は，送信した搬送波とまったく同じ周波数，位相の搬送波を受信側で準備できるかどうかであるが，これは受信したAM波を利用することで受信側において搬送波を再生して用いることができる。

2.6　角度変調方式

振幅変調方式が信号波の大きさの変化に応じて搬送波の振幅を変化させたのに対して，角度変調方式は搬送波の周波数または位相を変化させる変調方式である。角度変調方式には，**周波数変調**（**FM**；Frequency Modulation）と**位相変調**（**PM**；Phase Modulation）の2つがある。周波数変調はFMステレオ放送などで用いられている。

振幅変調では，単一正弦波で変調をかけた場合，搬送波の両側にひとつずつ側波が生じた。これに対し，角度変調では多数の側波が生じる。このことから，振幅変調を線形変調，角度変調を非線形変調と呼ぶこともある。

また，角度変調は振幅が常に一定なので定振幅変調とも呼ばれ，通信路でのフェージングによる振幅変動や回路の非直線性の影響による振幅の変化，あるいはパルス性の雑音が加わっても受信側で振幅変動を除去して復調することから，振幅変動による雑音に強い特徴がある。

2.6.1　FM（周波数変調）

(1)　FM 波の数式による表し方と変調指数

AM 波と同様に，搬送波e_cと信号波e_sを次のようにおき，FM 波を求める。

$$e_c(t)=E_c\sin\omega_c t,\quad \omega_c=2\pi f_c \tag{2.40}$$

$$e_s(t)=E_s\cos\omega_s t,\quad \omega_s=2\pi f_s \tag{2.41}$$

手順としてはFM波のある時刻における周波数（瞬時周波数）を求め，それを積分することによって搬送波の位相角を求め，FM波を導出する。逆に，FM波の位相角を先に定義し，それを微分して瞬時周波数を求めることもある。

FM波の瞬時周波数をf_iとすると，f_iは搬送波の周波数f_cを中心に信号波e_sの振幅に比例して，ある幅Δfで変化している。信号波の振幅とこの振れ幅を関係づける任意の比例定数をK（次元はHz/V）とすると，f_iは次のように表せる。

$$\begin{aligned} f_i &= f_c + \mathrm{K} e_s \\ &= f_c + \mathrm{K} E_s \cos \omega_s t \\ &= f_c + \Delta f \cos \omega_s t \end{aligned} \tag{2.42}$$

ただし，$\Delta f = \mathrm{K} E_s$：**最大周波数偏移**

$\cos \omega_s t$は±1の範囲で変化するのでf_iは$f_c \pm \Delta f$の範囲で変化する。そのため，Δfを最大周波数偏移と呼ぶ。

図2-21にFM変調の各波形を示す。この図からもわかるように，信号波e_sの振幅が正の方に大きくなっていくとき，FM波の瞬時周波数は搬送波の周波数からだんだん高くなり，e_sがもっとも大きくなった（$\cos \omega_s t = 1$）ときは，搬送波の周波数よりもΔfだけ周波数が高くなる。また，e_sの振幅が負の方に大きくなっていくときは，FM波の周波数は搬送波の周波数からだんだん低くなり，もっとも大きくなった($\cos \omega_s t = -1$)ときは搬送波の周波数よりもΔfだけ周波数が低くなることになる。よって，FM波の一番高い瞬時周波数と一番低い瞬時周波数の差は$2\Delta f$となる。

式(2.38)に2πをかけて，瞬時角周波数ω_iを求めると，

$$\omega_i = \omega_c + \Delta\omega \cos \omega_s t, \quad \Delta\omega = 2\pi \Delta f \tag{2.43}$$

となる。位相角$\theta(t)$は角速度ω_iが一定であれば，これに時間を掛けて$\theta(t) = \omega_i t$と求まる。しかし，ω_iは$\cos \omega_s t$の大きさに応じて常に変化しているので，$\theta(t)$を求めるには次のように時間で積分する必要がある。

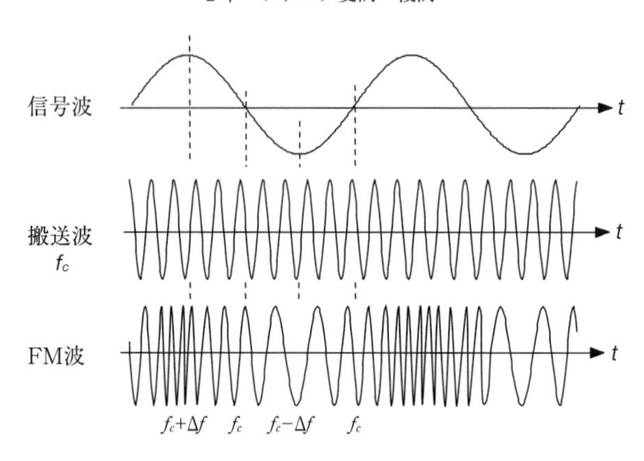

図 2-21　FM変調の波形（搬送波，信号波，FM 波）

$$\theta(t)=\int_0^t \omega_i dt=\int_0^t (\omega_c+\Delta\omega\cos\omega_s t)dt$$

$$=\left[\omega_c t+\frac{\Delta\omega}{\omega_s}\sin\omega_s t\right]_0^t \tag{2.44}$$

$$=\omega_c t+\frac{\Delta\omega}{\omega_s}\sin\omega_s t=\omega_c t+m_f\sin\omega_s t$$

ただし，$m_f=\dfrac{\Delta\omega}{\omega_s}=\dfrac{\Delta f}{f_s}$ ：FM の変調指数

従って，ある時刻 t における FM 波の式は，

$$e_{\mathrm{FM}}(t)=E_c\sin(\omega_c t+m_f\sin\omega_s t) \tag{2.45}$$

となる。

【問 2-15】FM 波が次の式で表されているとき，(1)搬送波周波数，(2)変調指数，(3)最大周波数偏移を求めよ。

$$e_{\mathrm{FM}}(t)=10\cos\{2\pi\cdot2\cdot10^6 t+8\sin(2\pi\cdot3\cdot10^3 t)\}$$

解）$e_{\mathrm{FM}}(t)=E_c\sin(\omega_c t+m_f\sin\omega_s t)$の式と比較して求める。

(1) $f_c=2$ MHz，(2) $m_f=8$，(3) $\Delta f=m_f\times f_s=8\times3=24$ kHz

【問 2-16】信号波周波数が 10 kHz，最大周波数偏移が ± 75kHz のとき，占有周波数帯域幅を求めよ。

解）$B_{FM} = 2(\Delta f + f_s) = 2(75 + 10) = 160$ kHz

【問 2-17】信号波周波数が 10 kHz，変調指数が 20 のとき，最大周波数偏移を求めよ。

解）$\Delta f = m_f \times f_s = 20 \times 10 = 200$ kHz

(2) 周波数スペクトル

FM 波に含まれる周波数成分を求めてみよう。そのためには，FM 波を正弦波の和に展開しなければならない。そこで，式(2.42)，(2.43)の公式を用いて計算を行う。

三角関数の公式：$\sin(\alpha+\beta)=\sin\alpha\cos\beta+\cos\alpha\sin\beta$ (2.46)

ベッセル関数の公式：

$$\sin(m\sin\alpha)=2\sum_{n=0}^{\infty} J_{2n+1}(m)\sin(2n+1)\alpha \tag{2.47a}$$

$$\cos(m\sin\alpha)=J_0(m)+2\sum_{n=1}^{\infty} J_{2n}(m)\cos(2n\alpha) \tag{2.47b}$$

ただし，$J_{2n+1}(m)$，$J_0(m)$，$J_{2n}(m)$ は第 1 種ベッセル関数。

まず，三角関数の公式を用いて FM 波の式(2.41)を展開し，ついでベッセル関数の式を代入すると，

$$\begin{aligned}
e_{FM}(t) &= E_c\sin(\omega_c t+m_f\sin\omega_s t)\\
&= E_c[\sin\omega_c t\cdot\cos(m_f\sin\omega_s t)+\cos\omega_c t\cdot\sin(m_f\sin\omega_s t)]\\
&= E_c[\sin\omega_c t\{J_0(m_f)+2\sum_{n=1}^{\infty} J_{2n}(m_f)\cos(2n\omega_s t)\}\\
&\quad +\cos\omega_c t\cdot 2\sum_{n=0}^{\infty} J_{2n+1}(m_f)\sin(2n+1)\omega_s t]\\
&= E_c[J_0(m_f)\sin\omega_c t+2J_1(m_f)\cos\omega_c t\cdot\sin\omega_s t+2J_2(m_f)\sin\omega_c t\cdot\cos 2\omega_s t\\
&\quad +2J_3(m_f)\cos\omega_c t\cdot\sin 3\omega_s t+2J_4(m_f)\sin\omega_c t\cdot\cos 4\omega_s t+2J_5(m_f)\ \cdots\\
&= E_c[J_0(m_f)\sin\omega_c t+\sum_{n=1}^{\infty} J_n(m_f)\sin(\omega_c+n\omega_s)t\\
&\quad +\sum_{n=1}^{\infty}(-1)^n J_n(m_f)\sin(\omega_c-n\omega_s)t]
\end{aligned} \tag{2.48}$$

となる。ベッセル関数に関する次の公式

$$(-1)^n J_n(m_f) = J_{-n}(m_f) \tag{2.49}$$

を用いると，nを1～∞と数えるのと，$-n$として-1～$-\infty$と数えるのは同じことなので，これを用いて式(2.48)の最後の行の［　］内の最後の項を書き換えると，次のようになる。

$$\begin{aligned}
&\sum_{n=1}^{\infty}(-1)^n J_n(m_f)\sin(\omega_c - n\omega_s)t \\
&= \sum_{n=1}^{\infty} J_{-n}(m_f)\sin(\omega_c - n\omega_s)t \quad \text{（式(2.45)を用いて書き換えた）} \\
&= \sum_{n=-1}^{-\infty} J_n(m_f)\sin(\omega_c + n\omega_s)t \\
&\qquad\qquad \text{（}-n\text{を}n\text{にし，}n=1\sim\infty\text{を}n=-1\sim-\infty\text{に変えた）} \\
&= \sum_{n=-\infty}^{-1} J_n(m_f)\sin(\omega_c + n\omega_s)t \quad \text{（}n\text{の順番を}-\infty\sim-1\text{に入れ替えた）}
\end{aligned} \tag{2.50}$$

結局，式(2.48)のFM波は$n=0$，$n=1$～∞，$n=-1$～$-\infty$と3つに別れている［　］内の各項を$-\infty$～$+\infty$の範囲のひとつの式でまとめることができて

$$e_{\mathrm{FM}}(t) = E_c \sum_{n=-\infty}^{\infty} J_n(m_f)\sin(\omega_c + n\omega_s)t \tag{2.51}$$

となる。これより，単一正弦波で変調をかけたにもかかわらず，無限の数の側波が生じていることがわかる。また，変調指数m_fの値によって側波の大きさ$J_n(m_f)$がベッセル関数の値に従って変化することがわかる。

(3) FM 波の周波数スペクトル

FM波の周波数スペクトルは，式(2.47)の係数$J_n(m_f)$を求めて，これを図にすればよい。nが側波の次数，m_fが変調指数である。まず変調指数を求め，ベッセル関数のグラフから$J_n(m_f)$を求める。これを搬送波と各側波について繰り返し求め，nf_sを横軸に，$J_n(m_f)$を縦軸に記入するとよい。横軸の間隔は変調周波数f_sである。ベッセル関数$J_n(m_f)$の値を**表 2-2** に，グラフを**図 2-22** に示す。表とグラフのいずれかを用いて値を読み取る。

表2-2　ベッセル関数の値

m_f	J_0	J_1	J_2	J_3	J_4	J_5	J_6	J_7	J_8	J_9	J_{10}	J_{11}
0	1	–	–	–	–	–	–	–	–	–	–	–
0.25	0.98	0.12	–	–	–	–	–	–	–	–	–	–
0.5	0.94	0.24	0.03	–	–	–	–	–	–	–	–	–
1	0.77	0.44	0.11	0.02	–	–	–	–	–	–	–	–
1.5	0.51	0.56	0.23	0.06	0.01	–	–	–	–	–	–	–
2	0.22	0.58	0.35	0.13	0.03	–	–	–	–	–	–	–
2.5	-0.05	0.5	0.45	0.22	0.07	0.02	–	–	–	–	–	–
3	-0.26	0.34	0.49	0.31	0.13	0.04	0.01	–	–	–	–	–
4	-0.4	-0.07	0.36	0.43	0.28	0.13	0.05	0.02	–	–	–	–
5	-0.18	-0.33	0.05	0.36	0.39	0.26	0.13	0.05	0.02	–	–	–
6	0.15	-0.28	-0.24	0.11	0.36	0.36	0.25	0.13	0.06	0.02	–	–
7	0.3	0.00	-0.3	-0.17	0.16	0.35	0.34	0.23	0.13	0.06	0.02	–
8	0.17	0.23	-0.11	-0.29	-0.1	0.19	0.34	0.32	0.22	0.13	0.06	0.03
9	-0.09	0.24	0.14	-0.18	-0.27	-0.06	0.2	0.33	0.3	0.21	0.12	0.06
10	-0.25	0.04	0.25	0.06	-0.22	-0.23	-0.01	0.22	0.31	0.29	0.2	0.12

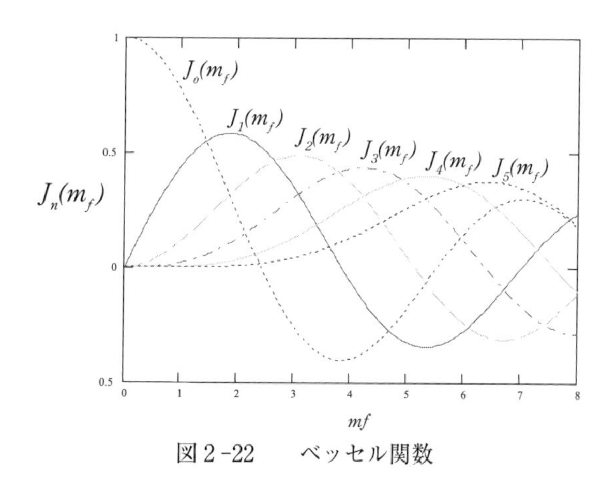

図2-22　ベッセル関数

図2-23にいくつかの変調指数m_fと変調周波数f_sに対するFM波の周波数スペクトルを示す。この図から，つぎのことがわかる。

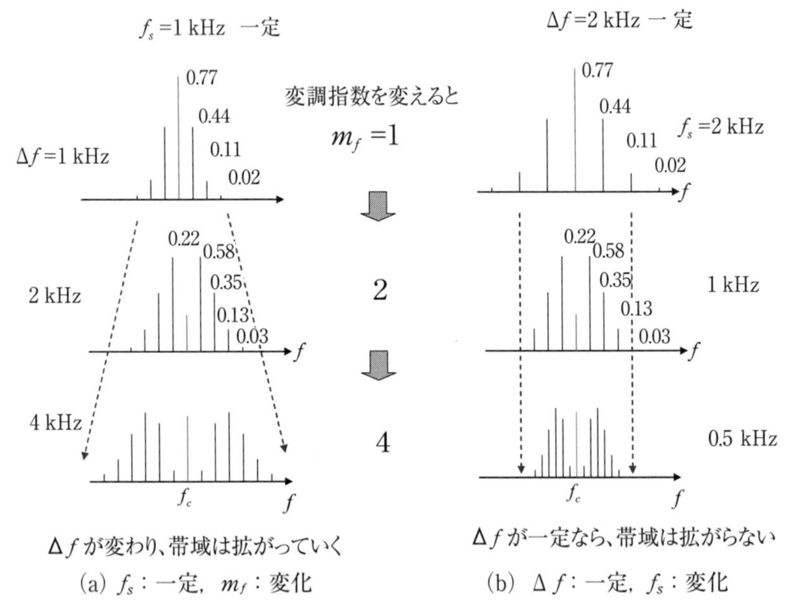

(a) f_s：一定，m_f：変化　　(b) Δf：一定，f_s：変化

図 2-23　各種変調指数，変調周波数に対する FM 波の周波数スペクトル

a) m_f＜１のときは第１側波のみが大きく，AM 波とあまり変わらない。

b) **図 2-23(a)** から，変調周波数 f_s が一定なら，m_f の増加と共に搬送波から離れた側波の振幅がだんだん大きくなっていく。つまり帯域幅が拡がる。

c) **図 2-23(b)** から，Δf を一定とすると $m_f=\Delta f/f_s$ なので，m_f が大きいときは f_s が低くなり，スペクトル間隔は詰まる。m_f が小さいときは f_s が高くなり，スペクトル間隔は拡がることがわかる。したがって b)，c) より，FM の周波数スペクトルについては，「m_f が大きいときは多数の側帯波が生じるが，Δf が一定なら，f_s が小さくなるため，側帯波の間隔は狭く，帯域幅としてはあまり拡がらない。一方，f_s が高いときは側帯波間隔は拡がるが，Δf が一定なら，m_f が小さくなるので高次の側帯波振幅が小さくなり，この場合も帯域幅はあまり拡がらない」といえる。結局，FM の場合は最大周波数偏移 Δf を一定にしておくと，周波数スペクトルは搬送波の付近にまとまっていることになる。これがアナログ通信では，PM ではなく FM が用いられる主な理由である。

【問 2-18】f_s=1 kHz, f_c=1MHz, m_f=1 のとき, FM 波のスペクトルを描け。ただし, 搬送波の大きさは 1V とし, 第 3 側波まででよい。
解) ベッセル関数のグラフより $J_0(1)$, $J_1(1)$, $J_2(1)$, $J_3(1)$を読み取り, これらを縦軸に, 横軸は中心周波数が 1 MHz で, スペクトル間隔が 1 kHz の図を描けばよい。

(4) 占有周波数帯幅

FM 波は単一正弦波で変調をかけた場合でも, 無限の側波を生じることがわかった。しかし, 周波数スペクトル図からわかるように, 高次の側波は大きさが小さく, ほとんどの成分は搬送波付近にまとまっているので, 高次の側波成分を無視して伝送しても十分もとの情報を伝えることができると考えられる。そこで, 何番目の側波まで伝送すれば十分か, つまり FM 波の占有周波数帯幅は一体どれだけあればよいのか, FM 波の通信に必要な占有周波数帯幅を求めてみる。結論から述べると, FM 波の全エネルギーのうち電波法によると 99%以上が含まれる側波までを考えればよいことになっている。そこで, まず FM 波の全エネルギーを P_∞とし, (FM 波の搬送波エネルギー) + (第N番目までの側波のエネルギー)を P_N としたとき, それらの比 P_N/P_∞が 99%以上になる側帯波の次数 N を求める (**図 2-24** 参照)。

エネルギー=電力×時間で, 電力は電圧の二乗に比例するので, FM 波のエネルギーも電圧の二乗に比例する。電圧の二乗とエネルギーとの間の比例定数を k とすると, FM 波の全電力 P∞は,

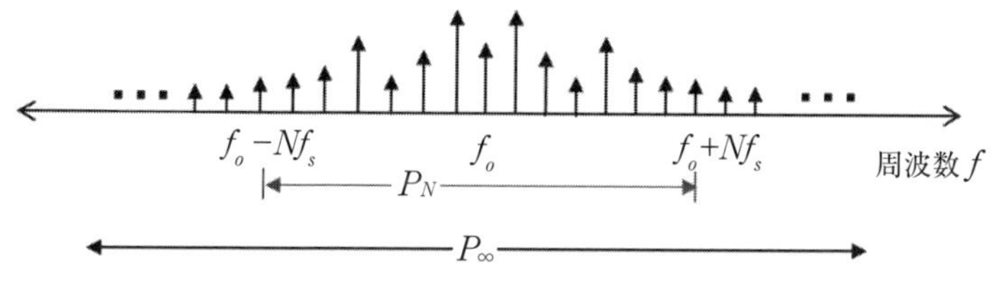

N: エネルギーが全体の99%になる側波の次数

図 2-24 FM 波の全エネルギー P_∞とN番目までの側波が含むエネルギー P_N

$$P_\infty = kE_c^2 \sum_{n=-\infty}^{\infty} J_n^2(m_f) \tag{2.52}$$

$$P_N = kE_c^2 \sum_{n=-N}^{n=N} J_n^2(m_f) \tag{2.53}$$

となる。P_NとP_∞の比をηとする。また，次のベッセル関数に関する公式

$$\sum_{n=-\infty}^{\infty} J_n^2(m_f) = 1 \tag{2.54}$$

を用いると

$$\eta = \frac{P_N}{P_\infty} = \frac{kE_c^2 \sum_{n=-N}^{N} J_n^2(m_f)}{kE_c^2 \sum_{n=-\infty}^{\infty} J_n^2(m_f)} = \frac{\sum_{n=-N}^{N} J_n^2(m_f)}{\sum_{n=-\infty}^{\infty} J_n^2(m_f)} = \sum_{n=-N}^{N} J_n^2(m_f) \tag{2.55}$$

が得られる。**図 2-25** に，式(2.55)について，m_fをパラメータにとり，$N=m_f+1$番目まで取ったときのηの変化を示す。**図 2-25** において，$N=m_f$番目まで取ったときは，97%程度が最大であるが，$N=m_f+1$番目まで取ると，m_f=10まではηは99%を越え，それ以上でもほぼ98.5%以上は入ることがわかる。従って，FMの占有周波数帯幅B_{FM}としては，周波数スペクトルの間隔がf_sで，上下にN個の側帯波があるので，$N=m_f+1$番目まで取り，

$$B_{FM} = 2Nf_s = 2(m_f+1)f_s = 2(\Delta f + f_s) \quad \left(\because m_f = \frac{\Delta f}{f_s}\right) \tag{2.56}$$

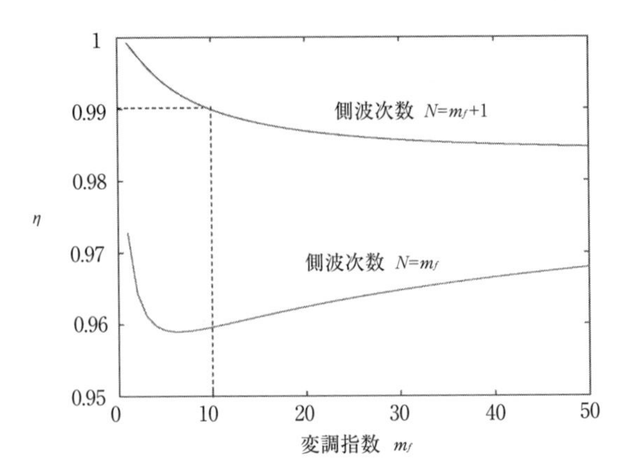

図2-25 FM波の全エネルギーとN番目の側波までのエネルギーの比ηの変化

とする。信号波には多くの周波数成分を含むので，その最高周波数を f_{sMAX} として

$$B_{FM}=2(\Delta f+f_{sMAX}) \tag{2.57}$$

が用いられる。さらに，$m_f \ll 1$ のときは，

$$B_{FM}\cong 2f_{sMAX} \tag{2.58}$$

となり，AM 波の場合と同じ値になる。これは，**狭帯域 FM**（NBFM；Narrowband FM）と呼ばれる。実用的には，$m_f<0.2$ 程度といわれている。逆に，$m_f \gg 1$ のときは，

$$B_{FM}\cong 2\Delta f \tag{2.55}$$

となる（**広帯域 FM**；Wideband FM）。なお，行政的には，無線設備規則別表二号において，占有周波数帯幅の計算式として

$$B_{FM}=2(k\Delta f+f_{sMAX}),\ 0\leq k\leq 1 \tag{2.59}$$

と記載されている。

【問 2-19】最大周波数偏移 50 kHz で，10 MHz の搬送波を正弦波で FM 変調した。信号波の周波数が次の各場合の占有周波数帯幅を求めよ。
(1) 10 kHz　(2) 50 Hz
解）(1) $B_{FM}=2(\Delta f+f_s)=2(50+10)=120$ kHz，　(2) $B_{FM}=2(50+0.05)\doteqdot 100$ kHz

(5)　変調指数の測定法

よい FM 変調器かどうかを知るためには，変調器から出力される FM 波にもとの信号波の情報が正しく伝わっているかどうかを測定する必要がある。FM 変調器の場合，信号波の大きさに比例して周波数が変化すれば，もとの信号波の形が正しく伝送できると考えられる。これを変調直線性と呼ぶ。変調周

波数f_sを一定にして，信号波の大きさを変化させたときの変調指数m_fを測定すれば，$\Delta f = m_f f_s$より変調直線性を知ることができる。ここでは，変調指数の測定法として，スペクトラムアナライザを用いる方法を2つ説明する。

a）無変調時の搬送波の大きさを基準にする方法

図2-22のベッセル関数のグラフから，搬送波と側波の大きさからm_fを知ることができる。手順は次の通りである。

1)まずスペクトラムアナライザ上の波形から，無変調時の搬送波の振幅を測定し，その大きさを1と考える。

2)次に変調をかけたときの搬送波あるいは側波の大きさを無変調時の搬送波を1として相対的な大きさで測る。

3)2)の値をベッセル関数の縦軸にあてはめ，対応する横軸の値から変調指数m_fを求める。

【問2-20】無変調時の搬送波の大きさを基準にする方法で，無変調時の搬送波の大きさがスペクトラムアナライザ上で，10センチメートルの長さだったとする。変調をかけたとき，第1側波の大きさが長さ4センチメートルになった。変調指数はどれだけか。

解）ベッセル関数のグラフから，$J_1(m_f)$が0.4のところを見て，m_f =0.85。

b）周波数スペクトルが特別な値となる点を用いる方法

a）の方法では，スペクトラムアナライザの画面から読むのと，ベッセル関数のグラフを用いる関係でどうしても読み取り誤差が生じる。そこで搬送波または第1側波の振幅が零になる点，あるいは搬送波と第1側波の振幅が等しくなる点など，特定の値となる点を測定してm_fを測る方法がよく用いられる。

表2-3に，このような特定の点におけるm_fの値を示す。測定するときは，スペクトラムアナライザでFM波のスペクトルを観測しながら，**表2-3**に示す条件を満たすスペクトルの形になるように信号波電圧を調整する。**図2-26**のように，信号波電圧とm_fの関係を示すグラフを作ればそのグラフより，任

意の信号波電圧のときの m_fを知ることができる。実際の測定では，スペクトラムアナライザの画面上で搬送波または側帯が零になる点を確認するのは難しいので，大きさが最小になる点をとればよい。

⑹　FM 波の電力

FM 波の電力は，振幅が一定であるので変調指数に関係なく一定なはずである。FM 波の式(2.47)と，ベッセル関数の公式(2.50)より，FM 波の実効値 E_{FM}は，

$$E_{\mathrm{FM}}=\sqrt{\sum_{n=-\infty}^{\infty}\left\{\frac{E_c J_n(m_f)}{\sqrt{2}}\right\}^2}=\frac{E_c}{\sqrt{2}}\sqrt{\sum_{n=-\infty}^{\infty}J_n(m_f)^2}=\frac{E_c}{\sqrt{2}}\quad [\mathrm{V_{rms}}] \quad (2.60)$$

なので，FM 波の電力 P_{FM}は負荷抵抗を R〔Ω〕とすると，

$$P_{\mathrm{FM}}=\frac{E_{\mathrm{FM}}^2}{R}=\frac{E_c^2}{2R}\quad [\mathrm{W}] \quad (2.61)$$

となり，一定であることがわかる。

表 2 - 3　変調指数の測定に用いる特定条件時の m_f の値

条件	搬送波の振幅＝0	第 1 側帯波の振幅＝0	搬送波振幅＝第 1 側帯波振幅
条件を満たすときの m_f の値			1.44
	2.41		3.11
		3.83	
	5.52		
		7.02	
	8.65		
		10.17	
	11.79		

信号波電圧に変える
↓
変調指数が変わる
↓
特定の形になるスペクトルが生じる
そのときの m_f はわかっている
↓
下の図が描ける

変調指数 m_f
ある m_fの値になるように信号波電圧を調整する
信号波電圧

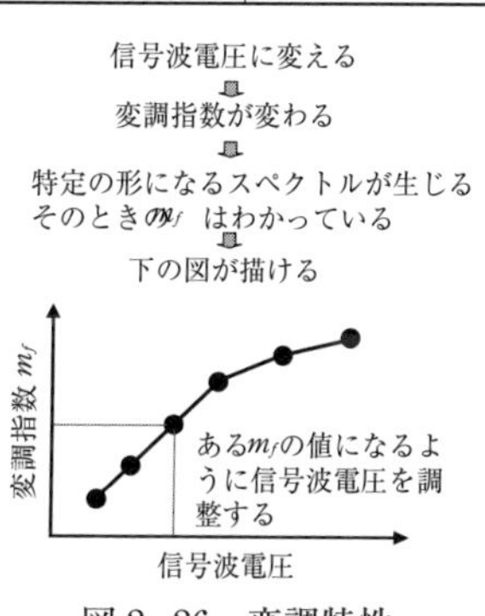

図 2 -26　変調特性

(7) ベクトル図

FM 波のベクトル図を考える。簡単なように，式(2.47)の第3側波までを考えると，式(2.47)から，

$$
\begin{aligned}
e_{FM}(t)=E_c[&J_0(m_f)\sin\omega_c t &&\text{———搬送波成分}\\
&+J_1(m_f)\{\sin(\omega_c+\omega_s)t-\sin(\omega_c-\omega_s)t\}\\
&+J_2(m_f)\{\sin(\omega_c+2\omega_s)t+\sin(\omega_c-2\omega_s)t\} &&\text{———側波成分}\quad(2.63)\\
&+J_3(m_f)\{\sin(\omega_c+3\omega_s)t-\sin(\omega_c-3\omega_s)t\}]
\end{aligned}
$$

である。搬送波ベクトルは動かないもの（$\omega_c t=0$）としてベクトル図を描くと**図 2-27** となる。図の一番右が FM 波で，左の3つは各側波を成分ごとに描いたものである。右から2つ目は搬送波と第1側波を示す。第1側波がこのような図になっているのは，第1側波が式では，

$$J_1(m_f)\{\sin(\omega_c+\omega_s)t-\sin(\omega_c-\omega_s)t\} \tag{2.64}$$

であるが，$\omega_c t=0$ から $J_1(m_f)\{\sin\omega_s t-\sin(-\omega_s)t\}$ となり，$J_1(m_f)\sin\omega_s t$（USB 成分）は正の方に進んだ成分，$J_1(m_f)\{-\sin(-\omega_s)t\}$（LSB 成分）は負の方向に $\omega_s t$ だけ進み，かつ $-\sin$ となってベクトルが反転しているためである。第2，第3側波の図も同様に考えることができる（sin の符号とベクトルの向きに注意。また，側波の位相が次数に応じて2倍，3倍となることにも注意すること）。

図 2-27 に示したように，FM 波のベクトル図はそのままでは側波の数が多くて極めて複雑となるので，m_f が1よりも小さい場合に限定して調べてみる。

θ が小さいときは，

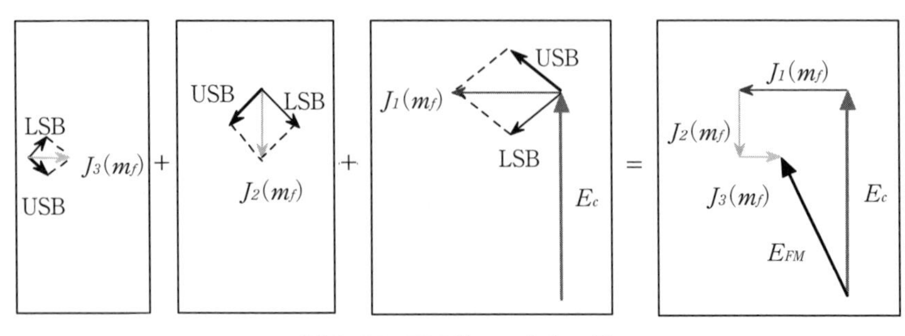

図 2-27　FM 波のベクトル図

$$\cos\theta \cong 1,\ \ \sin\theta \cong \theta \tag{2.65}$$

と近似できるので，FM 波の式(2.47)は

$$\begin{aligned}e_{\mathrm{FM}}(t) &= E_c\sin(\omega_c t + m_f \sin\omega_s t)\\ &= E_c[\sin\omega_c t\cdot\cos(m_f\sin\omega_s t) + \cos\omega_c t\cdot\sin(m_f\sin\omega_s t)]\\ &\cong E_c(\sin\omega_c t + \cos\omega_c t\cdot m_f\sin\omega_s t)\\ &= E_c\sin\omega_c t + \frac{mE_c}{2}\{\sin(\omega_c+\omega_s)t - \sin(\omega_c-\omega_s)t\}\end{aligned} \tag{2.66}$$

となる。比較のために，AM 波を思い出してみる。AM 波の場合は

$$\begin{aligned}e_{\mathrm{AM}}(t) &= E_c(1+m\cos\omega_c t)\sin\omega_s t\\ &= E_c\sin\omega_c t + \frac{mE_c}{2}\{\sin(\omega_c+\omega_s)t - \sin(\omega_c-\omega_s)t\}\end{aligned} \tag{2.67}$$

であった。FM 波の場合は LSB の成分が AM に比べて符号が逆になっており，FM 波の LSB 成分が AM の LSB 成分に比べて位相が反転していることがわかる。従って，AM と FM のベクトル図は**図 2-28** のようになる。

図 2-29 には，信号波の変化と FM 波のベクトルの変化を示す。図において，中心となる搬送波からの離れ具合が FM 波の位相を表す。左側の図からみると，位相が右端から 0 へ，0 から左端へ，そしてまた右端へと順次変化していくことがわかる。

FM 波の瞬時周波数は位相の微分であったことを思い出すと，信号波が大き

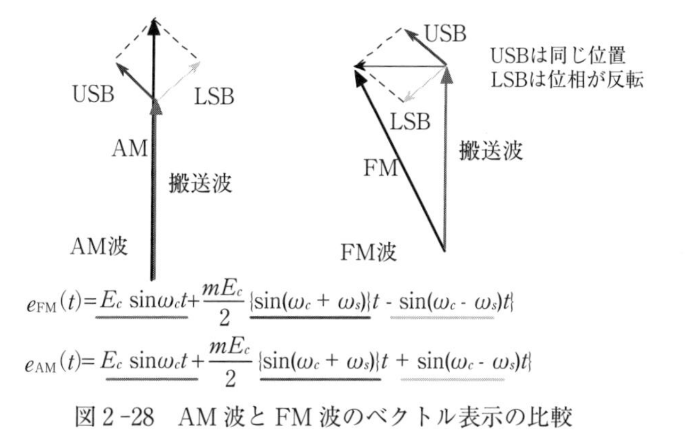

図 2-28　AM 波と FM 波のベクトル表示の比較

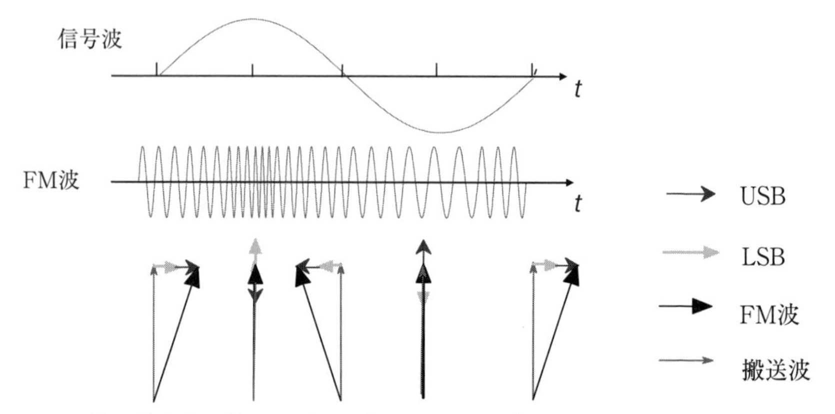

図2-29 FM波のベクトル表示と変調信号の関係

くなっている所で，FM波のベクトルは位相が大きく変化するため，それを微分すると信号波の大きい所で周波数が高くなることがわかる。逆に，両端つまり信号波がゼロとなるところでは，FM波はいったん停止して，また戻ってこなければならないので位相変化が小さいことがわかる。従って，位相の微分である周波数変化も小さいことがわかる。

2.6.2 PM（Phase Modulation；位相変調）

(1) PM波の数式での表現と変調指数

FM波同様に，搬送波と信号波を次のようにおく。

$$e_c(t)=E_c\sin\omega_c t,\ \omega_c=2\pi f_c \tag{2.68}$$

$$e_s(t)=E_s\cos\omega_s t,\ \omega_s=2\pi f_s \tag{2.69}$$

PM 波は，搬送波の位相が信号波の大きさに比例して変化するので，搬送波のある時刻 t における位相を $\theta(t)$ とし，信号波の変化に対する位相の変化の割合を比例定数 K(無名数) で表すと，

$$\theta(t)=\omega_c t+\mathrm{K}E_s\cos\omega_s t=\omega_c t+m_p\cos\omega_s t \tag{2.70}$$

ただし，$m_p=\Delta\theta=\mathrm{K}E_s$：PM の変調指数 (2.71)

である。従って，PM 波は

$$e_{\mathrm{PM}}(t)=E_c\sin(\omega_c t+m_p\cos\omega_s t) \tag{2.72}$$

となる。式(2.66)の位相を微分して，瞬時周波数 ω_i を求めると，

$$\omega_i=\frac{d}{dt}(\omega_c t+m_p\cos\omega_s t)=\omega_c-\omega_s m_p\cdot\sin\omega_s t=\omega_c-\Delta\omega\cdot\sin\omega_s t \tag{2.73}$$

なので，PM の最大周波数偏移は，次式となる。

$$\Delta f=\frac{\Delta\omega}{2\pi}=\frac{\omega_s m_p}{2\pi}=f_s m_p\text{：PM の最大周波数偏移} \tag{2.74}$$

図 2-30 に信号波，搬送波，FM 波，PM 波の関係を示す。これからわかるように，FM 波と PM 波は疎と密の周期がちょうど信号波の $\pi/2$ だけずれていることがわかる。

【問 2-21】PM 波は，位相変化であるため，そのままでは図に描きにくい。そこで，式(2.69)の関係を利用して PM 波を描く方法を説明しなさい。

解）式(2.69)は PM 波の瞬時周波数を示している。つまり，これは周波数の変化なので，FM と同じように図を描くことができる。

$\omega_i=\omega_c-\Delta\omega\cdot\sin\omega_s t$ なので，$\sin\omega_s t=1$ のときにもっとも周波数が低く，$\sin\omega_s t=-1$ のときにもっとも周波数が高くなるように PM 波を描くとよい。なお，信号波は $E_s\cos\omega_s t$ であることに注意する。

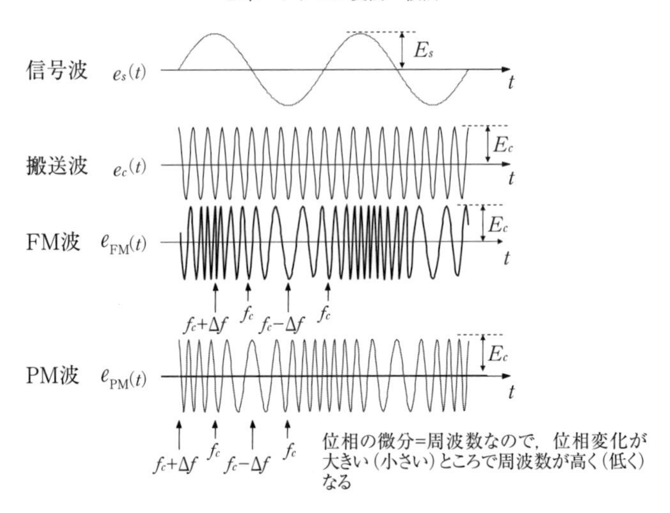

図２-30　ＰＭ変調とFM変調の各波形

⑵　周波数スペクトル

式(2.68)を展開して，PM波の周波数スペクトルを調べる。FM波の場合と同様に計算すると

$$
\begin{aligned}
e_{PM}(t) &= E_c \sin(\omega_c t + m_p \cos\omega_s t) \\
&= E_c\{\sin\omega_c t \cdot \cos(m_p\cos\omega_s t) + \cos\omega_s t \cdot \sin(m_p \cos\omega_s t)\} \\
&= E_c[\sin\omega_c t\{J_0(m_p) + 2\sum_{n=1}^{\infty}(-1)^n J_{2n}(m_p)\cos 2n\omega_s t \\
&\qquad + \cos\omega_c t\{2\sum_{n=0}^{\infty}(-1)^n J_{2n+1}(m_p)\cos(2n+1)\omega_s t] \\
&= E_c[J_0(m_p)\sin\omega_c t + 2J_1(m_p)\cos\omega_c t\cdot\cos\omega_s t \\
&\qquad - 2J_2(m_p)\sin\omega_c t\cdot\cos 2\omega_s t \\
&\qquad - 2J_3(m_p)\cos\omega_c t\cdot\cos 3\omega_s t \\
&\qquad + 2J_4(m_p)\sin\omega_c t\cdot\cos 4\omega_s t \\
&\qquad + 2J_5(m_p)\cos\omega_c t\cdot\cos 5\omega_s t \\
&\qquad - 2J_6(m_p)\sin\omega_c t\cdot\cos 6\omega_s t \\
&\qquad - \cdots\quad]
\end{aligned}
\tag{2.75}
$$

となる。ただし，計算には次のベッセル関数による展開式を用いた。

$$\cos(m_p\cos\omega_s t)=J_0(m_p)+2\sum_{n=1}^{\infty}(-1)^n J_{2n}(m_p)\cos 2n\omega_s t \tag{2.76a}$$

$$\sin(m_p\cos\omega_s t)=2\sum_{n=0}^{\infty}(-1)^n J_{2n+1}(m_p)\cos(2n+1)\omega_s t \tag{2.76b}$$

式(2.71)から，周波数スペクトル図を描くとFMの場合と同様な図が得られる（**図2-31**）。FMの場合と異なるのは，変調指数 m_p を一定として，信号波の周波数を高くしていくと，スペクトルの間隔が拡がっていくのでどんどん帯域幅が広くなることである。これは，変調指数が信号の周波数に関係しないからである。従って，FMに比べるとスペクトルは搬送波の付近にはまとまらないことがわかる。

2.6.3 FMとPMの周波数スペクトルのまとめ

FMとPMの周波数スペクトルは次のようにまとめることができる。なお，ここでは複数の周波数成分の信号が同じ大きさで入っている信号波を考える。

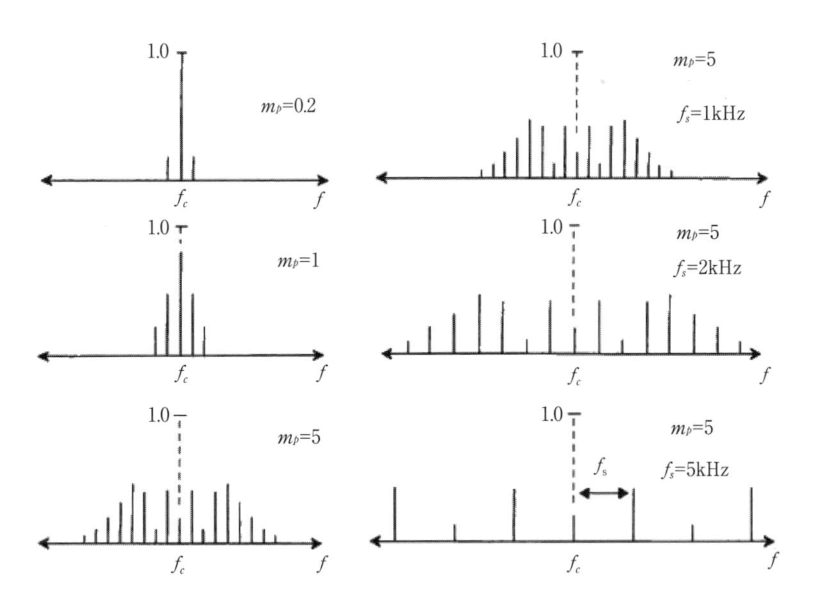

図2-31 変調指数に対するPM波の周波数スペクトルの変化

(1) FMの場合

信号波に含まれる複数の成分が各周波数で大きさが同じということは，FMの場合，Δfは振幅に比例するので，各周波数でのΔfが等しくなる。Δfが同じなら，f_sが高くなるとm_fが小さくなるので高次の側波は増えず，f_sが低くなるとm_fは大きくなるが側波の間隔が狭くなる。その結果，搬送波付近に側波がよくまとまり，帯域幅はあまり広くならない。

(2) PMの場合

$\Delta\theta=m_p=KE_s$なので，各周波数で大きさが同じということは，$\Delta\theta=m_p$も一定となる。m_pはf_sに無関係なので，f_sが高くなると側波の間隔は拡がり，f_sが低くなると側波の間隔は狭くなる。スペクトルの形自身は$\Delta\theta$（$=m_p$）だけで決定されるので，一定の$\Delta\theta$の下では，f_sが高くなると側波の間隔が拡がり，側波のまとまりは悪く，帯域幅が拡がってしまうことになる。

これらのことから，アナログ通信ではFMの方がよく用いられ，PMは間接FMによってFM波を作る手段としてよく用いられる。ただし，最近のディジタル信号による変調ではPSKと呼ばれる位相変調方式がよく用いられている。PSKについては，後のディジタル変調の項で述べる。

2.6.4 間接FMと直接FM

FMとPMを比較すると，周波数帯域の点ではFMの方が搬送波の近くにスペクトルがまとまっており，PMよりも有利である。一方，周波数安定度の点からはLやCの値を変えることでLC発振器の共振周波数を変化させる**直接FM**よりも，水晶発振器を用いて安定した周波数で発振させて位相を変化させるPMの方が有利である。そこで，PM変調器を用いて等価的にFM波を作る**間接FM**が用いられる。

(1) 間接FM

FMとPMは互いに密接な関係がある。両者の式を比べて，その関係を調べてみる。搬送波と信号波をそれぞれ

$$e_c(t)=E_c\sin\omega_c t \tag{2.77}$$

$$e_s(t)=E_s\cos\omega_s t \tag{2.78}$$

とおくと

$$e_{FM}(t)=E_c\sin(\omega_c t+m_f\sin\omega_s t) \tag{2.79}$$

$$e_{PM}(t)=E_c\sin(\omega_c t+m_p\cos\omega_s t) \tag{2.80}$$

であった。この結果から，両者の違いは信号波が積分された形(sin)で入ってくるか，そのまま(cos)の形で搬送波の位相の項に入ってくるかの違いであることがわかる。つまり，FM 変調器では，入力の信号波が(cos)であればば，出力では積分された(sin)になっている。これに対し PM 変調器では，信号波の(cos)が出力でもそのまま(cos)として表れている。そこで，まず信号波を一回積分して(cos)を(sin)に変えておき，それを PM 変調器に通すと，出力には(sin)の形で信号波が入ってくる。これにより得られる信号は，式の形が FM 波と同じであるので，等価的に FM 波とみなすことができる。このように，PM 変調器を用いて等価 FM 波を作る方法を間接 FM（Indirect FM ）と呼んでいる。逆に，信号波を微分しておいて FM 変調器を用いれば，PM 波を作ることができるが，PM 波は FM 波より帯域幅が広がるのであまり用いられない。間接 FM と直接 FM の関係をブロック図で示すと，**図 2-32** となる。

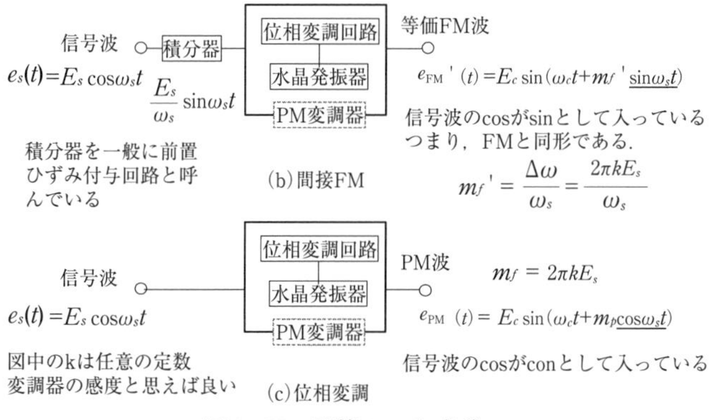

図 2 -32　間接 FM と直接 FM

(2) 直接 FM

間接 FM に対し，LC 発振器の L または C の値を信号波の大きさに応じて変化させ，LC 発振器の周波数を直接変化させて FM 波を作る方法を直接 FM (Direct FM) と呼んでいる。**図 2-33** に示すように，直接 FM の欠点は LC 発振器を使用するため周波数が不安定なことで，逆に間接 FM の特徴は水晶発振器を用いるので周波数が極めて安定なことである。近年は，水晶発振器の安定性と可変容量ダイオードによる容量変化を利用した VCXO (Voltage Controlled Oscillator) と呼ばれる回路が良く利用されている。これは，水晶振動子に直列に接続した可変容量の値を変化させることで周波数が安定な FM 波を作る直接 FM である。VCXO については，2.6.7(2)で説明する。

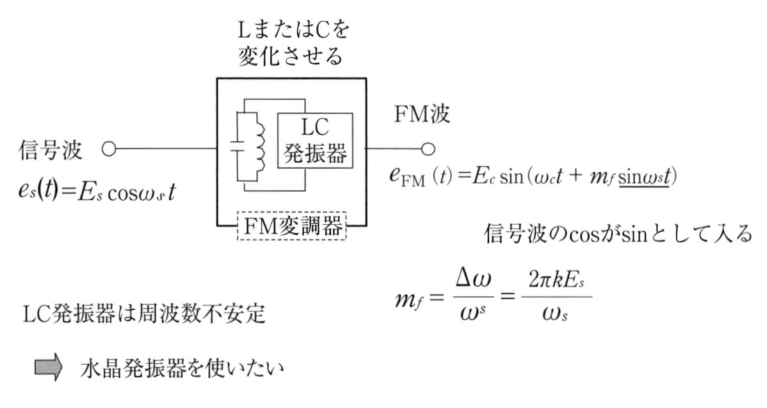

図 2-33 直接 FM 変調回路とその欠点

【問 2-22】PM 波を使わず，間接 FM にして等価 FM 波を用いる理由は何か。

解) FM 波の方が周波数帯域幅が広がらないので FM 波を使いたい。しかし直接 FM だと周波数が不安定。間接 FM なら水晶発振器を使った PM 変調器を使えるので，周波数が安定するため。

2.6.5　FMの三角雑音とプリエンファシス・ディエンファシス

(1)　FMの三角雑音

雑音信号は全ての信号周波数帯域にわたって，一様に分布していると考える。つまり，全ての周波数で同じ振幅の雑音が存在すると考える。すると，FMでは変調指数は信号の大きさに比例するから，雑音について考えると，どの周波数でも変調指数は一定となる。変調指数＝最大周波数偏移／信号周波数であるから，信号周波数を雑音の周波数に置き換えて考えると，変調指数が一定であれば，高い周波数の雑音ほど最大周波数偏移が大きいことになる。FMの復調器は，周波数偏移が大きい（搬送波の周波数から周波数が離れる）ほど出力が大きくなるので，周波数の高い雑音ほど復調出力は大きくなることになる。これを図示したのが**図2-34**である。雑音周波数そのものは高い周波数まで存在しても，復調器と復調器の後に来る低周波増幅器の周波数特性がf_{sMAX}までであれば，そこまでしか復調出力としては表れないので，雑音出力の形は**図2-34**のf_cからf_c+f_{sMAX}までの三角形部分となる。これをFMの三角雑音と呼ぶ。この三角雑音の影響を少なくするのが次のプリエンファシス，ディエンファシス技術である。

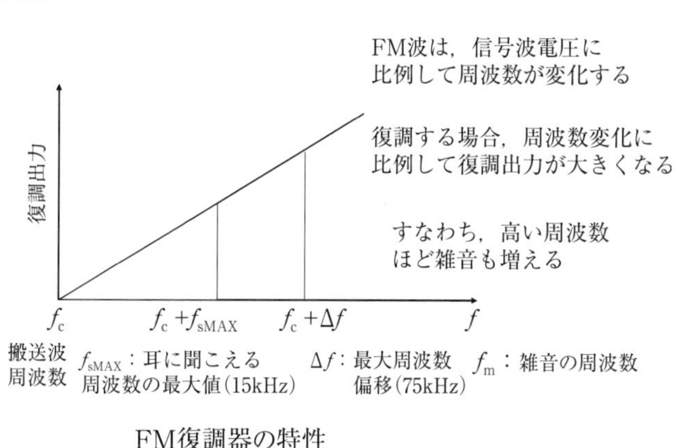

図2-34　FMの三角雑音

(2) プリエンファシス・ディエンファシス

通常，通信で伝送する信号は音声や音楽などである。信号を伝送した場合，FMの三角雑音により，高域の方で雑音成分が増える，つまり高域におけるS/Nが悪化することになる。そこで，これを解消するために，**図 2-35** に示すように，送信側で変調をかける前に信号波の高域の振幅を大きくして送り，受信側で復調する際に，元の大きさに戻してやる方法が考えられている。送信側の操作をプリエンファシス（Pre-emphasis；あらかじめ強調），受信側の操作をディエンファシス（De-emphasis；強調されたものを元に戻す）と呼んでいる。この強調する回路の周波数特性は回路に用いられるCRの時定数で表されている。各種通信システムで使用されている時定数の値は規格が定められており，例えばFM放送では50 μsとなっている。プリエンファシスとディエンファシスの具体的な回路例を**図 2-36** と**図 2-37** に，それらの特性の例を**図 2-38** に示す。

図 2-36 の回路のプリエンファシス特性を求めてみよう。入力電圧が出力においてどのように変化したかを周波数で比べれば良いので，以下のように計算する。

$$E_o = \frac{R_2}{\dfrac{1}{1/R_1 + j\omega C} + R_2} E_i = \frac{R_2(1 + j\omega C_1 R_1)}{(R_1 + R_2) + j\omega C R_1 R_2} E_i \qquad (2.81)$$

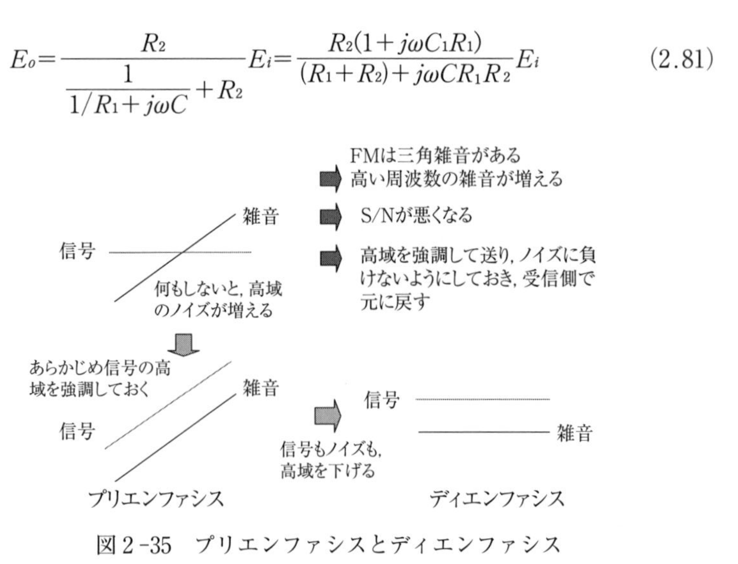

図 2-35 プリエンファシスとディエンファシス

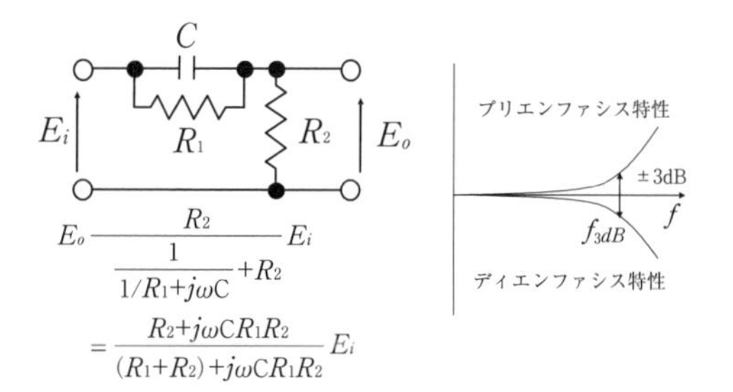

図 2 -36　プリエンファシス回路

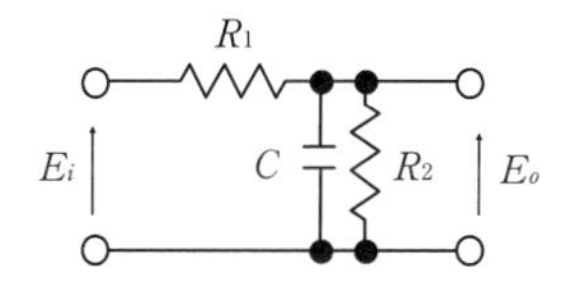

図 2 -37　ディエンファシス回路

$$\therefore \qquad \frac{E_o}{E_i}=\frac{R_2(1+j\omega\tau)}{(R_1+R_2)+j\omega\tau R_2},\ \tau=CR_1 \tag{2.82}$$

$$=\frac{R_2}{R_1+R_2}\cdot\frac{1+j\omega\tau}{1+j\omega\tau R_2/(R_1+R_2)}$$

もし，$\omega\tau R_2/(R_1+R_2)<<1$ならば

$$\frac{E_o}{E_i}\approx\frac{R_2}{R_1+R_2}(1+j\omega\tau)=\frac{R_2}{R_1+R_2}(1+j\frac{f}{f_1}) \tag{2.83}$$

ただし，$\omega_1=1/\tau$，つまり$f_1=1/2\pi CR_1$である。これを，dB で表すと，

$$\frac{E_o}{E_i}=20\log\{\frac{R_2}{R_1+R_2}\sqrt{1+(\frac{f}{f_1})^2}\} \qquad [\mathrm{dB}] \tag{2.84}$$

となる。この特性を描くと，$f=f_1$ のところで，丁度$\sqrt{2}$倍になることがわかる。

【問 2-23】FM 放送の場合，時定数は 50 μs である。**図 2-38** の(1) 3dB 利得の低下する周波数，(2) $C=0.001$ μF のときの R を求めよ。

解）(1)　$f_1=1/2\pi CR_1$より $f_1=1/(2\times 3.14\times 50\,\mu\mathrm{s})=3.18$ kHz,

(2)　$R=50\,\mu\mathrm{s}/0.001\,\mu\mathrm{F}=50\,\mathrm{k}\Omega$

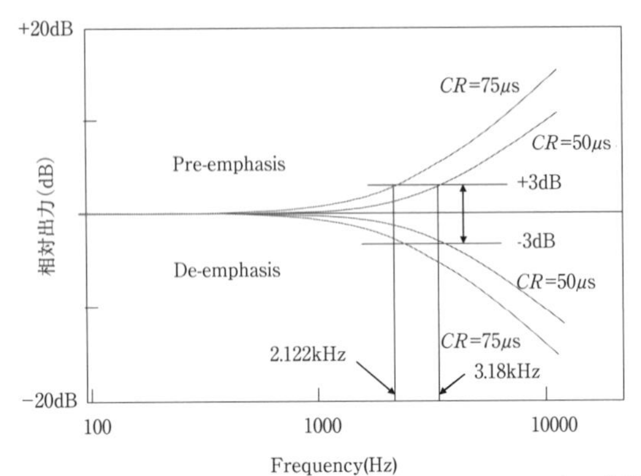

図2-38 プリエンファシス，ディエンファシス回路の特性例

2.6.6 FM 変調，復調回路

ＦＭ変調の代表的な回路である可変容量ダイオード（バリキャップとも呼ぶ。Variable Capacitance Diode）を用いた直接 FM 型のＦＭ変調器，**f-V 変換型**の FM 復調器，**PLL** を用いた復調器，**Quadrature 検波器**について述べる。なお，FM 復調器のことを**周波数弁別器**（FM Discriminator）ともいう。

(1) 可変容量ダイオードを用いた直接 FM 変調回路

図 2-39 に原理図を示す。この回路は原理を示すために，直流カット用のコンデンサ，トランジスタや可変容量ダイオードのバイアス用抵抗などは省略して描いてある。回路としては右側に示したようにハートレー発振回路になっている。発振周波数は，

$$f=\frac{1}{2\pi\sqrt{L(C+C_d)}} \tag{2.85}$$

で表され，信号波の電圧が大きくなると可変容量ダイオードのキャパタンスが減り，小さくなると増えることで，発振周波数が変化する。

なお，発振周波数を安定にするために，ハートレー発振回路（コルピッツ発振回路でもよい）のインダクタンスのいずれかを水晶振動子に変えるとよい。水晶振動子は，**図 2-40** のような等価回路とリアクタンス特性を持っており，直列共振と並列共振の２つの極めて狭い周波数範囲 f_s〜f_p の間でだけインダク

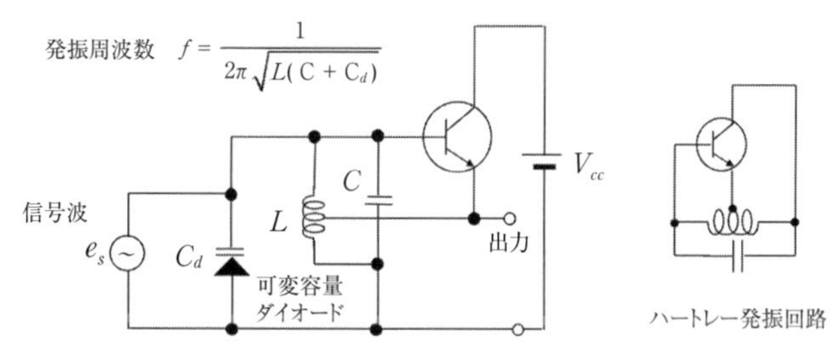

図2-39　可変容量ダイオードを用いたFM変調回路

タンスの役割を果たすので，安定した発振周波数が得られる。

⑵　VCXO(Voltage Controlled Xtal Oscillator)

水晶の安定度と可変容量ダイオードの容量変化を組み合わせ，安定で容易に周波数変調ができる回路として，**VCXO**が用いられている。これは，**図2-41**に示すように，水晶に直列に可変容量ダイオードを接続したもので，可変容量ダイオードの逆バイアス電圧を制御して周波数を変化させる。発振周波数は**水晶振動子**の抵抗を無視して，

$$\frac{1}{j\omega C_d}+\frac{\frac{1}{j\omega C_p}\left(j\omega L+\frac{1}{j\omega C_s}\right)}{\frac{1}{j\omega C_p}+\left(j\omega L+\frac{1}{j\omega C_s}\right)}=0 \tag{2.86}$$

より，

$$f=\frac{1}{2\pi}\sqrt{\frac{1}{LC_s}\frac{C_s+C_p+C_d}{C_p+C_d}} \tag{2.87}$$

で決まる。

⑶　f-V変換型の周波数弁別器

FM波の周波数変化を何らかの方法で振幅の変化に変えることができれば，AM検波器を用いてFM波の復調ができる。これが，**図2-42(a)**に示すf-V変換＋AM検波器によるFM復調回路である。例として，**図2-42(b)**に示す単同調回路＋AM包絡線検波器がある。搬送波周波数がf_cで最大周波数偏移が$\pm\Delta f$のFM波を，**図2-42**(c)に示すような共振特性を持った同調回路に入力すると，その出力は周波数の変化に応じて振幅が変化する波形が得られる。

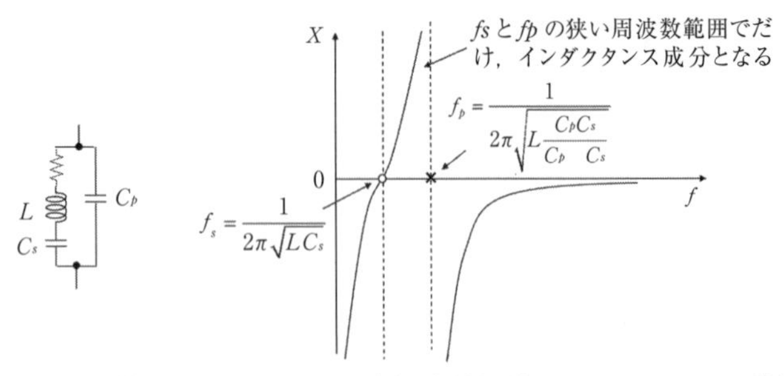

(a) 水晶振動子の等価回路　　(b) 水晶振動子のリアクタンス特性

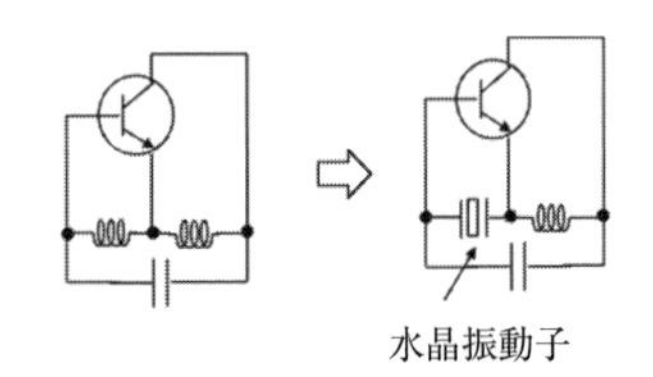

ハートレー発振回路等のインダクタンスの代わりに水晶振動子を入れる

(c) 水晶振動子を用いた発振回路

図2-40　水晶振動子を用いた発振周波数の安定化

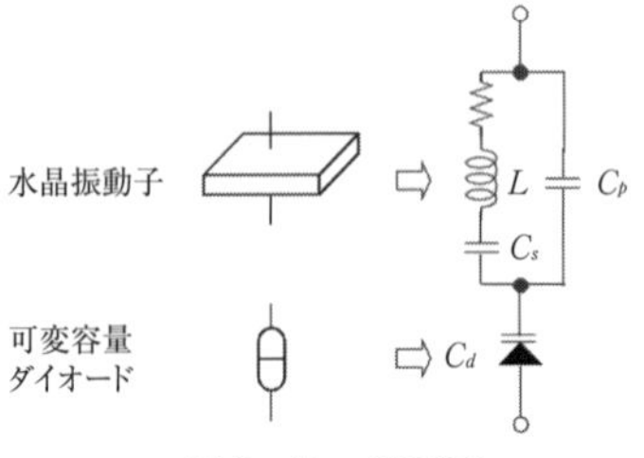

図2-41　VCXO

つまり，周波数の変化が振幅の変化になったので，これをf-V変換器と呼ぶことができる。いったん，周波数の変化を振幅の変化に変えてしまえば，AM検波器を用いて信号波を取り出すことができる。単同調回路を用いる問題点は，線形な部分が狭いため，最大周波数偏移を大きく取れないこと，感度が悪いことである。これを改良するために，**図2-42(b)**の回路を2つ重ねた2同調型のものがある。これが**図2-42(d)**である。さらにこの**図2-42(d)**の同調回路をひとつに減らしたのが**図2-43(a)**の**フォスターシーリー型復調器**である。フォス

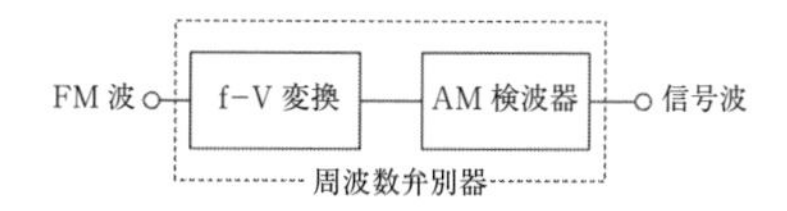

(a) f-V 変換と AM 検波器による周波数弁別器のブロックダイアグラム

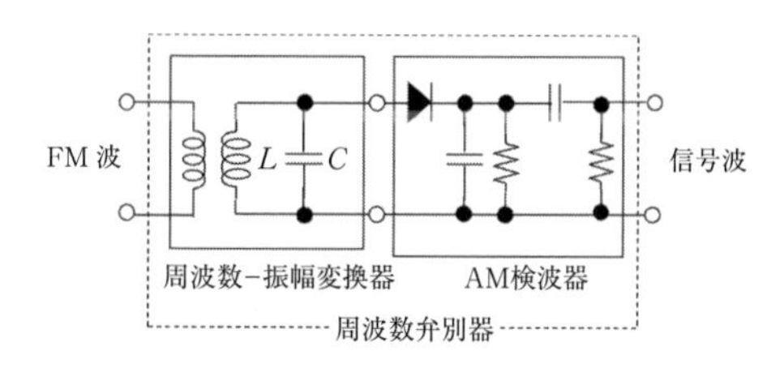

(b) 単同調回路＋ AM 検波器による周波数弁別器

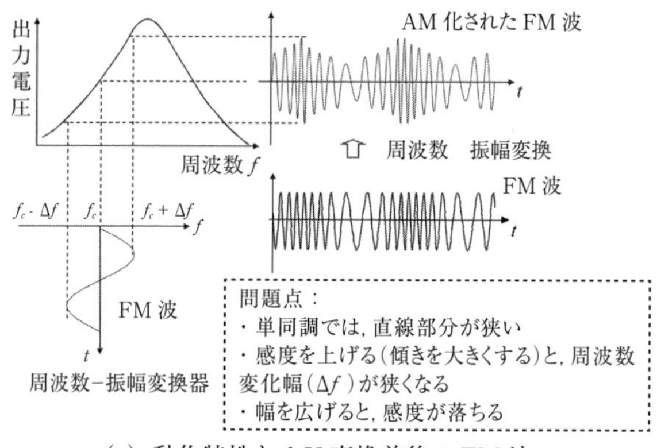

(c) 動作特性と f-V 変換前後の FM 波

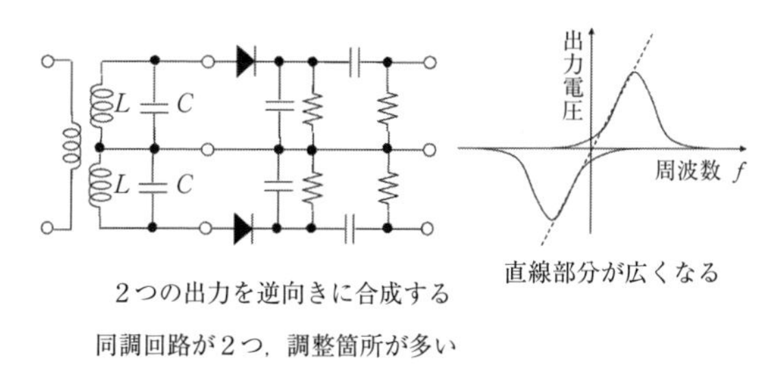

(d) 単同調を2つ重ねて，特性を改善した回路（2同調型）

図2-42 f-V 変換＋ AM 検波器による周波数弁別器

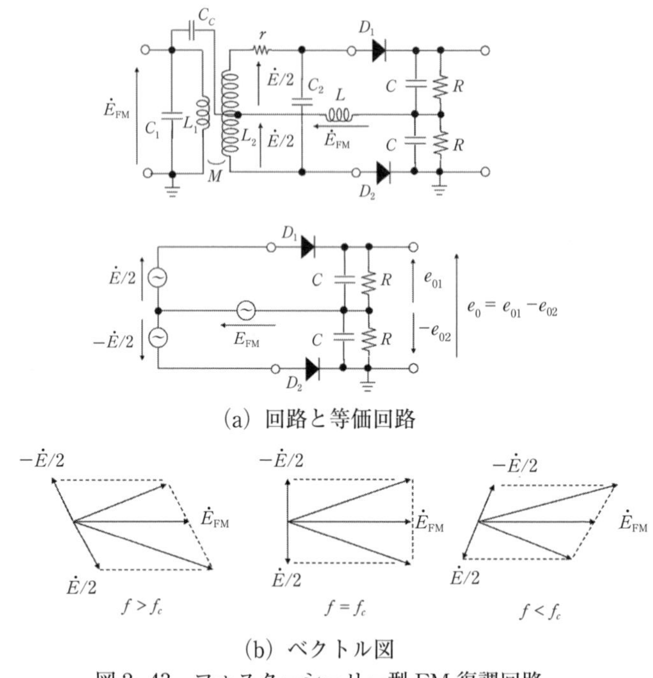

(a) 回路と等価回路

(b) ベクトル図

図 2-43　フォスターシーリー型 FM 復調回路

ターシーリー型の同調回路では，まず入力に印加された FM 波は中央のコイル L に加わる。これは，C_cを通じて L に印加され，右側のコンデンサ C（容量が大きいの高周波に対しては短絡）を通じてグラウンドに接続されていることからわかる。次に，同調回路の二次側に生じる電圧は，次のように計算できる。まず。一次側の L_1に流れる電流は，

$$\dot{I} = \frac{\dot{E}_{FM}}{j\omega L_1} \tag{2.88}$$

で，これが二次側の $L_2 - C_2$の直列共振回路に対して，相互インダクタンス M を通じて電圧源として直列に印加されるので，その電圧は，

$$j\omega M\dot{I} = \frac{M}{L_1}\dot{E}_{FM} \tag{2.89}$$

となる，この電圧によって二次側直列共振回路に電流が流れ，C_2に生じる電

圧は，二次側の共振回路の直列抵抗を r とすると，

$$\dot{E}=\frac{M}{L_1}\dot{E}_{FM}\frac{\dfrac{1}{j\omega C_2}}{r+j\left(\omega L_2-\dfrac{1}{\omega C_2}\right)}=\frac{M}{L_1}\frac{\dot{E}_{FM}}{j\omega C_2 r+(1-\omega^2 L_2 C_2)} \tag{2.90}$$

である。共振時（$f=f_c$）には分母の（　）内が0になるので，

$$\dot{E}=\frac{M}{j\omega C_2 r L_1}\dot{E}_{FM} \tag{2.91}$$

となる。これは，j が分母にあることから，入力電圧 $\dot{E}_{FM}$ に対して位相が90度遅れていることがわかる。共振周波数よりも周波数が高い信号（$f>f_c$）に対しては分母の（　）内が正になり，低い信号（$f<f_c$）に対しては負になることから，ダイオードに加わる $\pm\dot{E}/2$ の電圧ベクトルは，**図2-43(b)**に示すように，$\dot{E}_{FM}$ に対して90度よりも遅れたり，進んだりする。ダイオードに加わった各信号 $\pm\dot{E}/2$ は中央の L の電圧 $\dot{E}_{FM}$ とベクトル合成され，$\dot{E}_{FM}\pm\dot{E}/2$ なる2つの高周波電圧が上下のAM検波回路にそれぞれ印加される。そして，各高周波電圧の大きさに比例した低周波出力 e_{01} と e_{02} がAM検波回路から取り出され，その差 $e_{01}-e_{02}$ が復調出力として生じることになる。$f=f_c$ のときは，$\dot{E}_{FM}\pm\dot{E}/2$ の2つの高周波電圧は大きさが同じで，2つのAM検波器の低周波出力も同じ大きさで符号が逆になるので，復調出力は0となる。なお，注意しなければいけないのは，高周波電圧を表している $\dot{E}_{FM}+\dot{E}/2$ と $\dot{E}_{FM}-\dot{E}/2$ をベクトル合成してはいけないということである。合成しなければいけないのは，復調された低周波信号であり，その大きさが $\dot{E}_{FM}+\dot{E}/2$ と $\dot{E}_{FM}-\dot{E}/2$ の大きさに比例している。つまり，$\dot{E}_{FM}+\dot{E}/2$ と $\dot{E}_{FM}-\dot{E}/2$ の長さの差が低周波として出力されるのであり，$\dot{E}_{FM}+\dot{E}/2$ と $\dot{E}_{FM}-\dot{E}/2$ の合成ではないということである。

【問2-24】次の式で表されたFM波を微分し，AM化されたFM波になることを確かめよ。

$$e_{FM}(t)=E_c\sin(\omega_c t+m_f\sin\omega_s t)$$

解）微分すると，

$$e_{FM}'(t)=E_c(\omega_c+m_f\omega_s\cos\omega_s t)\cos(\omega_c t+m_f\sin\omega_s t)$$
$$=E_c\omega_c\left(1+\frac{m_f\omega_s}{\omega_c}\cos\omega_s t\right)\cos(\omega_c t+m_f\sin\omega_s t)$$
$$=E_c'(1+m\cos\omega_s t)\cos(\omega_c t+m_f\sin\omega_s t)$$
$$E_c'=E_c\omega_c,\ m=\frac{m_f\omega_s}{\omega_c}=\frac{\Delta\omega}{\omega_c}$$

となり，確かに周波数も変化しつつ，振幅がAM波になっていることがわかる。

⑷　PLLを用いたFM復調回路

FM復調回路では**PLL**（**Phase Locked Loop；位相同期回路**）そのものを利用している。PLLは一種の自動制御回路であり，**図2-44**に示すように，**位相比較器**（PC；Phase Comparator），**電圧制御発振器**（**VCO**；Voltage Controlled Oscillator），ローパスフィルタ（LPF）からなっている。なお，一般にはLPFの後に利得を調整するための誤差増幅器が入るが，ここでは簡単のために省略している。図において，入力を無変調搬送波とし，VCOは自走周波数（Free running frequency；VCOの制御電圧がないときに発振している周波数）f_cで発振しているものとする。このとき，入力信号とVCOの出力信号の周波数は同じであるため，VCOを制御する電圧（LPFの出力電圧B）は0である。ただし，周波数は等しいが，入力信号とVCOの出力信号には$\pi/2$の位相差がある。つまり，入力搬送波を$\cos 2\pi f_c t$とすると，VCOの出力は$\cos(2\pi f_c t+\pi/2)$となっており，このとき乗算器を用いたPCの出力Aは，

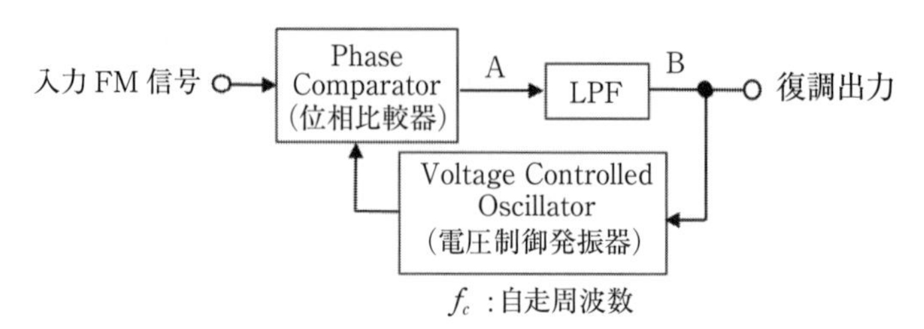

図2-44　PLLによるFM復調回路

$$\cos 2\pi f_c t \cdot \cos\left(2\pi f_c t + \frac{\pi}{2}\right) = \frac{1}{2}\sin 4\pi f_c t \qquad (2.91)$$

となる。この信号をLPFに通すと$2f_c$成分はカットされ，LPFの出力Bは0，つまりVCOへの制御電圧は0となる。しかし，FM波は常に周波数が変化しているため，入力FM波とVCO出力信号との間には位相差が生じる。そして，LPFの出力にはこの位相差に比例した直流電圧が生じ，これがVCOを制御してFM波の周波数に追従することになる。つまり，このときの制御電圧がそのまま復調出力になっていることになる。

(5)　クォドレーチャ検波回路

正弦波と，θだけ位相差のある正弦波を乗算すると，2倍の周波数成分とθに比例した直流成分が得られ，LPFを通すと直流成分のみとなる。また$\theta = \pi/2$のときは，出力0となる。そこで，搬送波周波数f_cのとき位相差が$\pi/2$で，$\pm\Delta f$の周波数変化に対し$\pm\Delta\phi$の位相変化が生じるような移相器を通したFM波と元のFM波を乗算し，LPFを通過させると，その位相差に応じた出力が得られるはずである。これが**クォドレーチャ検波**の原理である。クォドレーチャ検波のブロック図とそれに用いる位相器の特性を**図2-45**に示す。移相器としては，共振回路を用いることができる。式では，次のようになる。

$$\begin{aligned}
&\cos 2\pi f_c t \cdot \cos\left(2\pi f_c t + \frac{\pi}{2} \pm \Delta\phi\right) \\
&\quad = \frac{1}{2}\left\{\cos\left(4\pi f_c t + \frac{\pi}{2} \pm \Delta\phi\right) + \cos\left(\frac{\pi}{2} \pm \Delta\phi\right)\right\} \\
&\quad \approx \frac{1}{2}\cos\left(\frac{\pi}{2} \pm \Delta\phi\right) \quad \text{(LPF通過後)} \\
&\quad = \frac{1}{2}\sin(\pm\Delta\phi)
\end{aligned} \qquad (2.92)$$

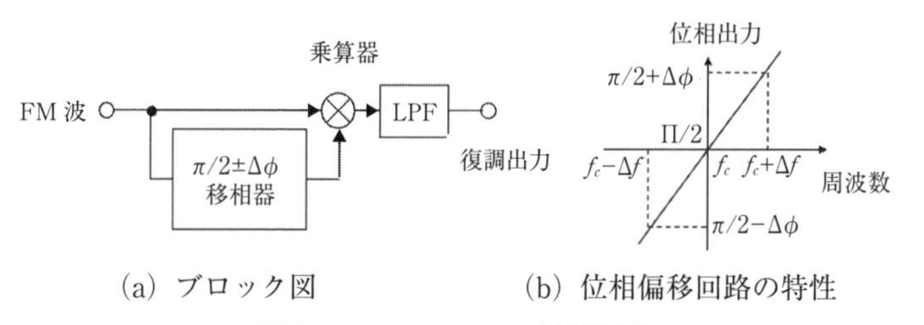

(a) ブロック図　　(b) 位相偏移回路の特性

図2-45　Quadrature検波回路

2.7　FMステレオ放送

FMの例として，FMステレオ放送を説明しておく。

2.7.1　モノラルとの互換性

FMのステレオ放送を行うにあたって，考えなければならないことは，ステレオの受信機を持つ者には左右の信号が別々のスピーカから聞こえ，モノラルの受信機しか持たない者には，左右の信号が聞こえるようにしなければならないことである。これを互換性(Compatibility)という。モノラル放送との互換性を保つために，FMステレオ放送では，右側信号をR，左側信号をLとすると，L+RとL−Rの2つの信号を伝送し，モノラルの受信機ではL＋Rの信号だけを聴くようにし，ステレオの受信機では，これらの2つの信号から和と差の操作によりRとLの信号を取り出すようにしている。

2.7.2　FMステレオ信号の送信

送信側のブロック図を**図2-46**に示す。**図2-46**各部の動作は次の通りである。

(1)　マトリクス回路でLとRの信号からL+RとL−Rの信号を作る。L＋Rは主チャンネル信号と呼ばれる。

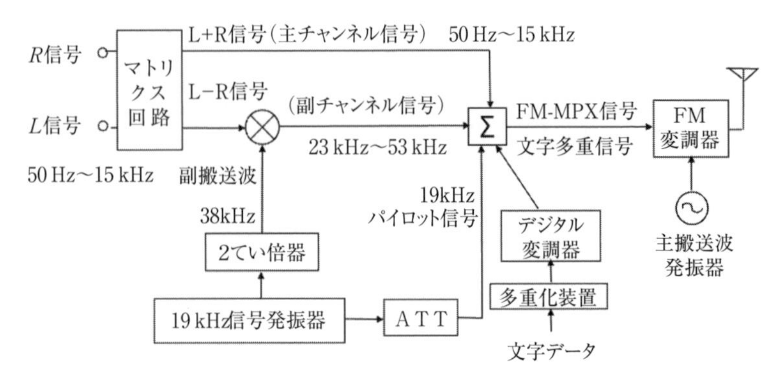

図2-46　FMステレオ放送（送信側．文字多重信号も含む）のブロック図

(2)　19 kHz の発振器出力は 2 てい倍して DSB-SC 変調器の搬送波として使われる。これは，実際に送信される周波数である主搬送波に対して，副搬送波と呼ばれる。

(3)　$L-R$ の信号は 38 kHz の副搬送波で DSB-SC 変調され，38 kHz の両側に周波数スペクトル成分を持つ副チャンネル信号となる。

(4)　19 kHz の信号を，ATT（減衰器）を通してパイロット信号とし，これを受信側では副チャンネル信号の復調を容易にするために用いる。

(5)　主チャンネル信号＋副チャンネル信号＋パイロット信号を加えたものが **FM-MPX**（FM 多重化；FM Multiplex）**信号**である。なお，文字データ・音声等の情報も 76 kHz の副搬送波を用いて FM-MPX 信号のさらに上の周波数帯で多重化されて伝送されており，これは道路交通情報通信システム（VICS）などの情報伝達に使用されている。

(6)　(5)の FM-MPX 信号で主搬送波を FM 変調して送り出す。

図 2-47 に**図 2-46** の FM-MPX 信号と文字多重信号の周波数スペクトルを示す。

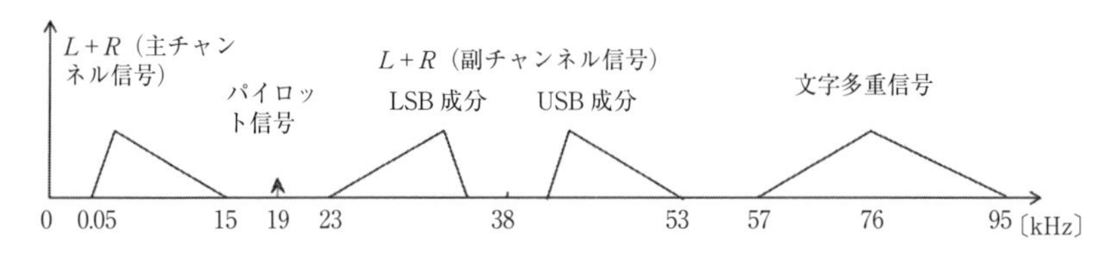

図 2-47　FM-MPX 信号と文字多重信号の周波数スペクトル

2.7.3　FM ステレオ信号の受信

図 2-48 に受信側でステレオ信号を復調する回路のブロック図を示す。この回路は AM 検波用の包絡線検波器を使用しているので，**エンベロープ**（包絡線）**方式**と呼ばれる。以下にその動作を述べる。

(1)　まず，FM 波を受信し FM 復調器で復調する。すると，**図 2-47** に示した FM-MPX 信号が得られる。

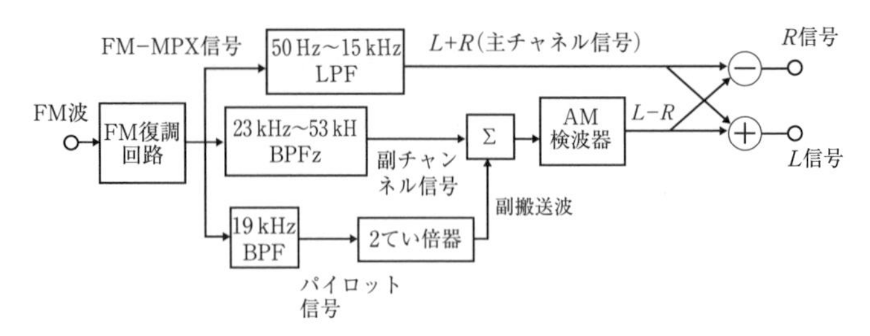

図2-48　FMステレオ放送（受信側）のブロック図（エンベロープ方式）

(2)　次に，FM-MPX 信号から，LPF によって主チャンネル信号を取り出す。モノラルの受信機ではこの信号をそのまま聴けばよい。

(3)　FM-MPX 信号から，23 kHz～53 kHz の周波数範囲の信号を通過させる BPF（Band Pass Filter；帯域通過ろ波器）で副チャンネル信号を取り出す。

(4)　FM-MPX 信号から，19 kHz のパイロット信号を BPF で取り出し，2 てい倍することで副搬送波信号を再生する。

(5)　再生した副搬送波信号を(3)の副チャンネル信号に加えて，DSB-SC 信号である副チャンネル信号を AM 波に変換し，その出力を AM 検波して L-R 信号を取り出す。

(6)　(2)，(5)で得られた $L+R$ と $L-R$ 信号をマトリクス回路で加算または減算して元の R と L の信号を取り出す。加算出力は $2L$，減算出力は $2R$ となる。

次に**スイッチング方式**での復調を説明する。**図 2-49** にブロック図を示す。スイッチング方式では，FM-MPX 信号（$L+R$ 主チャンネル信号と $L-R$ 副

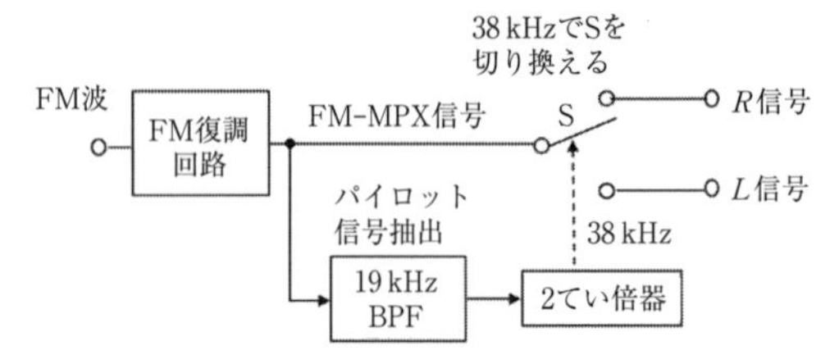

図2-49　FMステレオ放送（受信側）のブロック図（スイッチング方式）

チャンネル信号の和）を副搬送波周波数でスイッチングすることにより復調している。この原理を式で説明する。

$$\text{主チャンネル信号：} e_{\mathrm{MAIN}} = L + R \tag{2.93}$$

$$\text{副チャンネル信号：} e_{\mathrm{SUB}} = (L - R)\sin \omega t \tag{2.94}$$

ここで，L：左側信号，R：右側信号，ω：副搬送波角周波数（$2\pi \times 38$ kHz）とする。FM-MPX 信号，e_{MPX}は

$$e_{\mathrm{MPX}} = e_{\mathrm{MAIN}} + e_{\mathrm{SUB}} \tag{2.95}$$

となる。この式を変形すると

$$e_{\mathrm{MPX}} = L(1 + \sin \omega t) + R(1 - \sin \omega t) \tag{2.96}$$

となる。ということは，合成信号は

$$\sin \omega t = 1 \text{のときは，} e_{\mathrm{MPX}} = L(1+1) + R(1-1) = 2L \tag{2.97}$$

$$\sin \omega t = -1 \text{のときは，} e_{\mathrm{MPX}} = L(1-1) + R(1+1) = 2R \tag{2.98}$$

となり，$\sin\omega t$ が 1 または −1 になるタイミングにあわせ，ωの速さで切り替えてやればL と R の信号を取り出すことができることがわかる。**図 2-50** にこ

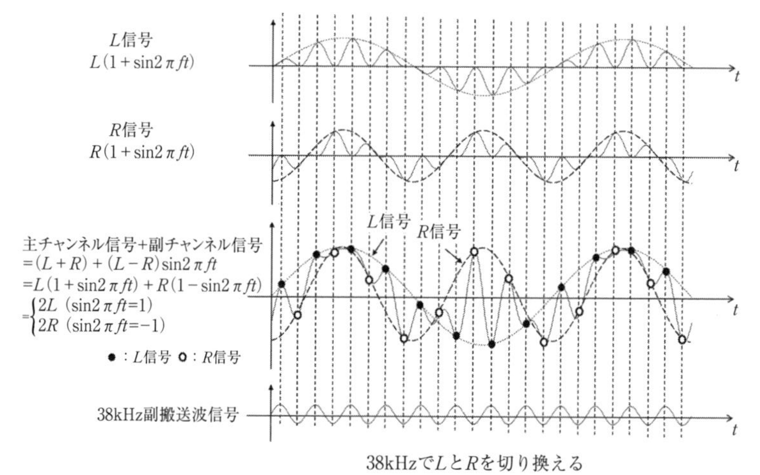

図 2-50 スイッチング方式の原理

の様子を示す。図の上から3つ目の図は主チャンネルと副チャンネルの合成信号が確かに

$$L(1+\sin \omega t)+R(1-\sin \omega t) \qquad (2.99)$$

から成り立っていることを示している。

2.8 周波数分割多重通信方式

同時に多くの信号をひとつの通信路で伝送する方法として，周波数を分けて伝送する方式がある。これを**周波数分割多重**（Frequency Division Multiplexing；FDM）通信方式と呼ぶ。これはAMのラジオが526.5 kHzから1606.5 kHzの周波数帯を9 kHzおきに分けて，各放送局が使用しているのと同様である。同様なシステムが電話回線で使用され，ケーブル搬送システムとかマイクロ波多重回線として，多数の電話信号を伝送する。ここでは，一例として960チャンネルの信号をFDMで伝送する方式を説明する。

まず，**図2-51**に示すように，3チャンネル分の電話回線の信号を12 kHzか

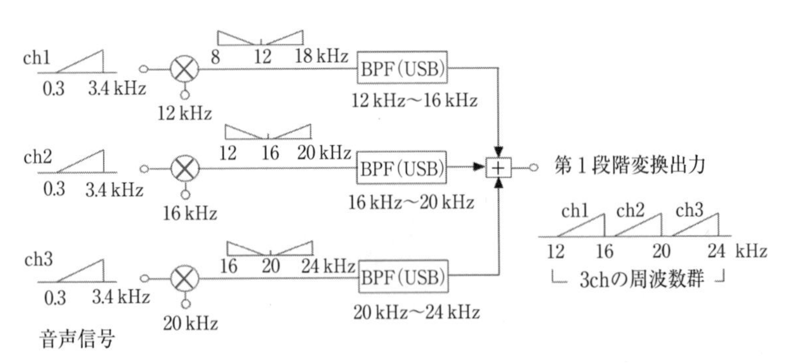

・音声信号は0.3 kHz～3.4 kHzのBPFを通過した信号とする
・0.3 kHz～3.4 kHzは，以下0～4 kHzとして説明することにする
・スペクトルの形でUSB（右上がり△）やLSB（左上がり△）を示している

図2-51　第1段階での周波数変換

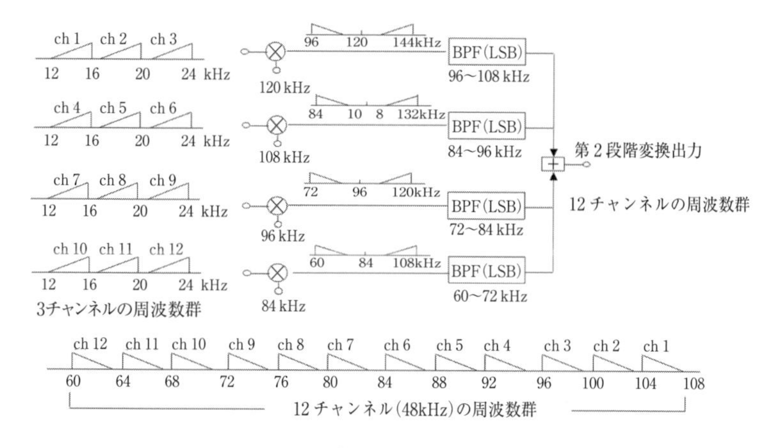

図 2-52 第2段階の周波数変換

ら 24 kHz の周波数範囲に変換する。ch1 の信号は 12 kHz の副搬送波と掛け算され，12 kHz を中心とする DSB-SC 信号に変換される。こうしてできた LSB 信号と USB 信号のうち，USB 信号を帯域通過フィルタ（BPF）によって取り出し，12 kHz〜16 kHz の間の信号に変換する。同様に，ch2 の信号を 16 kHz〜20 kHz に，ch3 の信号を 20 kHz〜24 kHz に変換する。このようにして，3 チャンネル分の音声信号を 12〜24 kHz の周波数帯に並べることができる。

図 2-51 と同じ操作で，ch4〜ch6，ch7〜ch9，ch10〜ch12 を 3 チャンネル × 3 つの周波数群に変換する。これで，ch1 から ch3 までの分とあわせて 3 チャンネル周波数群が 4 つでき上がる。これを用いて，**図 2-52** に示すように，第 2 段階の変換を行うと，合計 12 チャンネルを含むひとつの周波数群ができあがる。同じ方法で，各々 ch13〜ch24，ch23〜ch36，ch37〜ch48，ch49〜ch60 から成る 5 つの周波数群を作り，これらを用いてさらに第 3 段階の周波数変換操作を行うと，12 チャンネル × 5 = 60 チャンネルからなる周波数群ができる。さらにこれを 16 個集めて第 4 段階の周波数変換操作を行うと 60 × 16 = 960 チャンネル分の音声信号が周波数軸上にきれいに並び，多重化ができたことになる。この 960 チャンネル × 4 kHz=3.84 MHz の信号を一本のケーブルで，あるいはマイクロ波回線で伝送することで多くの信号を同時に伝送する

ことができる。マイクロ波回線で伝送する場合，多重化された信号でマイクロ波の主搬送波を振幅変調または周波数変調して伝送を行う。このとき使用する変調方式によって，**SSB-AM 方式**とか **SSB-FM 方式**（通常，SS-FM と略す）と呼ばれる。最初の言葉は各群を作るときに使用した変調方式を示し，次の言葉は最終的に主搬送波をどのような形式で変調するかを示している。

2.9　雑音と雑音指数

増幅器や受信機の設計では，その内部で発生する雑音が重要な問題である。この受信機は増幅度が非常に大きいので，どんなに小さい信号も増幅できるといっても，出力における雑音の方が増幅された信号よりも大きければ信号を聞き取ることはできない。出力で生じる雑音は，入力で加わった雑音が増幅されたものと，受信機内部で生じる雑音の和である。入力雑音は変えようがないが，増幅器等の内部で生じる雑音は低雑音のトランジスタを選び，バイアスを適切な値にし，信号源インピーダンスの値も考慮して設計することで減少させることができる。ここでは，まず抵抗体における熱雑音を説明し，雑音の評価に使用される**雑音指数**（NF；Noise Figure）と**信号対雑音比**（S/N；Signal to Noise Ratio），増幅器等の内部で生じる雑音を等価的に信号源での抵抗に置き換えて考えるための等価雑音抵抗，増幅器を N 段縦続接続したときの全体の雑音指数の求め方について述べる。

2.9.1　熱雑音

抵抗体内部の自由電子が温度に応じてランダムな運動をすることにより，連続性の雑音が発生する。これを**熱雑音**と呼ぶ。**図 2-53(b)** は**図 2-53(a)** の抵抗体の両端に生じる雑音電圧の時間波形を示し，**図 2-53(c)** はその周波数スペクトルを示す。抵抗体から生じる熱雑音は次の性質を持つ。

(1)　瞬時値が予測できない。つまり瞬時値は不規則な値を取る

(2)　平均値が零，つまり直流分はない

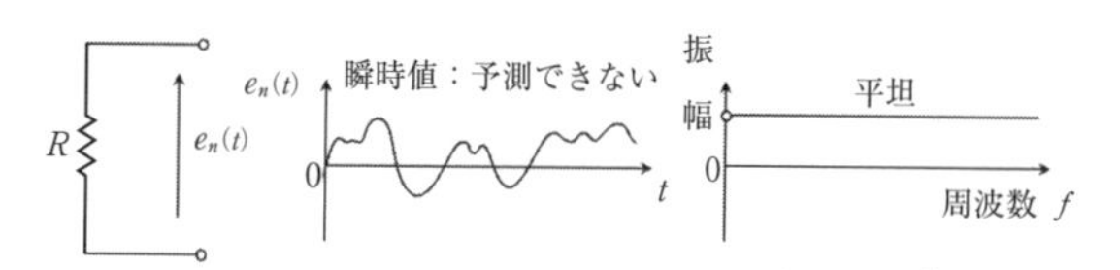

(a) 抵抗体（雑音源）　(b) e_nの時間波形　(c) e_nの周波数スペクトル

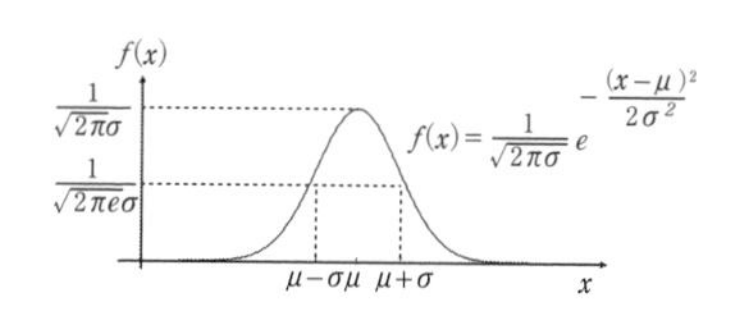

(d) 振幅の分布（正規分布）

図 2-53　熱雑音

(3) 周波数スペクトルは，直流を除く全ての周波数で大きさが一様で各周波数成分の位相は不規則である。このような性質の雑音を白色雑音（White Noise）と呼ぶ。

(4) 時間的にどこの区間を切り取っても，各区間のデータは同じ性質を持つ

(5) 瞬時値$e_n(x)$の分布は，平均値ゼロ，標準偏差が実効値の正規分布（ガウス分布ともいう）である。正規分布の確率密度関数の式は，

$$f(e_n(t))=\frac{1}{\sqrt{2\pi}\sigma}e^{-\frac{(e_n(t)-\mu)^2}{2\sigma^2}} \tag{2.100}$$

ただし，μ：平均値，σ：実効値

である。正規分布の形は，**図 2-53 (d)** である。

熱雑音は直流以外の全ての周波数成分を含むため，そのまま全てを測定すると無限大となってしまう。しかし実際は，増幅器等を通した値を考えるので無限大にはならない。抵抗体から出る雑音を帯域幅 B[Hz]の増幅器に入力すると，増幅器の出力では帯域幅 B に比例した雑音出力が得られることになる。**図 2-54** にこの様子を示す。**図 2-54** では，入力には全ての周波数成分を含んだ雑音が入ってくるが，出力では帯域幅 B の部分だけが生じている。

熱雑音の実効値E_nは，ナイキストにより，

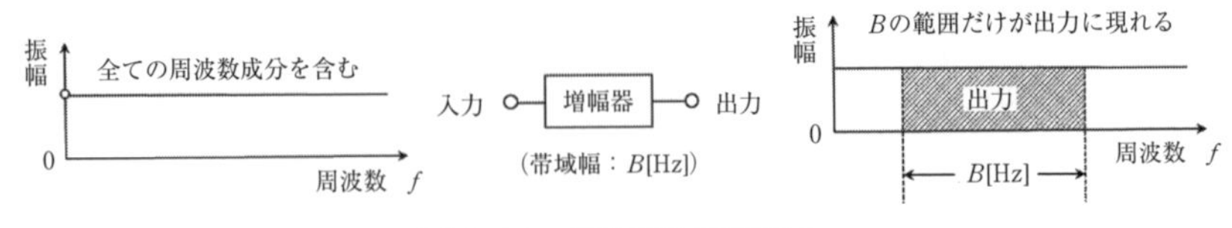

図 2-54　帯域幅と雑音出力

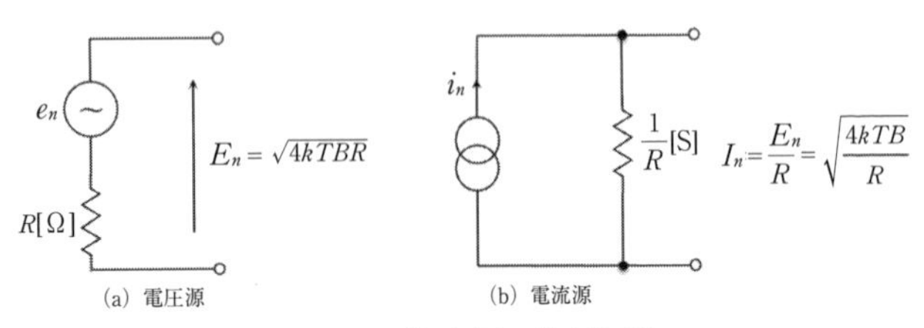

図 2-55　雑音源の等価回路

$$E_n=\sqrt{4kTBR}\ [\mathrm{V}] \tag{2.101}$$

ただし k：ボルツマン定数　$1.38\times10^{-23}\ J/\mathrm{K}$

T：抵抗体の絶対温度［K］

B：等価雑音帯域幅［Hz］

R：抵抗体の抵抗値［Ω］

と明らかにされており，E_nの大きさは抵抗値，温度および帯域幅に比例している。B は増幅器の場合は，増幅器の周波数帯域幅に相当する。増幅器等の周波数特性が平坦でない場合は，その特性をならして等価的な幅を決定するので，等価雑音帯域幅となっている。また，雑音源としての抵抗体の等価回路は，**図 2-55** のように電圧源あるいは電流源で表すことができる。

内部抵抗 R［Ω］の信号源から取り出せる最大の電力は，負荷抵抗と整合したときに得られ，これを**最大有能電力**（Maximum Available Power）と呼ぶことは知られている。同様に，R［Ω］の抵抗体から生じる最大の熱雑音電力を有能雑音電力と呼び，**図 2-56** より次の式で表される。

$$N=RI_n^2=R\left(\frac{E_n}{2R}\right)^2=\frac{E_n^2}{4R}=kTB\quad[\mathrm{W}] \tag{2.102}$$

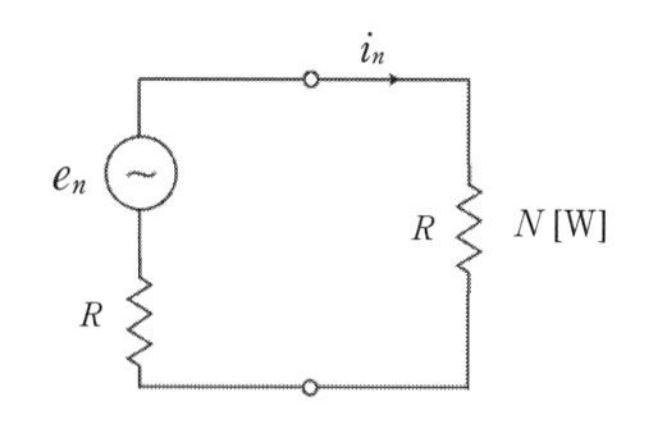

図 2 -56　有能雑音電力

【問 2-25】熱雑音の性質について述べた次の文章の（　　）内を，下の（語群）から選んだ適切な言葉で埋めよ。

抵抗体内部の（　①　）が熱によって不規則な運動をするために，（　②　）が生じる。この ② の時間波形の統計的な性質は，瞬時値がランダムに変化し予測できないこと，（　③　）がゼロであることなどである。また，その周波数スペクトルの大きさは，直流分を除き全ての周波数において（　④　）である。このような周波数スペクトルを持つために，② は（　⑤　）と呼ばれる。

（語群）⑴自由電子　⑵陽子　⑶原子核　⑷熱雑音　⑸ 衝撃雑音　⑹ピーク値　⑺実効値　⑻平均値　⑼一様　⑽不規則（ランダム）　⑾散弾雑音（shot noise）　⑿白色雑音　⒀ピンクノイズ

解）①：⑴，②：⑷，③：⑻，④：⑼，⑤：⑿

【問 2-26】　図のような周波数特性を持つ受信機の等価雑音帯域幅を求めよ。

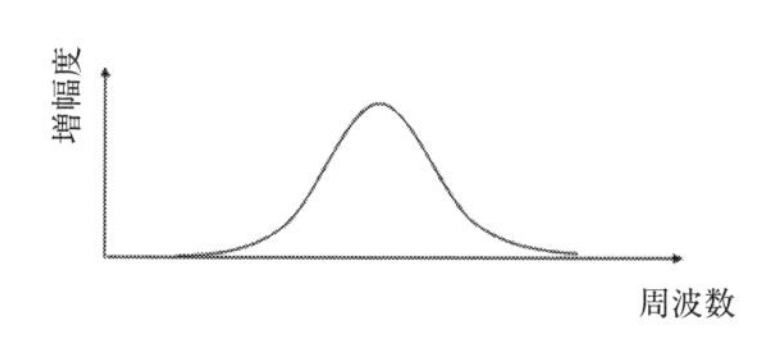

解）下図に示すように，ちょうど周波数特性の中心部分の高さで，幅が B の矩形を考えたとき。周波数特性全体の面積が矩形の面積と同じになる B が等価雑音帯域幅である。

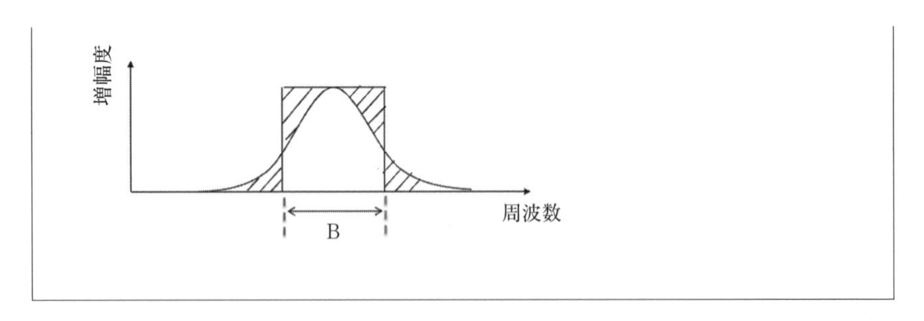

2.9.2　雑音指数

図 2-57 のように，入力に内部抵抗 R の信号源が接続された増幅器を考える。ただし，信号源と増幅器の入力インピーダンスは整合がとれているものとし，出力も整合がとれていると考える。このような増幅器において，雑音指数 F は，

$$F = \frac{S_i/N_i}{S_0/N_0} \tag{2.103}$$

で定義される無名数である。増幅器内部で雑音が生じるため，出力における S/N は入力における値より小さくなるので，$F > 1$ である。通常，F は対数で表し，電力を元にしているので $10\log F$ [dB]で計算される。

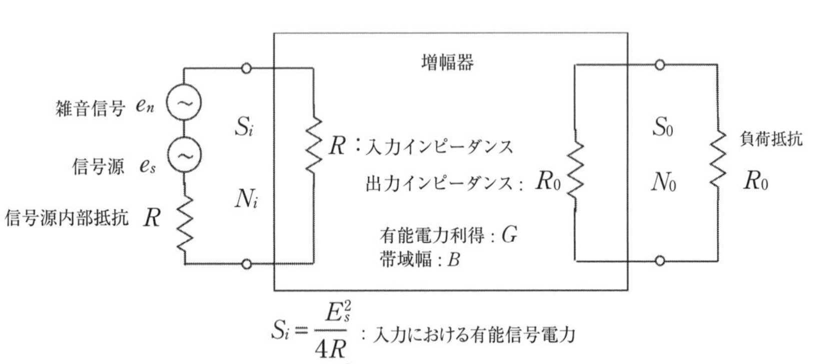

$S_i = \dfrac{E_s^2}{4R}$　：入力における有能信号電力

$N_i = \dfrac{E_n^2}{4R}$　：入力における有能信号電力

S_0　：出力における有能信号電力

N_0　：出力における有能信号電力

図 2-57　増幅器の雑音指数

雑音指数の定義と，入力信号が G 倍されることを用いて，増幅器内部で生じる雑音の大きさを求めてみよう。まず，入力における雑音は外部から誘導したものなどは考えず，信号源の内部抵抗 R による熱雑音だけとすると，その大きさは入力でのインピーダンス整合が取れているため，

$$N_i = kTB \qquad [\mathrm{W}] \tag{2.104}$$

である。雑音指数の定義と増幅度が G であることより，

$$F = \frac{S_i/N_i}{S_o/N_o} = \frac{S_iN_0}{S_0N_i} = \frac{S_iN_0}{GS_ikTB} = \frac{N_0}{GkTB} \tag{2.105}$$

となり，出力に生じる有能雑音電力 N_0 は

$$N_0 = GkTBF \quad [\mathrm{W}] \tag{2.106}$$

となる。一方，N_0 は信号源の内部抵抗 R で発生した雑音 N_i が増幅されたものと，増幅器内部で生じた内部雑音 N' の和と考えることができるから，

$$N_0 = GN_i + N' \tag{2.107}$$

である。従って，内部雑音 N'は

$$N' = N_0 - GN_i = GkTB(F-1) \tag{2.108}$$

となる。これらを信号と雑音の２つに分けた等価回路で表すと，**図 2-58** のようになる。

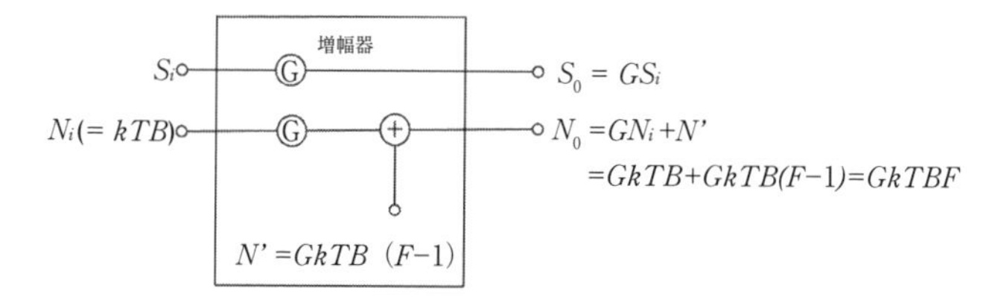

N'：増幅器内部で生じた雑音電力

図２-58　雑音指数の等価回路

2.9.3　等価雑音電力，等価雑音温度，等価雑音抵抗

2.9.2で述べたように，出力雑音は入力から入って来た雑音と内部で生じた雑音からなっている。回路を解析する場合，入力から入って来た雑音だけでなく，内部で生じた雑音も含めて，全雑音がもともと入力から入って来たと考えた方が扱いやすい場合がある。これが，**等価雑音電力**で，その値は全雑音出力を増幅度で割って得られる次式となる。

$$N_{eq}=\frac{N_0}{G}=\frac{GkTBF}{G}=kTBF \quad [\mathrm{W}] \tag{2.109}$$

また，式(2.104)，(2.105)より，出力雑音電力は，

$$\begin{aligned} N_0&=GN_i+N' \\ &=GkTB+GkTB(F-1) \\ &=Gk(T+T_e)B \end{aligned} \tag{2.110}$$

ただし，$T_e=T(F-1)$

と書ける。この式の中のT_eが，**等価雑音温度**（入力に換算した内部雑音に相当する雑音温度）であり，入力では元のTよりもT_eだけ雑音温度が上昇したと考えればよい。等価雑音温度は，式(2.107)において，

$$T_e=T(F-1)\ [\mathrm{K}] \tag{2.111}$$

とおかれている。衛星通信用の受信機ではこの等価雑音温度で受信機の雑音に関する性能を表す場合が多い。T_eが小さいほど良い受信機である。逆に周囲温度と等価雑音温度から雑音指数を求めると，

$$F=1+\frac{T_e}{T} \tag{2.112}$$

である。

なお，等価雑音温度を用いて**図2-58**を描きなおすと，**図2-59**となる。**図2-58**では入力雑音がG倍され，それに内部の雑音が加わる形であった。これに対して，**図2-59**では，入力の雑音と内部の雑音を加えた後，増幅しており，この形にすれば，内部雑音が入力から加わったように換算できることがわかる。

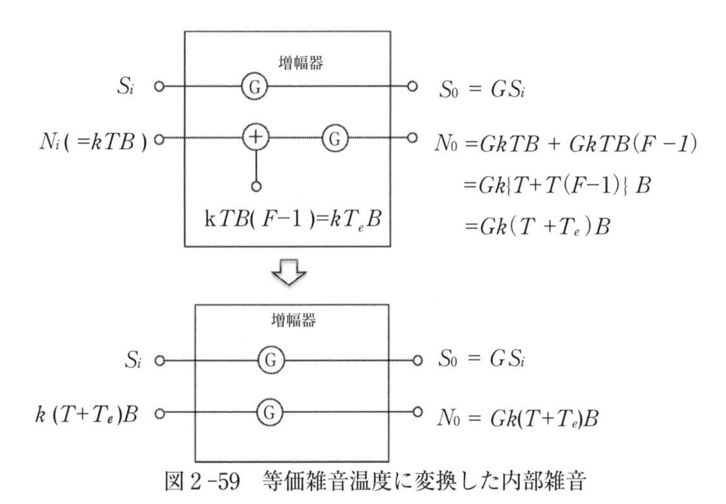

図 2 -59　等価雑音温度に変換した内部雑音

つまり，もともとあった雑音温度に等価雑音温度を加算して考えればよいことになる。

次に，**等価雑音抵抗**について述べる。これは，増幅器内部で生じた雑音が，実は入力にあった等価雑音抵抗R_{eq}から生じたと考えたものである。式(2.107)から，抵抗Rから生じる雑音がkTBで，増幅器内部から生じる雑音が$kTB(F-1)$であることから，等価雑音抵抗R_{eq}が，Rの$(F-1)$倍であることがわかる。つまり，

$$R_{eq}=(F-1)R \quad [\Omega] \tag{2.113}$$

である。入力にもともとあった抵抗Rに等価雑音抵抗R_{eq}を直列に付加して考えるわけである。逆に，等価雑音抵抗を用いて雑音指数を表現すると

$$F=1+\frac{R_{eq}}{R} \tag{2.114}$$

である。

2.9.4　N 段縦続接続時の雑音指数

図 2-60 のように，増幅器をN段縦続接続した増幅回路全体の雑音指数を求

めてみよう。

まず，各段の内部で生じる雑音を求める。第k段目の増幅器の雑音指数F_kは，それぞれの増幅器の入力にkTBなる雑音電力が加わったときのS/Nから決まるものである。従って，第k段目の増幅器内部において生じた雑音N_k'は，式(2.105)から，

$$N_k' = G_k kTB(F_k - 1) \tag{2.115}$$

と求められる。これを元に，**図2-60**のN段縦続接続時について，S/Nを求めるための等価回路を描くと，**図2-61**のようになる。**図2-61**より，出力での信号電力と雑音電力をそれぞれ求めると

$$S_0 = G_1 G_2 \cdots G_N S_i \qquad (1.116a)$$

$$\begin{aligned} N_0 &= N_i G_1 G_2 \cdots G_N + N_1' G_2 G_3 \cdots G_N \\ &\quad + N_2' G_3 G_4 \cdots G_N + \cdots\cdots + N_{N-1}' G_N + N_N' \\ &= kTBG_1 G_2 \cdots G_N + G_1 kTB(F_1 - 1) G_2 G_3 \cdots G_N + \cdots\cdots \\ &\quad + G_{N-1} kTB(F_{N-1} - 1) G_N + G_N kTB(F_N - 1) \end{aligned} \qquad (1.116b)$$

なので，全体の雑音指数Fは

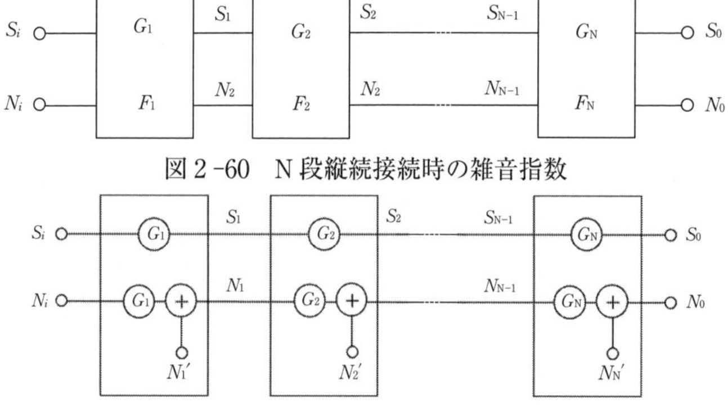

図2-60　N段縦続接続時の雑音指数

図2-61　N段縦続接続時の雑音指数を求めるための等価回路

$$F=\frac{\frac{S_i}{N_i}}{\frac{S_0}{N_0}}=\frac{1}{\frac{S_0}{S_i}}\frac{N_0}{N_i}=\frac{1}{G_1G_2\cdots G_N}\frac{N_0}{kTB}$$

$$=1+(F_1-1)+\frac{F_2-1}{G_1}+\frac{F_3-1}{G_1G_2}+\cdots+\frac{F_N-1}{G_1G_2\cdots G_{N-1}}$$

$$=F_1+\frac{F_2-1}{G_1}+\frac{F_3-1}{G_1G_2}+\cdots+\frac{F_N-1}{G_1G_2\cdots G_{N-1}}$$

$$\fallingdotseq F_1 \quad \text{（ただし，}G_1\text{が充分大きいとき）} \tag{1.117}$$

となる。なお，F と G はデシベルで表されている場合が多いので，そのときは次の式で計算するとよい。なお，ここでは2段目まで記載している。

$$F=10\log\left(10^{\frac{F_1}{10}}+\frac{10^{\frac{F_2}{10}}-1}{10^{\frac{G_1}{10}}}+\cdots\right)\ \text{[dB]} \tag{1.118}$$

G_1が充分大きいときは，全体の雑音指数はF_1で決まることから，初段の雑音指数の影響がもっとも大きいことがわかる。従って，増幅器や受信機を設計するときは，初段の雑音指数をできるだけ小さく設計することが大事である。初段の雑音指数を小さくするために用いられる手段としては，次のような方法がある。

(1)　雑音温度を下げるために冷却する

これは，雑音電力kTBのうち，雑音温度 T を下げる方法である。具体的にはペルチェ素子で冷却したり，衛星用の受信機では液化直前のヘリウムガスを用いて冷却する方法も用いられる。

(2)　低雑音の素子を用いる

素子によっても雑音指数は変わるので，できるだけ低雑音の素子を用いるとよい。1 GHz 以下では，シリコン・バイポーラトランジスタがよく用いられ，低雑音用のものは NF = 1 dB 程度のものがある。数 GHz 以上では，GaAs（ガリウム砒素）の FET が低雑音，高利得，広帯域と優れた特性を持つので，放送衛星受信機などで使用されている。さらに，従来の FET より低雑音の HEMT（高電子移動度トランジスタ；High Electron Mobility Transistor）といった素子も開発され，マイクロ波帯で携帯電話基地局，カーナビ，自動車用レーダなどで使用されている。

(3)　バイアスの選定

トランジスタではコレクタ電流の値や信号源インピーダンスによって雑音指数が最適なバイアス点が変化するので，初段の増幅器においては，バイアスを増幅度に対してではなく雑音の観点から最適の位置に選定する必要がある。

(4)　増幅器の挿入位置

衛星等の電波を受信する場合，アンテナで微弱な電波を受信し，これを室内の受信機の部分まで，ケーブル等で伝送する必要がある。この場合，ケーブルによって信号は減衰し，外部から雑音が混入するのでS/N比が劣化することになる。そこで，アンテナのすぐ近くで増幅し，信号を大きくすることで，途中で入る雑音に影響されないようにした後で，ケーブルで伝送するとよい。**図2-62**にこの様子を示す。**図2-62**の上の図では，受信信号が小さいままで，途中で雑音が入るため，S/Nが劣化した後に前置増幅器で増幅しているのに対し，下の図ではアンテナの直後に低雑音の前置増幅器で信号を増幅し，途中で雑音が入っても，受信機の前までにS/Nが劣化しないようにしてある。また，ケーブルでは高周波ほど減衰するので，周波数変換して，周波数を下げて伝送している。

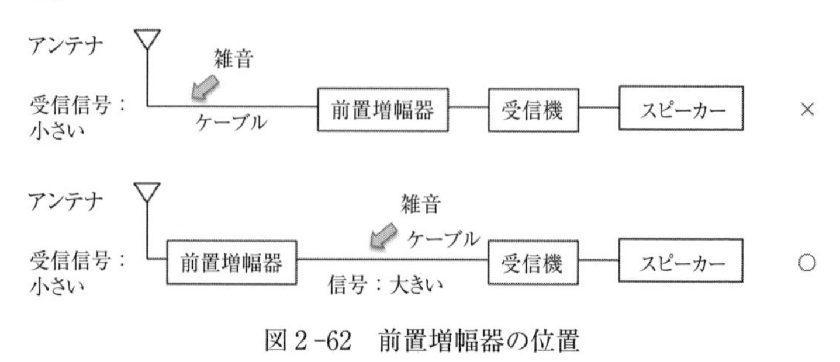

図2-62　前置増幅器の位置

【問2-27】次の各条件において，2段縦続接続された増幅器の全体としての雑音指数を求めよ。

(1)　各段とも電力増幅度は10倍で，雑音指数はそれぞれ，2,5である。

(2)　各段とも電力増幅度は10 dBで，雑音指数はそれぞれ，3 dB，6 dBである。

解）(1)　2段縦続接続された増幅器の雑音指数の式に代入して，

$$F=F_1+\frac{F_2-1}{G_1}=2+\frac{5-1}{10}=2.4$$

である。なお，(1)では雑音指数が真数で与えられているが，もし(2)のようにdBで与えてある場合は，次のように真数に変換して求める必要がある。

(2)　増幅度と雑音指数を真数に変換すると，電力増幅度は10倍，雑音指数はそれぞれ$10\log F$(dB)より逆算して，$F_1=3$ dB$=2$，$F_2=6$ dB$=4$である。従って，

$$F=F_1+\frac{F_2-1}{G_1}=2+\frac{4-1}{10}=2.3$$

となる。なお，デシベルのままで求めたい場合は，式（1.18）より

$$F=10\log_{10}\left(10^{\frac{F_1}{10}}+\frac{10^{\frac{F_1}{10}}-1}{10^{\frac{G_1}{10}}}\right)=10\log_{10}\left(2+\frac{4-1}{10}\right)=10\log_{10}2.3=3.6\ \text{dB}$$

である。

練習問題

（AM変調に関する問題）

1．AM(DSB-FC)変調において，被変調波が次式で表されるとき，(1)上下両側波の振幅と(2)周波数を求めよ。

$$e_{AM}(t)=25\{1+0.7\cos(2\pi\times5000t)\}\sin(2\pi\times5\times10^6t)\qquad[\text{V}]$$

（答）(1)　$\frac{mE_c}{2}=\frac{0.7\times25}{2}=8.75\,\text{V}$,

(2)　$f_{USB}=f_c+f_s=5000+5=5005$ kHz，$f_{LSB}=f_c-f_s=5000-5=4995$ kHz

2．10 Wの搬送波を40% 変調すると，(1)側波の電力，(2)被変調波全体の電力はいくらか。

(答) (1) 0.8 W，(2) 10.8 W

3．被変調波の波形をオシロスコープで観測したところ，その peak to peak の最大値が 40 V，最小値が 20 V であった。(1)波形を描き，(2)変調度を求めよ。

(答) (1)図参照。(2) 33.3%

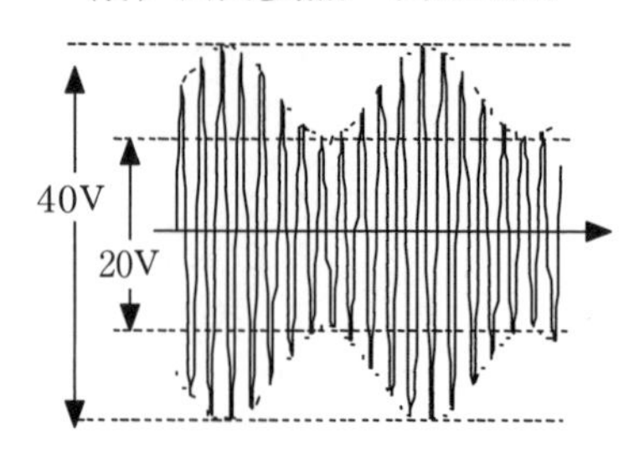

4．**図 2-10** の台形法によって，問図左側の各 AM 波を観測したところ，問図右側のような各測定波形が得られた。これらの測定波形はそれぞれどの AM 波に対応するものか，左と右を線で結べ。

(問)

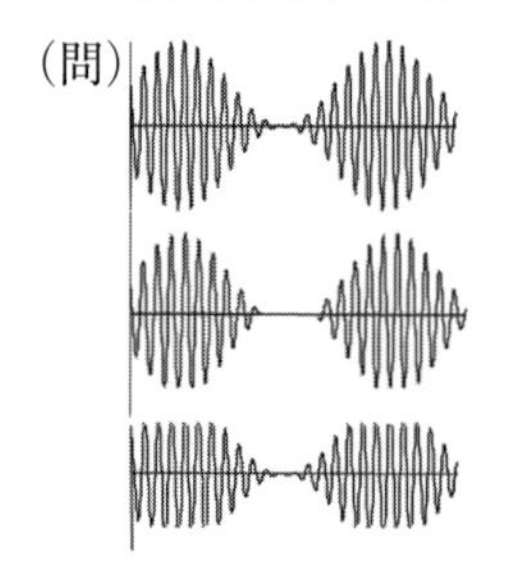

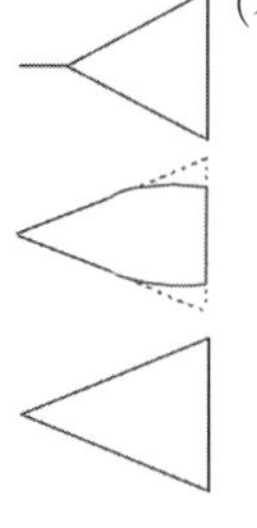

(答)

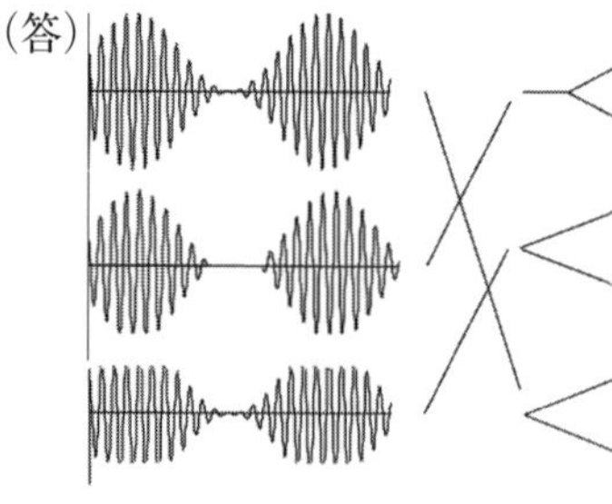

5．**図 2-10** の台形法で，図のような波形が得られた。Y 軸に加わっている AM 波および，X 軸に加わっている信号波の波形を記せ。

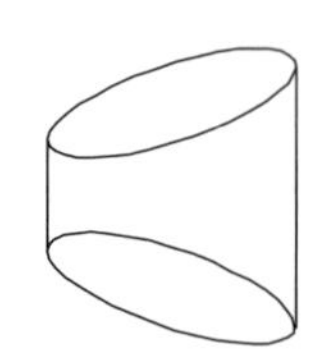

(答) X 軸に信号波，Y 軸に *AM* 波を加えるが，信号波と AM 波の位相が少しずれている場合，このような波形となる。信号波の位相に注意。

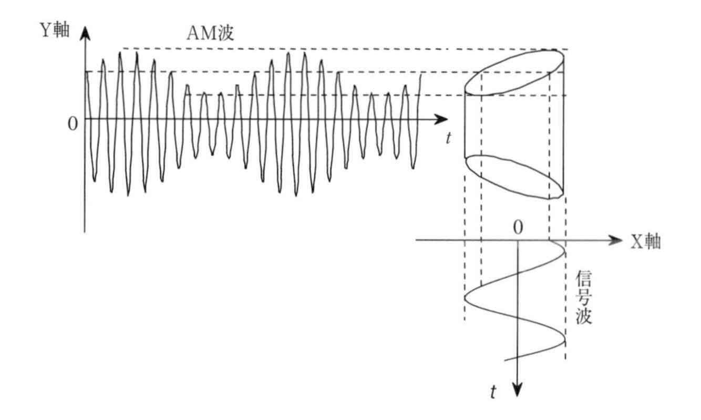

(FM に関する問題)

1．横軸に時間 t，縦軸に周波数 f をとって FM 波を描け。ただし，搬送波周波数を f_c，最大周波数偏移を Δf，信号波周波数を f_s とする。

(答)　図参照

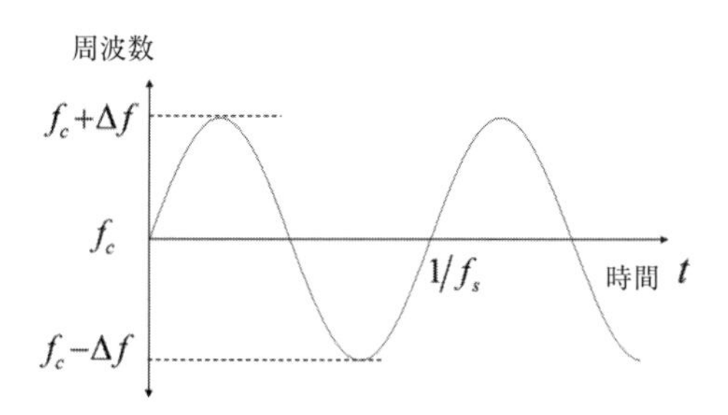

2．スペクトラムアナライザを用いて FM 波の変調指数を測定したら，無変調時の搬送波の大きさが 10 V であった。以下の問いに答えよ。

(1)　信号波を加えて，電圧をだんだん大きくしながら変調をかけたとき，搬送波の大きさが 7.7 V になった。このときの変調指数はいくらか。

(2)　更に信号波電圧を大きくすると，搬送波の大きさと第 1 側帯波の大きさが等しくなった。このときの変調指数と搬送波の大きさを求めよ。

(答)　(1)　無変調時の搬送波の大きさが 10 V なので，7.7 V はベッセル関数の$J_0(m_f)=0.77$に相当する。そのときのm_fはベッセル関数のグラフから1となる。

(2) ベッセル関数のグラフから$J_0(m_f)=J_1(m_f)$となるところは，$m_f \fallingdotseq 1.44$。そのときのベッセル関数の大きさは0.52なので，搬送波の大きさは約5.2 V。

3．振幅10 V，周波数90 MHzの搬送波を，5 kHzの信号波で変調したときの周波数偏移が±10 kHzである．このFM波に含まれる第1，第2，第3側帯波の振幅と周波数を求め，スペクトル図を描け。

(答) 変調指数を求め，ベッセル関数のグラフからそれぞれの大きさを読み取る。ただし，ベッセル関数のグラフは搬送波の大きさを1と考えたときなので，縦軸を振幅の分だけ掛け算することを忘れないこと。横軸の中心は搬送波周波数，間隔は信号波周波数である。

	振幅	周波数
第1側帯波：	5.8 V，	90 ± 0.005 MHz
第2側帯波：	3.5 V，	90 ± 0.01 MHz,
第3側帯波：	1.3 V，	90 ± 0.015 MHz

(雑音に関する問題)

1．周囲温度が$T=27$℃で等価雑音温度が$T_e=1200$ Kのとき，受信機の雑音指数，F dBを求めよ。ただし，$\log 2 \fallingdotseq 0.3$とする。

(答) 周囲温度と等価雑音温度を用いた雑音指数の式は，デシベルでは

$$F=10\log_{10}\left(1+\frac{T_e}{T}\right) \quad [\mathrm{dB}]$$

絶対温度[K] = 273 + X[℃]

により絶対温度に変換し

$$F=10\log\left(1+\frac{T_e}{T}\right)=10\log\left(1+\frac{1200}{273+27}\right)$$

$$=10\log(1+4)=10\log\frac{10}{2}=10(1-0.3)=7 \ \mathrm{dB}$$

となる。

2．受信機の雑音指数が 6 dB，等価雑音帯域幅が 1 MHz，周囲温度が 27 ℃である。等価雑音電力（受信機の雑音出力を入力に換算した値）を求めよ。ただし，ボルツマン定数を 1.38×10^{-23} J/K とする。

（答）$N_{eq}=kTBF$ より求める。6 dB を真数の 4 に戻し，温度を絶対温度に変換して，

$$N_{eq}=kTBF=(1.38\times10^{-23})\times(273+27)\times(1\times10^{6})\times4=1.66\times10^{-14}\ \mathrm{W}$$

となる。

3．増幅器を 2 段縦続接続した回路において，初段の増幅器の等価雑音温度が 300 K，電力利得が 12 dB，2 段目の増幅器の等価雑音温度が 360 K である。このとき，縦続接続された増幅器の総合の等価雑音温度 T_{eq} の値を求めよ。ただし，$\log_{10}2 \fallingdotseq 0.3$ とする。

（答）等価雑音温度は，増幅器内部で生じる雑音が入力にあったとして換算したものである。従って，初段の入力には雑音が無かったとして，内部雑音だけによる出力での雑音出力を求め，それを $GkT_{eq}B$ の形で表せれば，T_{eq} が求められることになる。

初段の入力に雑音がないとすると，出力に生じる全雑音電力は，初段内部の雑音が 2 段目で増幅されたものと 2 段目内部で生じたものの和なので，

初段の内部雑音：$G_1kTB(F_1-1)$，2 段目の内部雑音：$G_2kTB(F_2-1)$

より，

$$N_o=G_1G_2kTB(F_1-1)+G_2kTB(F_2-1)$$

$$=G_1G_2\left\{kTB(F_1-1)+\frac{kTB(F_2-1)}{G_1}\right\}=G_1G_2N_{eq}$$

ただし，$N_{eq}=kTB(F_1-1)+\dfrac{kTB(F_2-1)}{G_1}$

である。N_{eq} が内部雑音全部を入力に換算した雑音（総合の等価雑音電力）で，これが 2 段分の増幅度，G_1G_2 倍されて出力に雑音電力として生じている。ここで，

初段の等価雑音温度：$T_{eq1}=T(F_1-1)$

2段目の等価雑音温度：$T_{eq2}=T(F_2-1)$

であるから，この2段縦続増幅器の総合的な等価雑音温度は，

$$N_{eq}=k\left\{T(F_1-1)+\frac{T(F_2-1)}{G_1}\right\}B$$

$$=k\left(T_{eq1}+\frac{T_{eq2}}{G_1}\right)B=kT_{eq}B$$

ただし，$T_{eq}=T_{eq1}+\dfrac{T_{eq2}}{G_1}$

と表せる。従って，総合の等価雑音温度は，

$$T_{eq}=T_{eq1}+\frac{T_{eq2}}{G_1}$$

となる。この式に，題意の数値を代入すると，12 dB は 16 倍なので，

$$T_{eq}=T_{eq1}+\frac{T_{eq2}}{G_1}=300+\frac{360}{16}=322.5\ \mathrm{K}$$

となる。

3章　ベースバンド伝送方式

ベースバンド伝送方式（**基底帯域伝送方式**）とは，0，1のディジタル信号をそのまま同軸ケーブルなどの伝送路に送り出してやり，情報を伝達する通信方式である。しかし，ディジタル信号を単純に矩形波に変換して送ることはない。これは，矩形波は振幅が急激に変化するため高周波成分を含み，隣接する他の回線に不要な信号を誘導したり，回線の特性のために波形がひずみ，伝送している前後の符号間で干渉（**符号間干渉**）を生じる可能性があるためである。そこで，帯域が拡がらないように矩形波を少し変形することで，送信信号の周波数スペクトルを制限し（**帯域制限**と呼ぶ），かつ時間波形があまり振動しないようにして伝送する。また，矩形波は高周波だけでなく直流も含むので，後で述べる理由で送信信号にはできるだけ直流も含まないようにする工夫が必要である。さらに，受信側では送られてきた信号からクロック信号を抽出し，同期を取って符号を再生するが，このクロック信号を取り出しやすくする工夫も必要である。また，伝送路で生じるさまざまなひずみを補償するために受信時に回線等化技術も使用される。

ここでは，このようなベースバンド方式によるディジタル信号の送受信の仕組みについて述べる。また，送信信号が正しく伝送されているかどうかを，オシロスコープで測定する際に用いる**アイパターン**について説明する。

3.1　ベースバンド伝送の送受信処理手順

図3-1にベースバンド方式のブロックダイアグラムを示す。この図において，入力信号は0，1で表されるディジタル信号である。まず，これを0と1に対応した伝送路符号に変換する。これは，できるだけ直流を含まないように，かつ受信側で同期を取るためのクロック信号を取り出しやすくするためである。次に，伝送路符号を実際に回線に送り出す信号波形に変換する。これは，矩形

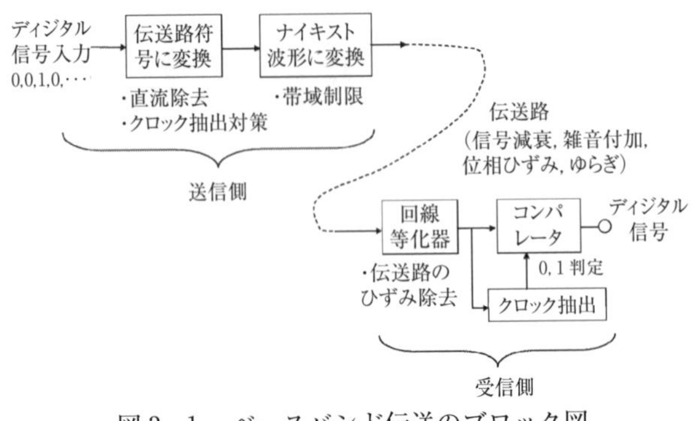

図3-1　ベースバンド伝送のブロック図

波で伝送すると高い周波数成分まで含むため隣接するチャネルに信号が漏れたり（**漏話；Crosstalk**），伝送路の特性により波形がひずんで受信側に正しく伝わらないのを防ぐため，送信側でフィルタを通すことで帯域を制限し，符号間干渉を生じないような形に波形を変形して伝送路に送り出すためである。このようにして伝送路に送り出された波形は，伝送路において振幅が減衰し，位相ひずみを受け，かつ外部や受信機内部からの雑音が加わり受信側に到達する。受信側では，このような伝送路で生じたさまざまなひずみを等化器によってできるだけ取り除き，次のコンパレータによる0，1判定を行う。

3.2　クロック信号を取り出しやすく直流を含まない符号

図3-2に，0と1のディジタル信号を送る際のさまざまな伝送路符号を示す。使用する符号の極性の呼び方について述べる。**図3-3**に示すように，伝送に用いる信号の極性をE[V]あるいは$-E$[V]のどちらかひとつ用いるものを**単流**(Unipolar)方式，$\pm E$[V]の正負両極性を用いるものを**複流**(Dipolar)方式と呼ぶ。複流方式同様に正負両極性を用いる**バイポーラ**(Bipolar)方式があるが，これは複流方式が1をE，0を$-E$のように，1と0のそれぞれに異なる極性を割り当てるのに対し，バイポーラ方式は，1だけに2つの極性を交互に割り

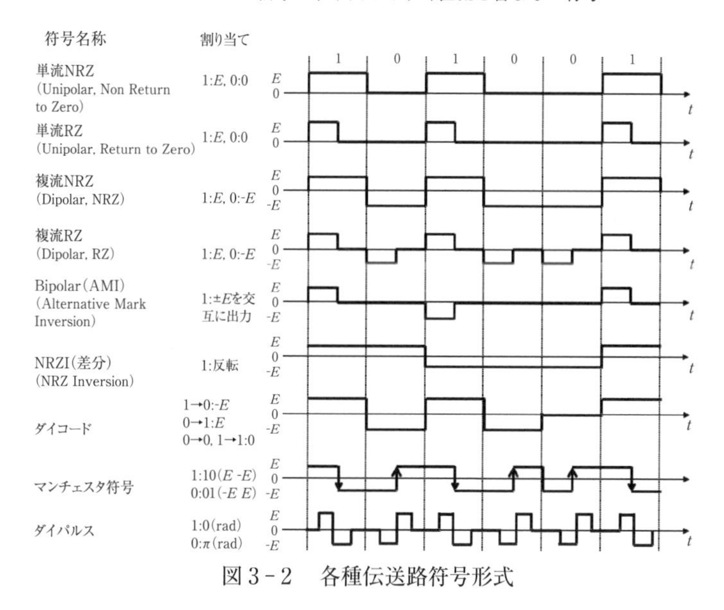

図 3 - 2　各種伝送路符号形式

当てている。また，符号を**RZ信号**あるいは**NRZ信号**と分類する場合がある。これは，符号を伝送する際，**図3-3**に示すように信号がひとつの符号区間内でゼロレベルに戻るものをRZ（Return to Zero）信号，ゼロレベルに戻らないものをNRZ（Non-Return to Zero）信号と呼んでいる。NRZ信号は同じ信号が続くと変化がないため，クロック信号を抽出できなくなる。これに対し，RZ信号は符号区間内でレベル変化があるため受信側でクロック信号を抽出しやすいが，信号の幅が狭くなるためNRZより周波数帯域が広くなる。

図3-2のそれぞれの符号の特徴について述べる。単流方式は信号が減衰すると雑音の影響を受け誤りが生じる可能性がある。また，伝送路にCR結合増幅器を含む中継器等が入った場合，静電容量が直列に入るため直流を通さない回線となる。この場合，**図3-4(a)**に示した等価回路からわかるように，**図3-4(b)**のように$+E$の電圧が継続するとその直流成分で充電され，出力側で直流レベルが変動し，0と1の判別を誤る欠点がある。したがって，伝送路符号はできるだけ直流分を含まない方がよい。複流方式は両極性を使うため充電され

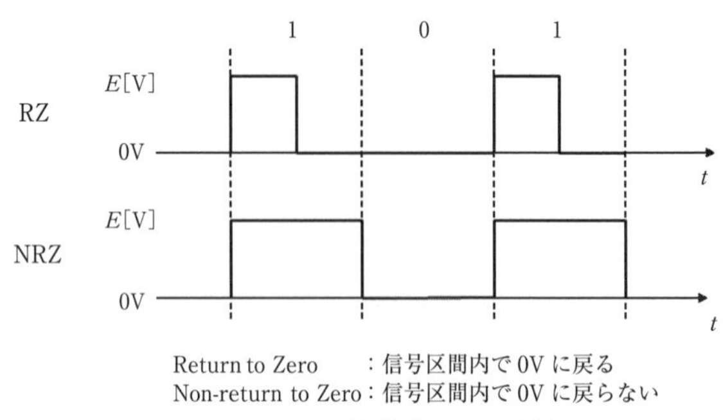

図3-3 RZ信号とNRZ信号

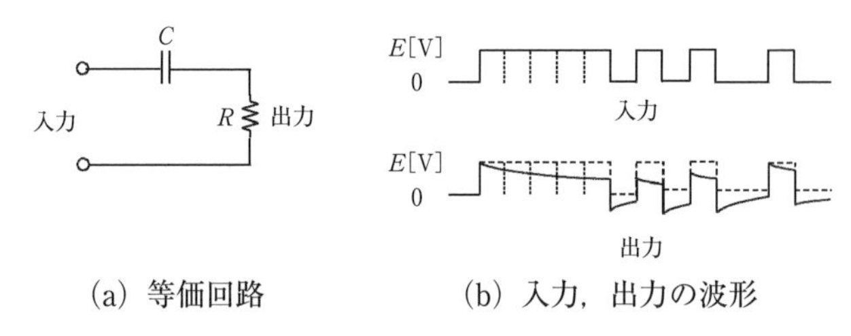

(a) 等価回路 (b) 入力，出力の波形

図3-4 直流を通さない回線における連続した1入力に対する出力レベルの変動する

にくく，0と1を同じ数だけ含んでいれば平均すると直流分はゼロとなる。また，バイポーラは1が来るたびに極性が $+E$，$-E$ と反転するので直流分はほぼゼロとなる。しかし，いずれも0が連続して伝送されると信号の変化がないため，受信側でクロック信号を抽出できなくなる。この0が連続するのを解消する技術については次節で述べる。**ダイコード**は，信号の変化に応じて正と負の極性および0を割り当てており，極性が必ず交互に変わるか0を出力するため直流分はない。**マンチェスタ符号**は1が来れば信号が1(E)，0$(-E)$と，0が来れば0$(-E)$，1(E)と変化する。したがって，直流分がなくクロックが抽出しやすい。**ダイパルス**は，1周期分のパルス極性を0，1に応じて反転させたものを用いており，直流分はない。符号としては，直流分を含まず，クロックが抽出しやすく，周波数帯域が狭い符号がよい符号ということになる。

【問 3-1】次の各符号について，NRZ，RZ の区別を書き，直流分を含むものと含まないものに分類しなさい。

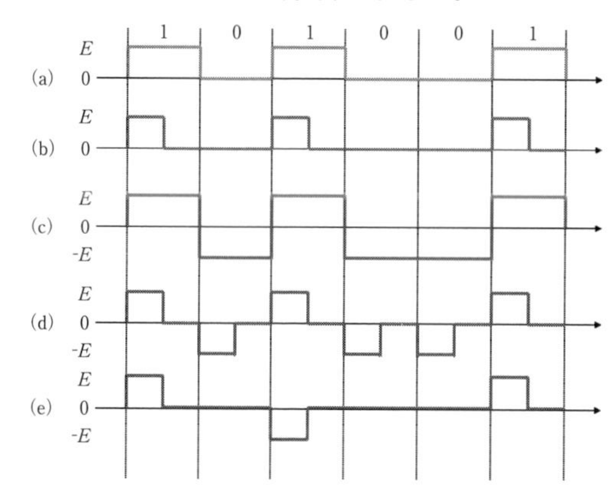

解）　NRZ：(a)，(c)，RZ：(b)，(d)，(e)　直流を含む：(a)，(b)。直流を含まない：(e)。(c)，(d)は 1 と 0 が，だいたい同数で，偏りがなければ直流を含まない。

【問 3-2】次のデータをダイコードで送るときの波形を描け。最初の 0 は $+E$ で送るものとする。

解）ダイコードは，1→0 のとき $-E$，0→1 のとき E，1→1，0→0 と変化がないとき 0 なので，次のようになる。

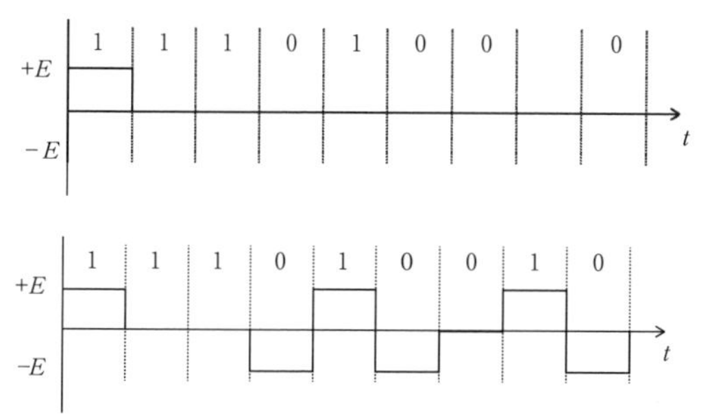

3.3　連続する0を置き換える技術

単流やAMI符号の場合，0が続くと信号が全く送られてこないため受信側でのクロック信号の抽出が困難になる。これを避けるために，0が続いた場合に送信側で別のパターンと置き換えて伝送し，受信側で元に戻す方法などがある。

3.3.1　BNZS（Binary N-Zero Substitution）

AMI符号においてN個の0が連続した場合，送信側ではこのN個の0を複数の1を含む別の符号パターンに置き換えて送り，受信側で元に戻せばよい。これをBNZSと呼ぶ。ただし，1を表すのに $+E$ と $-E$ の2つの極性を交互に用いているため，N個の連続した0の直前の1を伝送するのに，$+E$ を用いたか $-E$ を用いたかによって置き換えるパターンの符号極性も変わってくる。置き換えるパターンの直前に伝送した1が $+E$ で伝送されていた場合，連続するN個の0を置き換えたパターンの最初に現われる1を伝送するのに $-E$ を用いると，通常通り伝送された1と勘違いしてしまうことになる。そこで，直前の1を伝送するのに $+E$ を用いた場合は，置き換えたパターンで

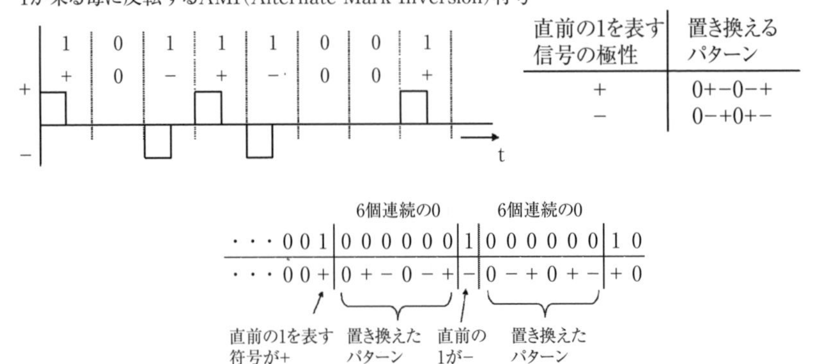

図3-5　B6ZS

は最初の1を伝送するのに $+E$ を用いることにする。逆に，直前の1を伝送するのに，$-E$ を用いていた場合は $-E$ を伝送することにする。そうすれば，受信側では置き換えたパターンであると分かるので，元のN個の0に戻すことができる。**図3-5** は，N=6個の0を置き換えるB6ZSの様子を示す。

【問3-3】次のデータをB6ZSで置き換えた波形を描け。ただし，AMI符号を用い，最初の…0011　の部分は，…00 -+　で送信しているものとする。

…0011 000000 1 000000 10

解）…00 -+ 0 +-0 -+ -　0 -+ 0 +- +0　となるので，次のようになる。

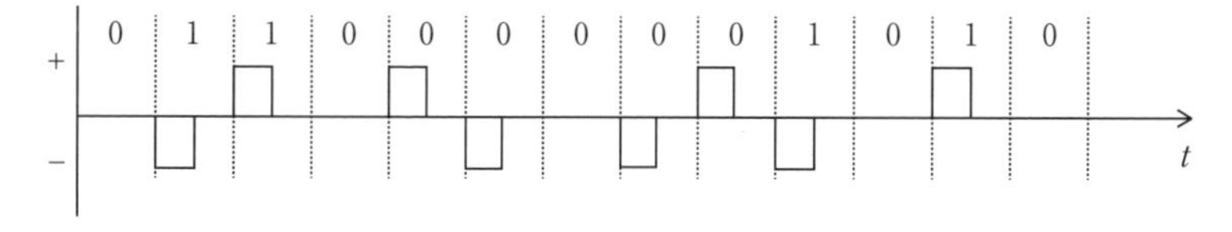

3.3.2　CMI (Coded Mark Inversion) 符号

図3-6 は，CMI符号と呼ばれるもので，0を01に置き換え，1を交互に00と11に置き換えるものである。このようにすることで，0のところでは必ず変化が生じ，1が連続すると，00110011・・・と2ビット周期で変化が生じることになり，0が連続することはなくなる。0を01に置き換えるため周波数成分は増えることになる。

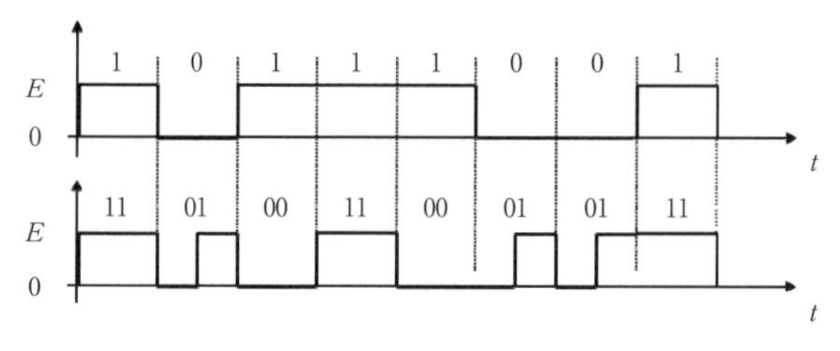

0を01に置き換え，1は00または11に交互に置き換える

図3-6　CMI符号

3.4　符号間干渉

もし，0，1のディジタル信号をそのまま矩形波(**図 3-2** の複流 NRZ 形式)で伝送したらどうなるであろうか。矩形波は，1章で述べたようにその時間波形をフーリエ級数展開して周波数成分を求めると**図 3-7** に示すように低い周波数から高い周波数成分まで含んでいることがわかる。この高い周波数成分を含む信号をそのまま伝送路に通すと，伝送路の信号伝送特性は一般に周波数が高くなるとそれに応じて信号が減衰し，また位相特性も周波数によって変化するため，出力側では元の矩形波とは異なった波形が得られる。この例を**図 3-8** に示す。**図 3-8** 右側の図は，第3，第5次の高調波の位相を少し遅らせただけであるが，入力の波形と随分異なっていることがわかる。矩形波を連続的に伝送すると，このような波形のひずみが積算されて，後に続く符号に影響を及ぼし，**図 3-9** に示すように，隣接した符号同士が干渉することで受信波形が大きく変化し，場合によっては符号誤りを生じてしまうことになる。このように隣接する符号に影響を及ぼすことを符号間干渉（ISI；Inter Symbol Interference）と呼んでいる。また，高周波成分を含んでいると，隣接する回線に信号が漏れて干渉を起こす（漏話；Crosstalk という）可能性がある。以上より，伝送する符号の波形は，周波数としてはできるだけ高い周波数成分を含まず，かつ時間

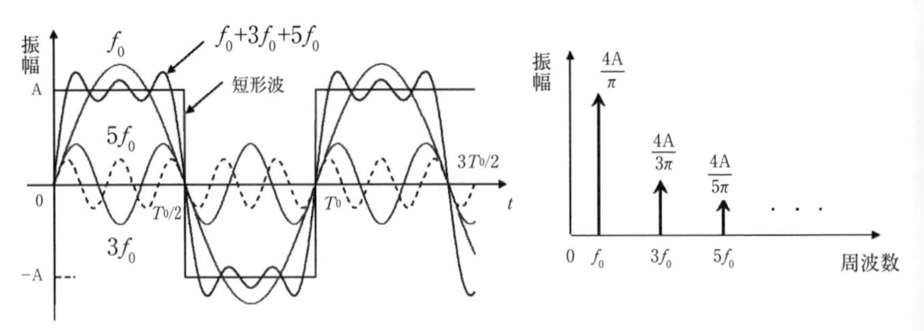

(a) 矩形波の各成分の時間関数　　　　(b) 周波数スペクトル

図3－7　矩形波は多くの周波数成分を含む

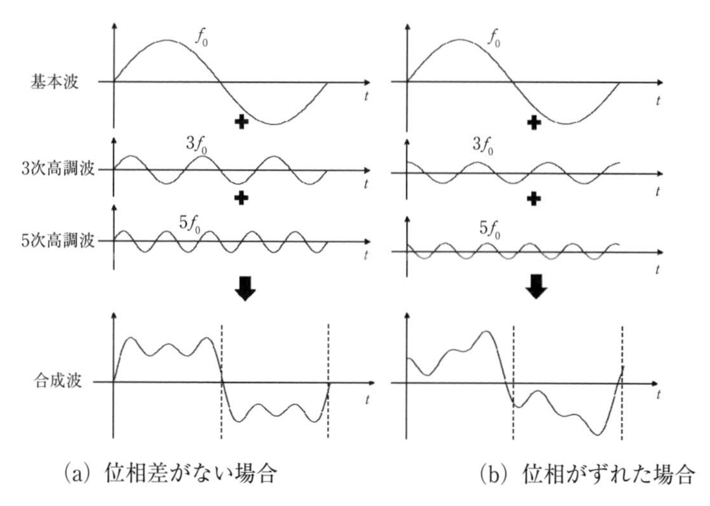

図3-8　位相の異なる複数の正弦波を合成した波形

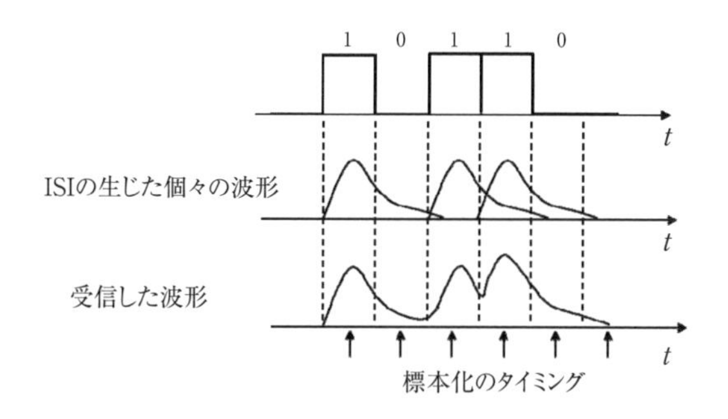

符号を連続して送ると，互いに干渉する
図3-9　符号間干渉

波形としては隣接する符号に影響を与えない形がよい。このためにはどのような波形を用いれば良いかが課題となる。結論からいえば，それは二乗余弦スペクトラムを持った波形ということになる。これはまた，ナイキストパルスとも呼ばれている。以下，順を追って述べる。

図3-10(a)は，単流のパルス波形でディジタル信号を伝送する例を示している。この符号がどれだけの周波数成分を持っているのか調べてみよう。そのた

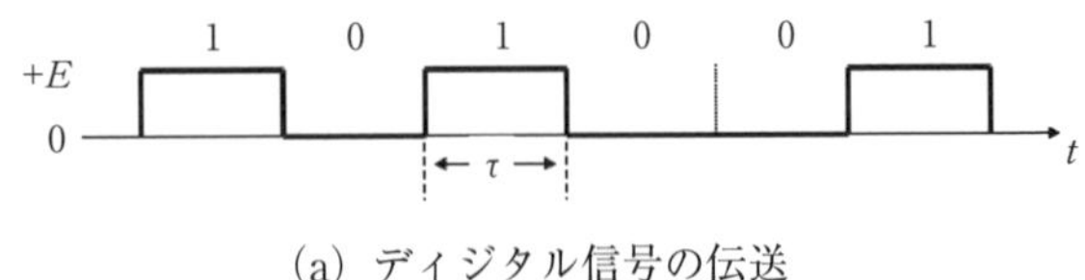

(a) ディジタル信号の伝送

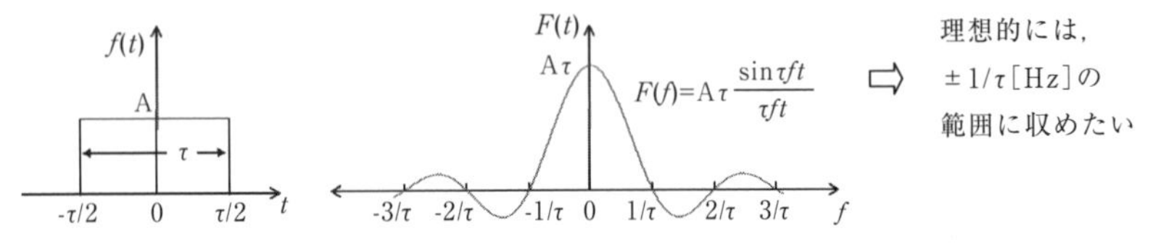

(b) 単一パルスの時間波形　　　　　(c) 単一パルスの周波数スペクトル

図3-10　単一パルスは広い周波数スペクトルを持つ

めに，**図3-10(b)**のようにひとつのパルス波形だけを取り出して考える。この単一パルス波形をフーリエ変換したものは問1-5で求めたように，**図3-10(c)**となる。これからわかるように，単一パルス波形は広い範囲の周波数スペクトルを含んでおり，このままでは伝送に適さないことがわかる。では理想的な周波数特性とは，それは**図3-11(a)**に示したもので，これはF[Hz]までは成分があるが，それ以上は全く含んでいない信号を示している。この周波数特性を持つ信号の時間波形はどのような形か調べるために，**図3-11(a)**の周波数スペクトルを時間領域に変換してみると，**図3-11(b)**となり，これは時間的に振動する波形となることがわかる。つまり，この波形は周波数特性は理想的であるが，時間領域での振動が続く波形ということになる。この時間的に振動する波形は，よく見るとちょうど隣接する符号の中央部分（標本化するところ）では0になっており，もしそのままの波形を保って伝送されるなら**図3-11(c)**に示したように受信するときには隣接する符号には影響を与えないはずである（このように符号の周期で0になる性質を持つ**図3-11(b)**のような波形をナイキストパルスと呼ぶ)。しかし，実際は時間的に振動が続くということは，次々に信号が送られてくると，前の波形が残っているうちに，次の信号が来てしまい，少しでも波形が崩れるとこれらが重なって隣接する符号に影響を与えてしまうこ

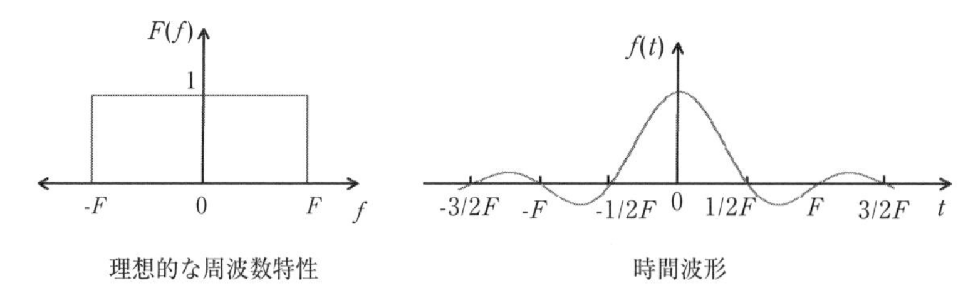

(a) 周波数スペクトル　(b) (a)に対応する時間関数は振動する大きな成分を持っている

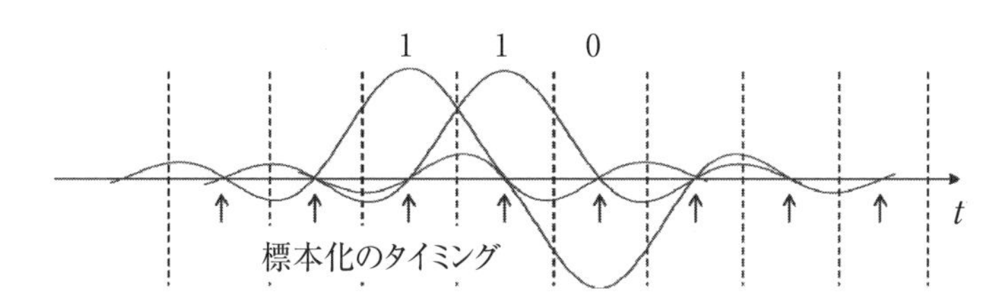

受信側では標本化した時点で 0, 1 を判定するので，
標本点で隣の信号に重なっていなければ影響はない

(c) 符号間干渉のない場合の伝送パルス波形

図 3-11　理想的な周波数スペクトルを持つ時間関数

とになる。つまり，符号間干渉が起こってしまう可能性が高いということになる。そこで，**図 3-11(b)**の時間関数の中央部付近だけはそのままで，両サイドの振動分を抑えるにはどうすればよいかを考えた結果，**図 3-12(a)**に示す周波数スペクトラムを持つ，**図 3-12(b)**のような時間波形が考えられた。**図 3-12(a)**において，後述の式(3.3)の $a=0$ のときが**図 3-11**の場合を示し，$0<a<1$ の間で a の値を変化させると周波数スペクトルが f_c から $2f_c$ まで広がる。$a=1$ のときは，周波数スペクトルの形が**図 3-13**に示す cos を二乗した形になっているので，この周波数スペクトルを二乗余弦(Raised Cosine)スペクトルと呼んでいる。この形の周波数スペクトルを持つ時間波形は，**図 3-12(b)**からわかるように，$1/2f_c$ から先の時間領域での振動が少なく，$a=0$ の理想的な周波数特性に比べると，少し周波数帯域は広がるものの，時間領域での振動が少ない

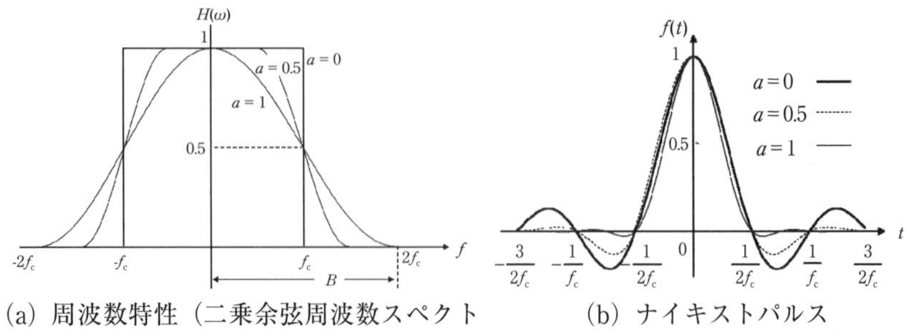

(a) 周波数特性（二乗余弦周波数スペクトラム）　(b) ナイキストパルス

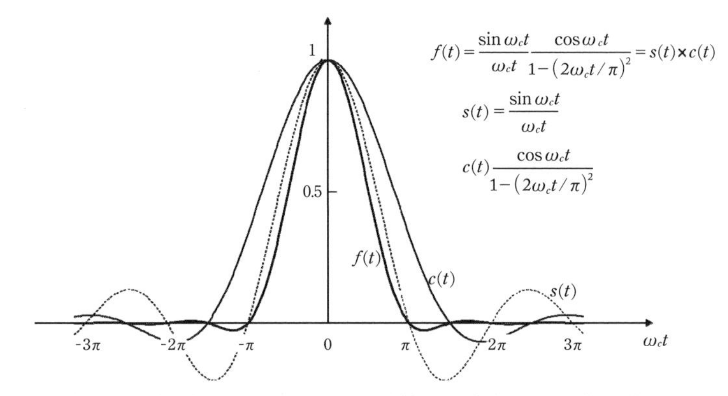

(c) $h(t)$の式の説明($h(t)$のω_c/π=1として計算した式(3.3)の$f(t)$の式でa=1のとき)

図 3-12　二乗余弦周波数スペクトラムを持つナイキストパルス

ため，符号間干渉が少なくなり伝送に適した波形となっている。つまり，**図 3-12 (b)** の上に示した式の係数aの値を調整することで，周波数スペクトルと振幅の裾の広がりを調整できることがわかる。これらの理論的な説明を以下に述べる。

図 3-12 (a) のa=1のときの周波数スペクトルはその形が**図 3-13** に示す**二乗余弦周波数特性**を持っており，次の$H(\omega)$で表される。

$$H(\omega)=\begin{cases}\cos^2\dfrac{\pi\omega}{4\omega_c}=\dfrac{1}{2}\left(1+\cos\dfrac{\pi\omega}{2\omega_c}\right) & (-2\omega_c\leq\omega\leq2\omega_c)\\ 0 & (\text{それ以外})\end{cases} \tag{3.1}$$

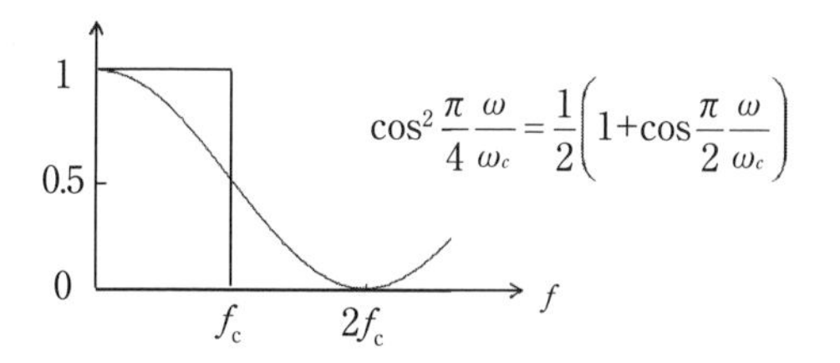

図 3-13　二乗余弦周波数スペクトラムの形

ただし，$\omega_c=2\pi f_c$

この $H(\omega)$ の周波数特性を持つ時間関数は，フーリエ変換を用いて次の $h(t)$ で表される。

$$h(t)=\frac{1}{2\pi}\int_{-\infty}^{\infty}H(\omega)e^{j\omega t}d\omega=\frac{1}{2\pi}\int_{-2\omega_c}^{2\omega_c}\left(1+\cos\frac{\pi}{2}\frac{\omega}{\omega_c}\right)e^{j\omega t}d\omega$$
$$=\frac{\omega_c}{\pi}\frac{\sin\omega_c t}{\omega_c t}\frac{\cos\omega_c t}{1-(2\omega_c t/\pi)^2} \tag{3.2}$$

$h(t)$ の式を見ると，**図 3-12 (c)** の $s(t)$ として示したように，sin の項は $\sin x/x$ の形をしていることから，$\omega_c t$ が π の整数倍になるところで 0 を繰り返しながら周波数が高くなるにしたがって減衰する波形を示すことがわかる。また，**図 3-12 (c)** で $c(t)$ として示したように cos の項は，$s(t)$ とは $\pi/2$ だけずれた変化をする波形になっている。これらを掛け合わせて得られる $f(t)$ の式は，$w_c t$ が π の整数倍で 0 になり，次第に減衰して行く波形になることがわかる。そして，cos の項の分母と分子に係数 a をつけることで，$f(t)$ の減衰していく振幅の裾野の広がり具合を調整することができる。このように，式(3.2)の cos の項に係数 a をつけ，また，$t=0$ における $h(t)$ の振幅が 1 になるようにするために，前についている ω_c/π を 1 とおいた次の式(3.3)が符号間干渉を起こさない信号波形を表す式として用いられる。これを図示したのが**図 3-12 (b)** で，a の値を大きくすると時間的な振動が小さくなることが分かる。なお，**図 3-12 (c)** に示した $f(\mathrm{t})$ は $a=1$ の場合である。

$$f(t)=\begin{cases}\dfrac{\sin\omega_c t}{\omega_c t}\dfrac{\cos a\omega_c t}{1-(4af_c t)^2} & (a\neq 0)) \\ \dfrac{\sin\omega_c t}{\omega_c t} & (a=0)\end{cases}\qquad a\text{の値で調整する}\qquad(3.3)$$

図 3-14 は，**ナイキストパルス**波形を用いて，ディジタル信号を伝送した例を示す。”1”を正の振幅，”0”を負の振幅のナイキストパルスで伝送している。**図 3-14 (a)** は，係数 $a=0.9$ とした場合で，それぞれの波形はあまり裾を引いておらず，すべてを加算した波形もきれいな波形となっている。これに対して，**図 3-14 (b)** は，$a=0.1$ の場合で，各波形が裾を引いており，これらを加算した波形には大きな振幅となっている部分があることがわかる。

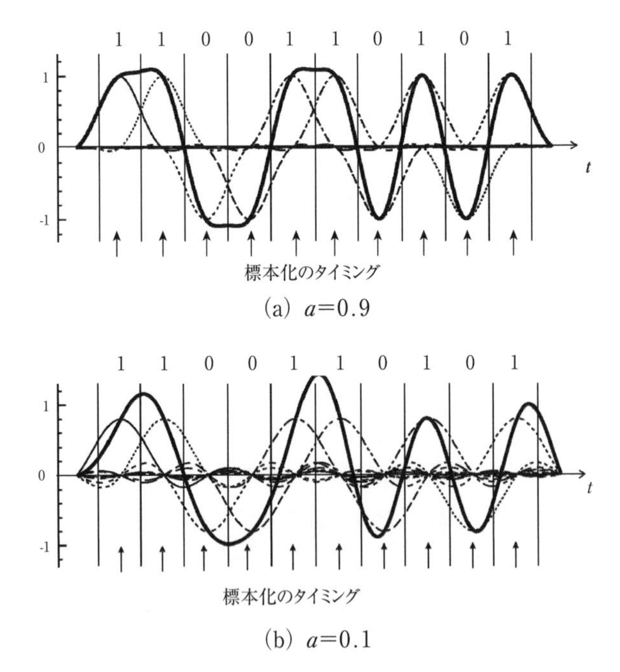

図 3-14　ナイキストパルスの係数による伝送波形の違い

3.5 回線の等化

3.5.1 回線の周波数－位相ひずみ，振幅ひずみによる符号間干渉

伝送路の位相－周波数特性が直線的，つまり周波数に対して比例して位相が変化し，振幅の減衰量も周波数で変化しない場合は波形にひずみは生じない。しかし，周波数に対して位相が比例せずに変化したり，振幅が周波数によって変化した場合，出力において波形がひずんでしまうことになる。これらは線形ひずみと呼ばれる。入力に加えた信号以外の周波数成分が出力に生じる場合が非線形ひずみである。**図 3-8** で位相ひずみが生じる例を示した。位相および振幅ひずみによって生じた符号間干渉が存在する伝送路において，ひずみを受けたパルスの補償をすることを回線の**等化**(Equalize)と呼び，等化回路網を用いる方法や，**逆特性等化器**（**トランスバーサルイコライザ**；Transversal Equalizer）を用いる方法がある。ここでは逆特性等化器について述べる。

3.5.2 逆特性等化器

逆特性等化器は，入力信号を1単位時間ずつ遅れさせた信号を準備し，これらをある定数倍して加えることで回線のひずみを補償するものでトランスバーサルフィルタとも呼ばれる。アナログ的には遅延線を用いて構成し，ディジタル処理ではディジタルフィルタで構成される。

図 3-15 に逆特性等化器の原理を示す。**図 3-15 (a)** 上側は符号を一個だけ送って，受信した波形を示す。最初の入力を $p_r(-1)$，その次の入力を $p_r(0)$，最後の入力を $p_r(1)$ とする。正しく受信された場合は，それぞれ 0，1，0 とならないといけないが，回線のひずみの影響を受けているため，$p_r(-1)$ が負の値に，$p_r(1)$ が正の値になり，$p_r(0)$ は 1 より小さくなっている。

そこで，何らかの方法で**図 3-15 (a)** 下側の図のように $p_r(-1)$，$p_r(0)$，$p_r(1)$ がそれぞれ 0，1，0 となるようにするのが逆特性等化器の設計である。具体的には，最初の入力 $p_r(-1)$，その次の入力 $p_r(0)$，最後の入力 $p_r(1)$ のそれぞれ

に係数 C_{+1}，C_0，C_{-1}を掛け算し，係数を適切に調整して出力を加えることにより，ひずみを受けたパルスを中央の標本点の位置では1に，両側のクロックパルスのところでは0になるようにすることで補償できる。**図3-15(b)**の場合，中央の標本点と，その前後各2か所の標本点の位置で受信した信号の合計5点の値を使って係数を求めることにする。**図3-15(c)**に詳しい図を示す。信号は，…，$p_r(-2)$，$p_r(-1)$，$p_r(0)$，$p_r(1)$，$p_r(2)$，…の順に入力されてくるとする。まず $t=0$ の時点では，$p_r(-2)$，$p_r(-1)$，$p_r(0)$の3つが入力されている，この3つの値に係数 C_{+1}，C_0，C_{-1}を掛けて0になるようにする。次に，$t=T$

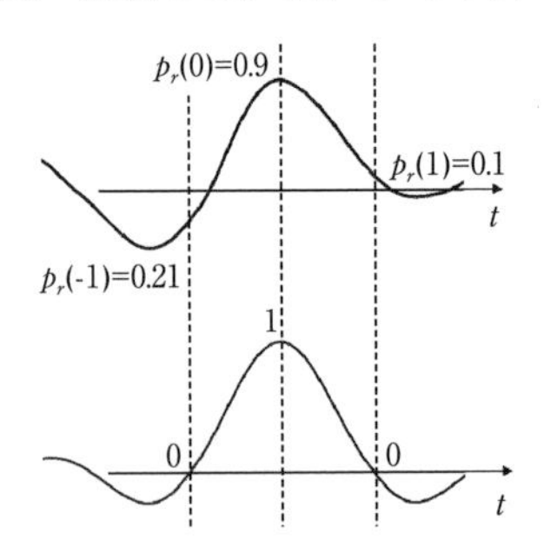

(a) 隣接する標本点の位置で0に，所望の標本点のところでは1にしたい

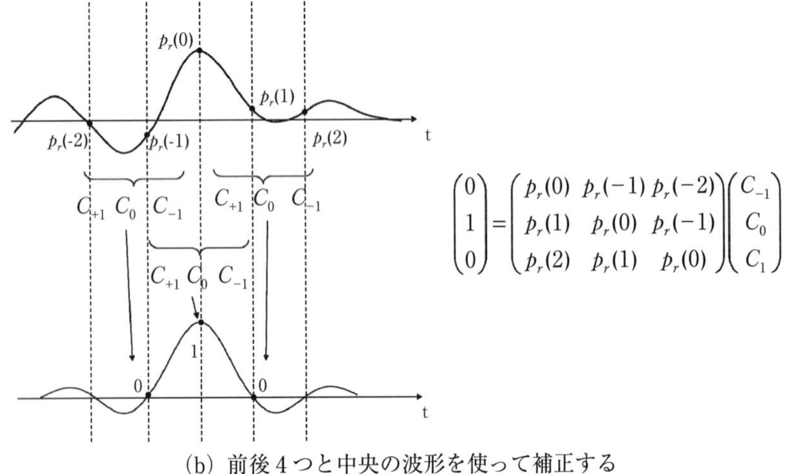

(b) 前後4つと中央の波形を使って補正する

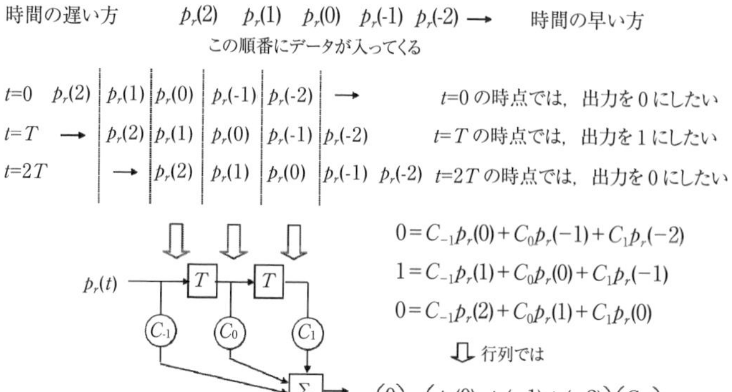

時間の遅い方 $p_r(2)$ $p_r(1)$ $p_r(0)$ $p_r(-1)$ $p_r(-2)$ → 時間の早い方

この順番にデータが入ってくる

$t=0$ $p_r(2)$ | $p_r(1)$ | $p_r(0)$ | $p_r(-1)$ | $p_r(-2)$ | → $t=0$ の時点では，出力を 0 にしたい

$t=T$ → | $p_r(2)$ | $p_r(1)$ | $p_r(0)$ | $p_r(-1)$ | $p_r(-2)$ $t=T$ の時点では，出力を 1 にしたい

$t=2T$ → | $p_r(2)$ | $p_r(1)$ | $p_r(0)$ | $p_r(-1)$ $p_r(-2)$ $t=2T$ の時点では，出力を 0 にしたい

$p_r(t)$ T T C_{-1} C_0 C_1 Σ

$$0=C_{-1}p_r(0)+C_0p_r(-1)+C_1p_r(-2)$$
$$1=C_{-1}p_r(1)+C_0p_r(0)+C_1p_r(-1)$$
$$0=C_{-1}p_r(2)+C_0p_r(1)+C_1p_r(0)$$

⇩ 行列では

$$\begin{pmatrix}0\\1\\0\end{pmatrix}=\begin{pmatrix}p_r(0) & p_r(-1) & p_r(-2)\\ p_r(1) & p_r(0) & p_r(-1)\\ p_r(2) & p_r(1) & p_r(0)\end{pmatrix}\begin{pmatrix}C_{-1}\\ C_0\\ C_1\end{pmatrix}$$

(c) 計算法

図 3-15 逆特性等化器

の時点では，$p_r(-1)$，$p_r(0)$，$p_r(1)$の 3 つが入力されているので，この 3 つの値に係数 C_{+1}，C_0，C_{-1}を掛けて 1 になるようにする。最後に，$p_r(0)$，$p_r(1)$，$p_r(2)$の 3 つが入力されているので，係数 C_{+1}，C_0，C_{-1}を掛けて 0 になるようにする。この 3 つの式を用いると，$p_r(-2)$，$p_r(-1)$，$p_r(0)$，$p_r(1)$，$p_r(2)$の値は測定されているので，係数 C_{+1}，C_0，C_{-1}が求められることになる。ここでは 5 つのデータを用いる場合で，係数が 3 個の場合を説明したが，一般的には，$2N+1$ 個のデータを用い，N 個の係数を求める。これは，次の式(3.4)で表され，これを解くことで逆特性等化器を作ることができる。

$$\begin{pmatrix}p_r(0) & p_r(-1) & \cdots & p_r(-2N)\\ p_r(1) & p_r(0) & \cdots & p_r(-2N+1)\\ p_r(2) & p_r(1) & \cdots & p_r(-2N+2)\\ \vdots & \vdots & \cdots & \vdots\\ p_r(2N) & p_r(2N-1) & \cdots & p_r(0)\end{pmatrix}\begin{pmatrix}C_{-N}\\ C_{-N+1}\\ \vdots\\ C_0\\ C_{N-1}\\ \vdots\\ C_N\end{pmatrix}\begin{pmatrix}0\\ \vdots\\ 0\\ 1\\ 0\\ \vdots\\ 0\end{pmatrix} \tag{3.4}$$

3.6 アイパターン

図 3-16 に**アイパターン**の図を示す。**図 3-16** 一番上の波形は，複流で送った場合の 0 と 1 の各符号に対する送信パルス波形である。その下がそれらを合成した波形で，合成された波形が実際に伝送されてくる波形と考えることができる。これを 2 周期分ずつ重ねて描いたのが，左下の波形で，これを拡大したのがその右の図であり，アイパターンとなっていることがわかる。この波形が丁度人間の目に似ているので，アイパターンと呼んでいる。オシロスコープを用いて，2 周期毎に同期を取って観測するとアイパターンが観測できる。1 周期毎に観測すると一つ目になる。アイパターンでは，回線にひずみのない場合は目の中心が開いた波形となり，ひずみのある場合は開きが狭くなる。実際に観測した波形を模式化したものを，**図 3-17** に示している。この図から，次の 4 つのことがわかる。

(1) アイ開口率

アイパターン中央部分の上下の開き具合は，雑音に対する余裕度（**ノイズマージン**）を示す。ノイズマージンは標本点におけるしきい値（0 と 1 の判定の境界値）から，アイパターンの描く軌跡までの距離である。このノイズマージンを定量的に表すのが**アイ開口率**（アイアパーチャ）であり，その定義は次のとおりである。

$$\begin{array}{l}\text{アイ開口率}\\ \text{(アイアパーチャ)}\end{array} = \frac{\text{(観測した“1”レベルの最小値}-\text{観測した“0”レベルの最大値)}}{\text{(定常状態における　“1”レベルの値}-\text{“0”レベルの値のレベル差)}}$$

また，符号間干渉や雑音によってアイパターンの軌跡の幅が広がるが，標本点におけるアイパターンの軌跡の幅が最大信号ひずみである。

(2) ジッタによる零交差点のずれとクロックのタイミング抽出

標本化するためのクロック信号は零交差点を利用して受信信号から抽出して作りだすため，零交差点が幅を持つと正確なクロックが作れないことになる。

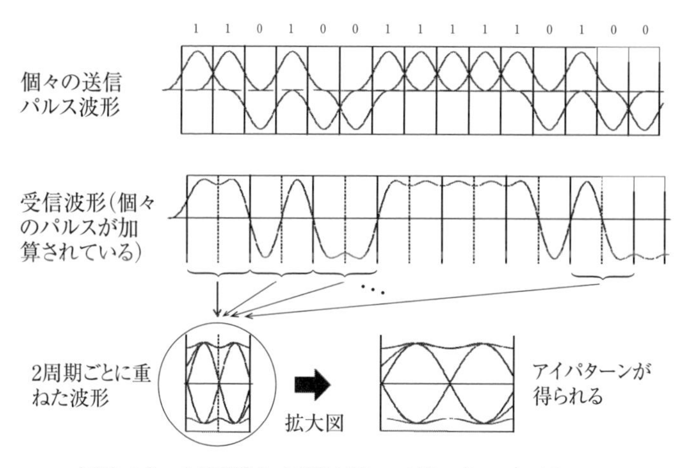

図 3-16 2周期毎に同期を取って描いたアイパターン

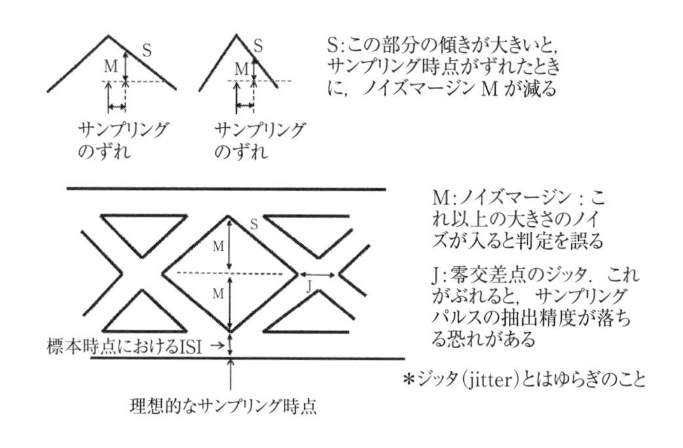

図 3-17 アイパターンの主要特性

回線の状態によって信号に揺らぎが生じる。このゆらぎが**ジッタ**(クロックの統計的ゆらぎ)と呼ばれるもので,**図 3-17** の J の部分である。

(3) クロックのゆらぎと標本点のずれ

受信データを標本化して元のディジタル信号を取り出す場合,アイの開きの一番大きいところで標本化するのがもっとも良い標本点であるが,標本化するためのクロック信号は回線の状態によって揺らぎが生じるためクロックがずれて符号誤りが生じる場合がある。このクロックのタイミングずれに対する感度は，クロックの位置をずらしたときのアイの閉じ具合からわかる。つまり，アイの中心から左右に標本点をずらしたときに，どの程度アイが閉じているかである。これは，**図 3-17** のSの部分の傾き具合に影響を受ける。

アイパターンを観測しながらトランスバーサルフィルタの係数を調整する際，零交差点がきれいに重なるように，またアイパターンの中央部分で目がきれいに開くように調整するとよい。アイパターンを観測すると回線の状態をチェックでき，またアイパターンを観測しながら最適な受信状態に調整ができる。

【問 3-4】次のアイパターンを表す図において，A，B，C は次の(a)，(b)，(c)いずれに関係する指標か選べ。(a)ノイズマージン (b)ジッタ (c)サンプリングのずれに対する感度

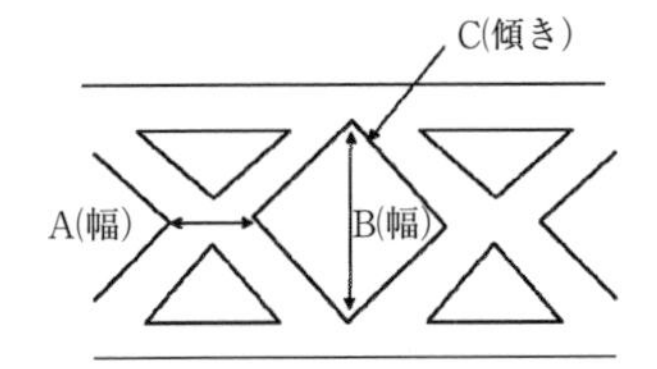

解）A：ジッタ， B：ノイズマージン C：サンプリングのずれに対する感度

練習問題

（ベースバンド伝送方式に関する問題）

1．1101011 を AMI で表せ。ただし，最初の 1 を＋E で伝送するものとする。

（答）

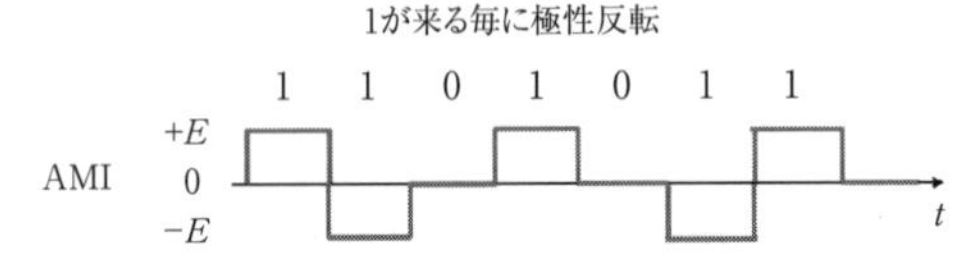

2．図のように，複流 NRZ（± E[V]）で 1101010 を送信したとき，直流分はどれだけか。

（答）$(4E-3E)/7 = E/7$ [V]

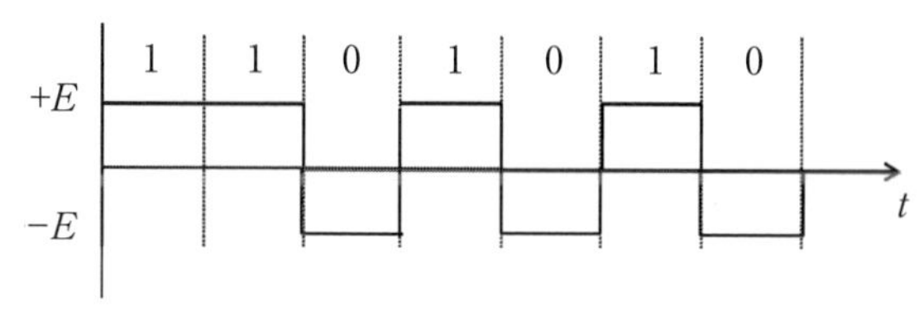

3．次の a=0，0.5，1 の 3 つの周波数スペクトルのうち，最も符号間干渉が少ないパルス波形になるのは，どの周波数スペクトルの場合か。

（答）**図 3-12** より，a=1 の場合がパルス波形の裾野の広がりが最も少なく，

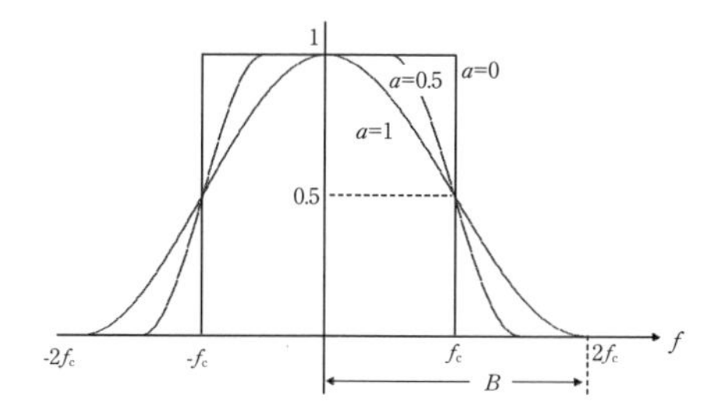

符号間干渉が少なくなる。

4．アイパターンの図において，ジッタの影響はどこに現れるか。また，ジッタがあることでどのような影響が生じるか。

（答）ジッタが大きいと，**図 3-17** の J の部分の幅が広くなる。クロック信号にジッタが含まれると，クロックの抽出が不正確になり，サンプリングが正しく行われなくなる。

5．**図 3-15** の 3 次の逆特性等化器の係数を計算せよ。ただし，$p_r(-2)=-0.1$，$p_r(-1)=0.2$，$p_r(0)=0.95$，$p_r(1)=-0.3$，$p_r(2)=0.1$ とする。

（答）$\begin{pmatrix} 0.95 & 0.2 & -0.1 \\ -0.3 & 0.95 & 0.2 \\ 0.1 & -0.3 & 0.95 \end{pmatrix}\begin{pmatrix} C_{-1} \\ C_0 \\ C_{+1} \end{pmatrix}=\begin{pmatrix} 0 \\ 1 \\ 0 \end{pmatrix}$ を解いて，$\begin{pmatrix} C_{-1} \\ C_0 \\ C_{+1} \end{pmatrix}=\begin{pmatrix} -0.16 \\ 0.94 \\ 0.31 \end{pmatrix}$となる。

6．101000000100をB6ZSで置き換えたときの符号を記せ。ただし，AMI符号を用い，最初の1を$+E$で伝送しているものとする。

（答）最初の1が$+E$なので，2つ目の1は$-E$で送信される。したがって，置き換える6つの0は，［$0E-E0-EE$］か［$0-EE0E-E$］に置き換えられるが，受信側で置き換えたパターンであると分かるように，最初に$-E$がくる方のパターンで置き換えられる。したがって，次の値となる。

1 0　1 <u>0　0 0 0 0　0</u> 1 0 0

E 0 $-E$ <u>0 $-E$ E 0 E $-E$</u> E 0 0

4章　パルス変調方式

今まで述べた振幅変調方式や周波数変調方式は，音声や映像を表す信号波の大きさで搬送波の振幅や，周波数を連続的に変化させて変調をかけるアナログ変調方式であった。これに対して，信号の情報をパルスの形に変換することで変調をかける方式が，ここに述べるパルス変調方式である。

パルスで信号を伝送する場合，パルスの有無で信号を判定するので判定するしきい値以下の雑音はまったく影響しない。従って，理論的には**S/N**（**信号対雑音比**）が無限大となり，極めて良質の通信が行えることになる。一方，パルス信号は正弦波に比べ高い周波数成分を含むため，帯域幅が拡がる欠点があるが，これは光通信を用いると解決される。また，パルス信号を用いることで信号の多重化に**時分割多重方式**を採用できる。ここでは，各種パルス変調方式の概要を説明し，パルス通信方式の基礎となっている**標本化定理**，**PCM**方式，時分割多重方式について説明する。

4.1　各種パルス変調方式

パルス変調には次のような種類がある。**図 4-1** に PCM 以外の波形を示す。

1）**PAM**（Pulse Amplitude Modulation；**パルス振幅変調**）

一定周期，幅のパルスを用い，信号の大きさに応じてパルスの振幅を変化させる。この波形を元に，アナログの信号をとびとびのパルスにしても，きちんと伝送できるという標本化定理の説明など，パルス変調の理論的な説明を行う。

2）**PWM**（Pulse Width Modulation；**パルス幅変調**）

一定振幅，周期のパルスを用い，信号の大きさに応じて，パルスの幅が変化する。

3）**PPM**（Pulse Position Modulation；**パルス位置変調**）

一定振幅，幅のパルスを用い，信号の大きさに応じてパルス位置が変化する。

4）PCM（Pulse Code Modulation；パルス符号変調）

PAM 信号は時間的にはとびとびであるが，振幅はアナログ値である。PAM 信号の振幅をその大きさに対応するパルス列に変換して情報を伝えるもので，パルス変調の中でもっとも広く用いられているものである。後で詳しく述べる。

a）信号波

b）ＰＡＭ波形
・パルス幅，周期は一定
・振幅が信号波の振幅に比例
・時間的にはディジタル，振幅はアナログ

c）ＰＷＭ波形
・パルス幅が信号波の振幅に比例
・パルスの振幅は一定
・時間的にはアナログ，振幅はディジタル

d）ＰＰＭ波形
・パルス幅，振幅は一定
・パルス位置が信号波の振幅に比例
・位置はアナログ，振幅はディジタル

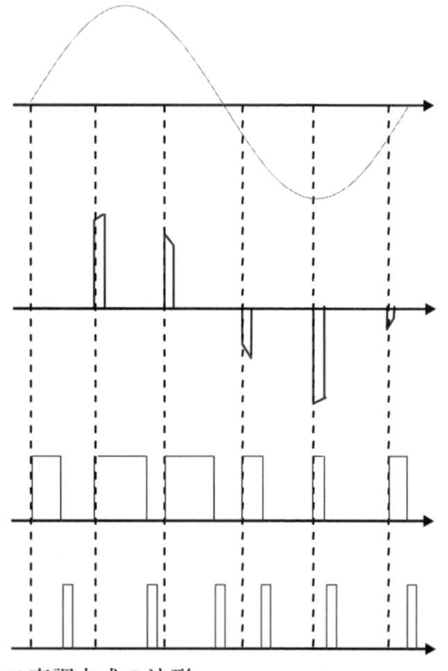

図４－１　各種パルス変調方式の波形

4.2　標本化定理

ここでは，アナログの連続した波形を時間的にとびとびのパルス波形で伝送しても，正しく相手に伝送できる原理を説明する。このパルス波形を用いても元のアナログ波形を伝送できることを示しているのが標本化定理（Sampling Theorem）である。まず，標本化定理について説明し，次にパルス波形から元の波形を再現できることを時間領域で示す。また，周波数領域で標本化定理を考え，折り返しひずみについて説明する。

4.2.1　標本化定理とは

図 4-1 (b) のように，幅と繰り返し周波数が一定のパルスを用いて，そのパルスの振幅が信号波の大きさに応じて変化するようにして得られた信号を，PAM 波と呼ぶ。また，このように時間的に連続して振幅が変化するアナログ量の信号波を，振幅はアナログのままで，時間だけとびとびの値（離散信号と呼ぶ）にすることを標本化と呼ぶ。標本化は時間軸をディジタル化するが，振幅はまだアナログ量のままであることに注意しておく。

アナログ信号をディジタル量に変換して伝送するにはさまざまな方法がある。その基本となっているのは，**図 4-2** に示すように，連続的に変化している信号波を PAM 波に変換して伝送し，受信した PAM 波から元の信号波を取り出す操作である。このように，時間的に連続的に変化している信号波を時間的にとびとびの信号に変換して伝送しても，ちゃんと元の信号波を伝達できることは不思議である。本当に元の波形を再現できているのであろうか。そこで，次の 3 つの節では，信号波を PAM 波に変換するときに，どのような間隔で標本化すればよいのか，またいかにして PAM 波から元の信号波を再現できるのかを説明する。これらのことを理論的に説明したのが，標本化定理である。この定理は，通信の分野においては極めて重要な定理なので，きちんと理解する必要がある。

4.2.2　PAM 波は元の信号波の情報を含んでいるか

図 4-2 において，送信側では信号波を標本化した PAM 波を伝送し，受信側ではこの PAM 波から元の信号を取り出すわけであるが，PAM 波が元の信号波の情報を含んでいなければ，受信側では元の信号波を再現することはできないはずである。では，PAM 波は一体どのような形で元の信号波の情報を含んでいるのであろうか。ここでは，PAM 波の周波数スペクトルを調べることで，元の情報が含まれているかどうかを調べてみる。

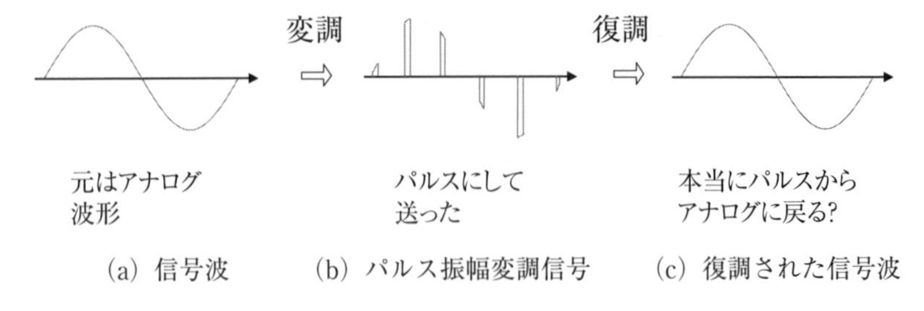

(a) 信号波　(b) パルス振幅変調信号　(c) 復調された信号波

図 4-2　パルス変調の概念図

信号波として正弦波を用い，PAM 波を正弦波とデューティ比が 0.5 である矩形波の積と考え考察する。正弦波と単位インパルス列の積で表したもので説明するのが一般的であるが，ここでは，今までに使い慣れたフーリエ級数の知識を元に，正弦波と矩形波の積を用いて考えてみることにする。単位インパルス列で標本化した PAM 波は，この考察で矩形波のパルス幅を無限に小さくしていけば得られることになるので，これについては次の節で詳しく述べる。

図 4-3 に信号波（正弦波），標本化信号（矩形波），PAM 波（矩形波と信号波を掛けたもの）の時間波形と周波数スペクトルを示す。これらについて，周波数スペクトルを考察する。

まず，信号波e_mを次のようにおく（cos 波を使ったが，sin 波でもよい）。

$$e_m(t) = E_m \cos \omega_m t \tag{4.1}$$

図 4-3(c) の PAM 信号は信号波を矩形波で標本化したものであり，これは式では信号波と矩形波を掛け算すれば得られる。標本化信号である **図 4-3(b)** の矩形波$e_s(t)$（s は Sampling（標本化）の略）は，標本化周波数を$f_s = 1/T_s$とすると，

$$e_s(t) = \begin{cases} A & (-T_s/4 + nT_s \leq t \leq T_s/4 + nT_s,\ n：\text{整数}) \\ 0 & (\text{それ以外の区間}) \end{cases} \tag{4.2}$$

で表され，これをフーリエ級数展開すると，

$$e_s(t)=\frac{A}{2}+\frac{2A}{\pi}(\cos\omega_s t+\frac{1}{3}\cos 3\omega_s t+\frac{1}{5}\cos 53\omega_s t\cdots) \tag{4.3}$$

となる（これは問 1-7 で $\tau/T_0=0.5$ とした場合である）。従って，信号波と標本化信号を掛けて得られる信号$e_{PAM(t)}$は，正弦波とフーリエ級数の各成分との積として求められ，

$$\begin{aligned}e_{PAM}(t)&=e_m(t)\cdot e_s(t)\\&=\frac{AE_m}{2}\cos\omega_m t+\frac{AE_m}{\pi}[\{\cos(\omega_s+\omega_m)t+\cos(\omega_s-\omega_m)t\}\\&\qquad-\frac{1}{3}\{\cos(3\omega_s+\omega_m)t+\cos(3\omega_s+\omega_m)t\}\\&\qquad-\frac{1}{5}\{\cos(5\omega_s+\omega_m)t+\cos(5\omega_s+\omega_m)t\}\\&\qquad+\quad\cdots\quad]\end{aligned} \tag{4.4}$$

となる。式(4.4) を図示すると**図 4-3 (c)** となる。式(4.4) の第 1 項は，**図 4-3 (a)** の信号波と，**図 4-3 (b)** の標本化信号の直流成分（周波数＝ 0 ）を掛けて得られたものである。第 2 項は，信号波と標本化信号e_sの基本波成分（周波数＝f_s）との掛け算であり，第 3 項以下は信号波と標本化信号の高調波（周波数＝$3f_s$，$5f_s$，…）との掛け算によって得られる成分を示していることがわかる。大きさについては，式(4.3)の標本化信号のスペクトルの周波数が高くなるに従って，だんだん小さくなっているので，PAM 波のスペクトルもだんだん小さくなっていっていることがわかる。

なお，**図 4-3 (c)** で f_m 以外の周波数成分は，$nf_s \pm f_m$ の形で nf_sの高域側と低域側に周波数成分があるのに対し，f_m の周波数だけがひとつしかないように見える。これはf_m の周波数成分と直流分の成分と掛け算することで，$\pm f_m$ の 2 つの成分が生じるが，図では負の周波数を折り返して正の周波数だけで表した（すなわち片側スペクトルで表した）ためである。

つまり，直流(0Hz)の両側に $\pm f_m$ の 2 つの周波数成分が生じるが，負側の周波数成分は正の方に折り返して加算して描いている。そのために式(4.3)と(4.4)を比べると分かるように，f_mより高い周波数成分の大きさが半分になっ

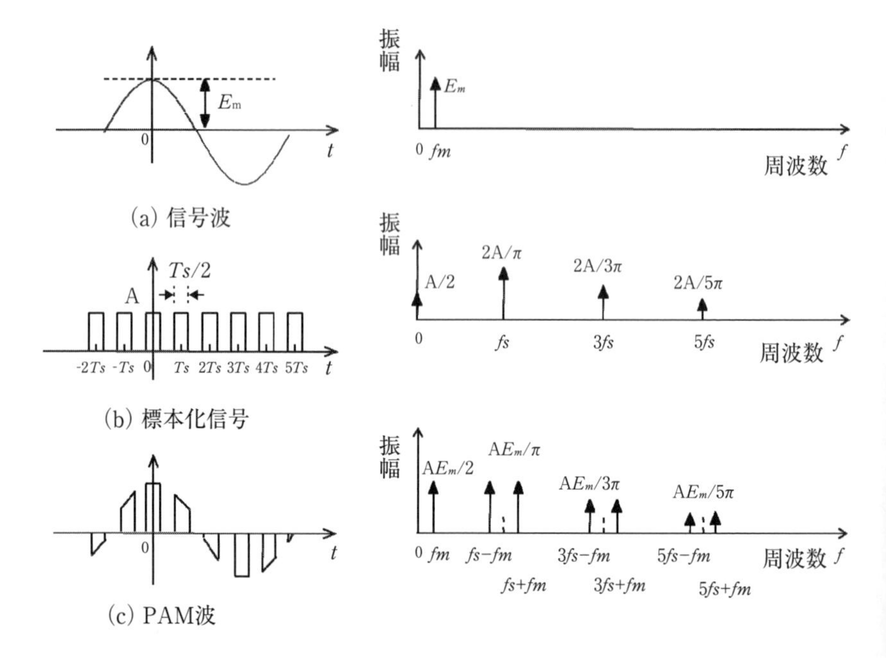

図４－３　信号波，標本化信号，ＰＡＭ波の時間波形と周波数スペクトル

ているのに対しf_mの成分だけ$AE_m/2$とそのままの大きさになっている。

図 4-3(c)のスペクトル図で大事なことは，元の信号波の情報（f_mとE_m）を含んだ成分が周波数軸上に多数存在しているという点である。つまり，信号波と矩形波を掛け算することによりできたPAM波は，元の信号波の波形のうち時間的にとびとびのところにしか値がなく，元の信号波そのものの形とはずいぶん変わっているように見えるが，その中には元の信号波の情報をきちんと含んでいることがわかる。したがって，信号波そのものを伝送するのではなく，時間的にとびとびの信号を伝送しても，その中から4.2.4で述べるように元の信号波の情報だけを抜き出すことにより，元の信号を完全に伝送できる。

4.2.3　PAM 波を信号波と単位インパルス信号の積で表す

4.2.2 では，PAM 波を信号波とデューティ比が 0.5 の矩形波の積として考えて周波数スペクトルを求めた。ここでは，より一般的な単位インパルス信号による解析について説明する。矩形波から単位インパルス信号に考えるために，ここではパルス幅 τ の一般的な矩形波と信号波の積で PAM 波を表し，矩形波の面積を 1 に保ったままで，パルス幅 τ を限りなく 0 に近づけることによって，単位インパルス信号で標本化したときの PAM 波を求め，その周波数スペクトルを調べることにする。

まず**図 4-4** のデューティ比が τ/T_s の矩形波 $f(t)$ のフーリエ級数を求める。$f(t)$ を式で表すと，

$$f(t)=\begin{cases} A & (-\tau/2+nT_s \leq t \leq \tau/2+nT_s,\ n：整数) \\ 0 & (それ以外の区間) \end{cases} \tag{4.5}$$

となる。1.8 の式(1.31)，(1.32)より，指数形のフーリエ級数展開の展開係数 $F_{(n)}$ は，

$$F_{(n)}=Af_s\tau\sin\frac{\sin(n\pi f_s\tau)}{n\pi f_s\tau} \tag{4.6}$$

となり，次のフーリエ級数展開の式が得られる。

$$f(t)=\frac{A\tau}{T_s}+\frac{2A\tau}{T_s}\sum_{n=1}^{\infty}\frac{\sin(n\pi f_s\tau)}{n\pi f_s\tau}\cos n\omega_s t \tag{4.7}$$

1.8 で述べたように，$A\tau=1$ という条件（幅 0，高さ∞，面積 1）を入れ

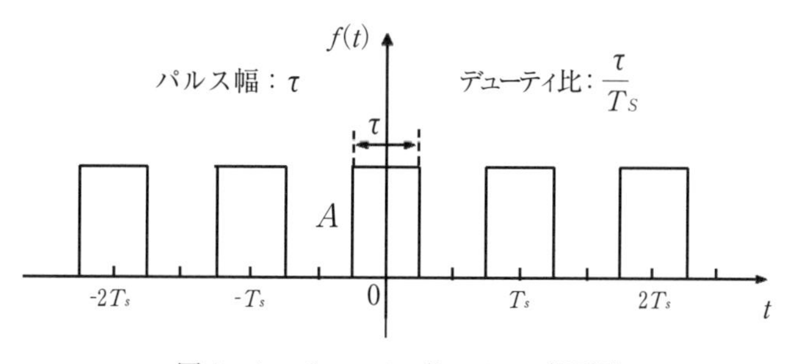

図 4-4　デューティ比 τ/T_s の矩形波

ると，

$$f(t)=\frac{1}{T_s}+\frac{2}{T_s}\sum_{n=1}^{\infty}\frac{\sin(n\pi f_s\tau)}{n\pi f_s\tau}\cos n\omega_s t \qquad (4.8)$$

となり，この状態で $\tau\to 0$ つまりパルス幅を0に近づけていくと，

$$f(t)=\frac{1}{T_s}+\frac{2}{T_s}\sum_{n=0}^{\infty}\cos n\omega_s t \qquad (4.9)$$

となる。この結果から，デューティ比＝τ/T_sの矩形波は，パルスの面積が1という条件下で矩形波の幅を零に近付けると**単位インパルス**信号となり，式(4.9)のようにフーリエ級数展開できることがわかる。式(4.9)の第2項の係数が一定であることから，単位インパルス信号が含む高調波成分の振幅は全て同じ大きさになるということがわかる。

図4-5に単位インパルス信号で標本化した場合の信号波，標本化信号および

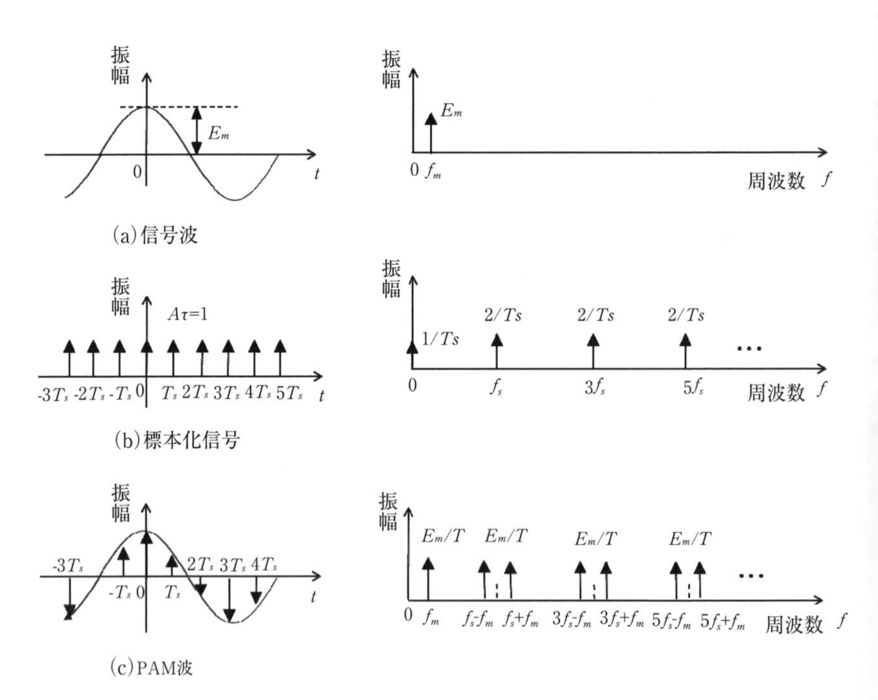

図4-5　単位インパルス信号で標本化してPAM波を作る

PAM信号の時間波形と周波数スペクトルを示す。**図4-3(c)**では，PAM波を幅のあるパルスで表したのに対し，**図4-5(c)**では単位インパルス信号で表してある。この違いは，幅のあるパルスで表すと式(4.3)からも分かるように，高調波の振幅がだんだん小さくなるのに対し，インパルスで表すと式(4.9)が示すように高調波の振幅が一定となることである。このように，スペクトルの形は**図4-3**と比べて少し変化したが，インパルス信号で標本化しても，やはり元の信号波の情報は含まれていることがわかる。つまり，1.8の**図1-6**に示したように，標本化する信号のパルス幅が変化すると，標本化信号の高調波の振幅は変化するが，パルス幅に関わらず元の信号波の情報はきちんとPAM波に含まれていることがわかる。なお，**図4-3(c)**のように，PAM波の上端が信号波の形ではなく，上端が平らで矩形波の形をしたPAM波の場合は元の信号波の情報は少しひずみを生じることになる。このひずみをアパーチャ効果(Aperture Effect)と呼んでいる。

4.2.4　PAM波から元の信号を取り出すにはどうするか

(1)　周波数領域での説明

4.2.2，4.2.3の説明によりPAM波が元の信号波の情報を含んでいることがわかった。では，受信側ではいかにしてPAM波から信号波を取り出すのであろうか。これは，**図4-5(c)**の周波数スペクトルを考えるとわかる。**図4-5(c)**のPAM波の周波数スペクトルをみると，周波数f_mの元の信号波成分は，周波数スペクトルの一番低い側に存在するので，この部分だけを取り出してやればよいことになる。そのためには，元の信号波成分に含まれる信号のうち，一番高い周波数f_{mMAX}までの成分を通過させる特性を持ったLPFを用いれば良いことがわかる。もちろん，$nf_s \pm f_m$なる高調波の部分にも元の信号波の情報が含まれているからこの部分を取り出してもよい。そのためにはBPFで$nf_s \pm f_m$の範囲を切り出し，nf_sの分だけ周波数を下げる必要がある。

(2)　時間領域での説明

周波数領域で考えると，PAM波から信号波を取り出すには，LPFを用いて，信号波成分だけを取り出せば良いことが理解できたと思うが，では，時間領域ではLPFはどのような役目をしているのか考えて見よう。

時間領域でのLPFの働きを説明するためには，まず，LPFにPAM波を作っている多くのインパルスのうちのひとつのインパルスを加えたときのLPFの出力を知る必要がある。これは，LPFに単位インパルス信号を加えたときにLPFの出力を示す**インパルス応答**（Impulse Response）と呼ばれるものである。**図4-6(a)**の単位インパルス信号を**図4-6(b)**の遮断周波数が$f_{m\mathrm{MAX}}$のLPFに加えると，その出力は**図4-6(c)**に示す$T_s = 1/(2f_{m\mathrm{MAX}})$の整数倍で零を繰り返す減衰振動波形となる。これは，**図4-6(d)**に示すように単位インパルス信号が無限の周波数成分を含むのに対し，**図4-6(e)**の理想的な周波数遮断特性を持つLPFを通過することで高周波成分が消え，**図4-6(f)**の周波数成分になるためである。

図4-6(c)のインパルス応答を持つLPFに対して，PAM波を加えるとどうなるかを示したのが，**図4-7**である。**図4-7(a)**は信号波，(b)は標本化パルス(単位インパルス信号列)，(c) は信号波を標本化パルスで標本化することで得

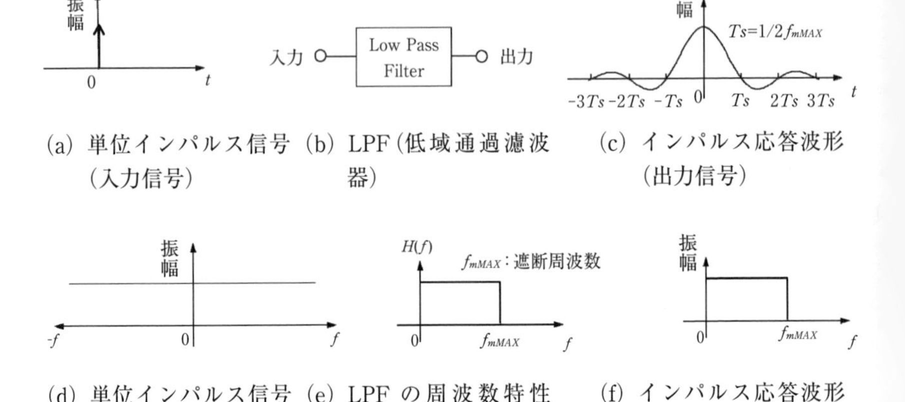

(a) 単位インパルス信号(入力信号)　(b) LPF(低域通過濾波器)　(c) インパルス応答波形(出力信号)

(d) 単位インパルス信号の周波数スペクトル　(e) LPFの周波数特性(理想特性)　(f) インパルス応答波形の周波数スペクトル

図4-6　LPFの周波数特性およびインパルス応答

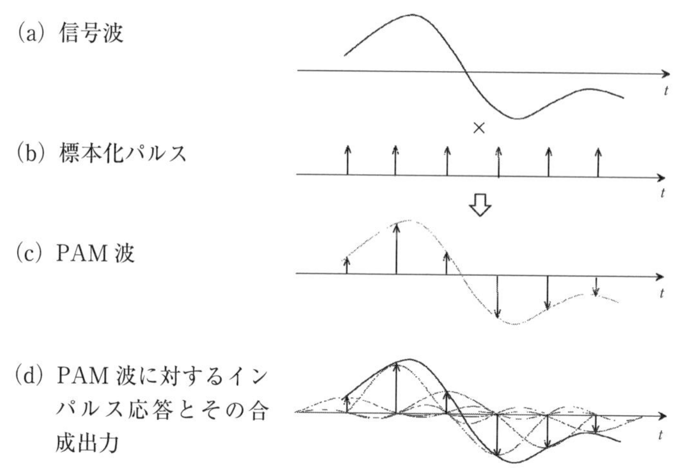

図 4-7 PAM 波から LPF で元の信号を取り出せる

られた PAM 波，(d) は PAM 波を LPF に入力したときの，各インパルス信号に対する応答出力とそれを全て加えたものである。**図 4-7(d)** からわかるように，LPF の入力に次から次にインパルス信号が入ってくると，前のインパルス信号に対する出力がまだ続いている間に次のインパルス信号による出力が表れるので，これらがどんどん加算されて元の信号波形になっていくことがわかる。このように，各インパルス応答の出力を合成した結果は，いわゆる畳み込み積分（Convolutional Integral）で求めることができる。

4.2.5 標本化する周波数はどれだけあれば良いか（標本化定理）

今まで説明してきたように，信号波を時間的に連続して全部送るのではなく，標本化して時間的にとびとびの値にしたものを伝送しても，それから元の信号を再生できることがわかった。では，一体どれだけの時間間隔で信号波を標本化すれば良いのであろうか。**図 4-8** に，標本化周波数を変えた場合の PAM 波の周波数スペクトルを示す。**図 4-8(a)** は，標本化周波数が信号波の最高周波数の 2 倍以上ある場合の周波数スペクトルである。この場合は，元の信号波の

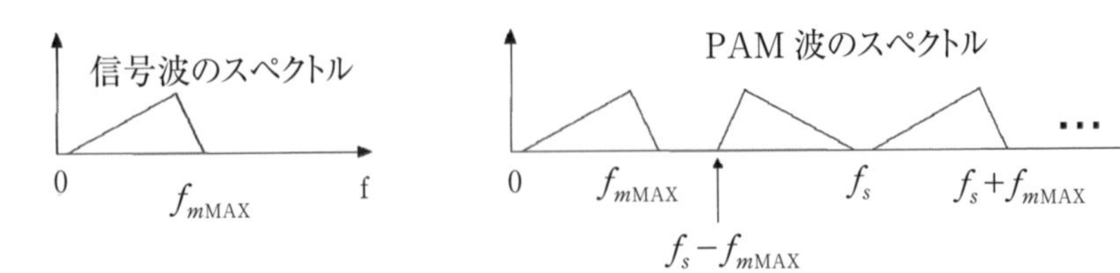

(a) 標本化周波数$f_s > 2f_{m\mathrm{MAX}}$の場合のスペクトル

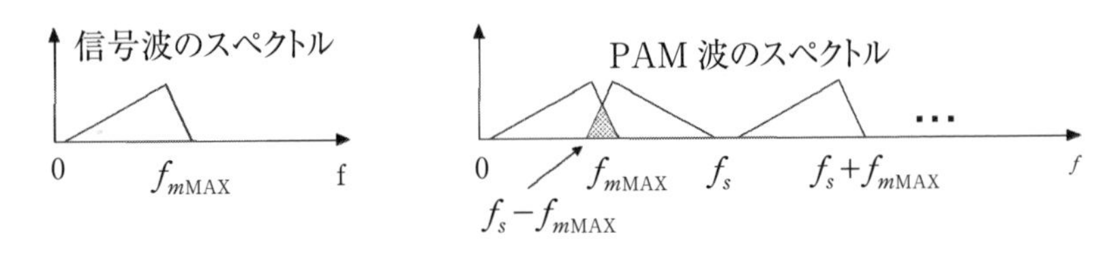

(b) 標本化周波数$f_s < 2f_{\mathrm{mMAX}}$の場合のスペクトル

図4-8　標本化周波数の周波数スペクトルへの影響

周波数成分以外に，標本化周波数f_sの整数倍の周波数nf_sの上下に，$nf_s \pm f_m$の多数の周波数成分が生じるが，$f_s > 2f_{m\mathrm{MAX}}$であるため，元の信号波の最高周波数$f_{m\mathrm{MAX}}$よりも，$f_s - f_{m\mathrm{MAX}}$の周波数が高いため，周波数スペクトルが重なりあうことはない。一方，**図4-8(b)**では，信号波が含む最高周波数$f_{m\mathrm{MAX}}$の2倍よりもf_sは低い周波数で標本化しているため，$f_s - f_{m\mathrm{MAX}}$が$f_{m\mathrm{MAX}}$よりも低くなってしまい，標本化してできた周波数成分$f_s - f_{m\mathrm{MAX}}$が信号波の周波数スペクトルと重なってしまっていることがわかる。このようになってしまうと，信号が混ざってしまい分離できなくなりひずみとなる。これを**折り返しひずみ**（Aliasing；**エリアジング**）と呼ぶ。

エリアジングで生じる信号の周波数は，信号の周波数をf_m，標本化周波数をf_sとすると，**図4-8(b)**からわかるように，

$$f_a = |f_s - f_m| \qquad (4.10)$$

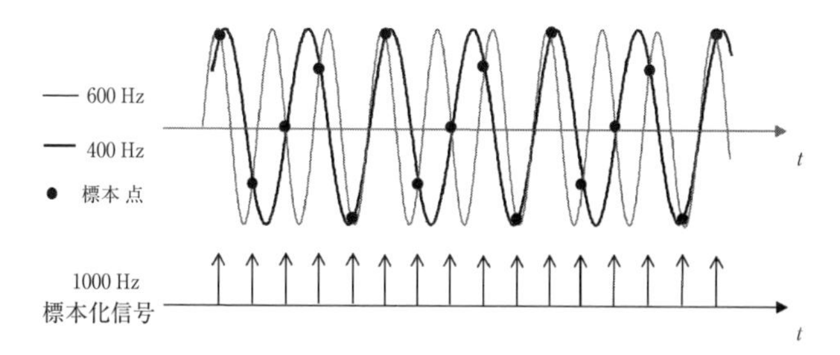

1000 Hz で 600 Hz と 400 Hz を標本化すると標本点は重なる
もともとの 400 Hz と 600 Hz を標本化して得られた 400 Hz が混ざってしまう

図 4－9　折り返しひずみの例

である。実際の信号波には標本化周波数の 1/2 以上の高い周波数成分まで含まれているので，折り返しひずみを生じないように，標本化する前に BPF により標本化周波数の 1/2 より高い周波数成分はあらかじめ除いておく必要がある。

図 4-9 は 600 Hz と 400 Hz の信号を 1000 Hz で標本化した例を示している。この図からわかるように，1000 Hz の標本化信号で標本化すると，400 Hz の信号と 600 Hz の信号のいずれの信号にも共通な標本点がある。つまり，標本化された値だけをみると，それが 400 Hz の信号か 600 Hz の信号かわからないということである。標本化された値，すなわち時間的にとびとびのアナログ値から元の信号に戻した場合，この場合は低い方の 400 Hz の信号として戻ることになる。従って，600 Hz の信号は 1000 Hz で標本化した値から元に戻すと，400 Hz の信号と混ざってしまうことになる。これが折り返しひずみである。今までに説明したことから，信号波を標本化する場合の速さについて述べている標本化定理（通信理論では極めて有名でしかも大事である）を次のように言うことができる。

標本化定理：「信号波が含む最高周波数の 2 倍以上の周波数で標本化すれば，標本化した信号から，その信号波を再現できる」

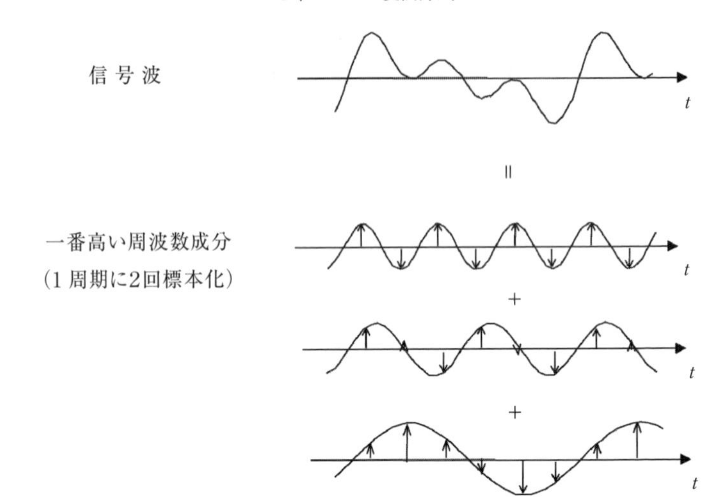

図4-10 最高周波数の信号が1周期に2回標本化されれば，それより低い周波数では1周期に必ず2回以上標本化される

ここで，最高周波数の2倍となっているのは，最高周波数の信号の1周期に2回以上標本化されていれば，それよりも低い周波数の信号は，周期が長いので，1周期に必ず2回以上標本化されるからである。この周波数のことを**ナイキスト周波数**あるいは**ナイキスト速度**(Nyquist Rate)と呼ぶ。**図4-10**は，「最高周波数の信号の1周期に2回標本化されていれば，それよりも低い周波数の信号は1周期に必ず2回以上標本化される」ことを示すために，任意の信号波を各周波数成分ごとに分解して描いたものである。明らかに，もっとも高い周波数成分の1周期に2つ以上の標本点があれば，それより低い周波数の成分には必ず2つ以上の標本点があることがわかる。

【問4-1】電話回線における音声信号は，何kHzで標本化すれば良いか。ただし，音声信号は0.3kHz～3.4kHzに帯域制限されているものとする。

解）理論的には3.4kHz × 2 = 6.8kHz。実際には少し余裕を見て，8kHz

【問 4-2】7 kHz の正弦波信号を，8 kHz で標本化したところ，折り返しひずみが生じたという。一体，何 kHz となって混ざってしまったのか。

解）式 (4.10) より，|8 − 7| = 1 kHz

【問 4-3】遮断周波数が 6 kHz の LPF にインパルス信号を入力したときの応答波形を描け。

解）**図 4-6 (c)** の波形の横軸が，$T_s = 1/(2\times6000) = 1/12000$ 秒となる波形を描くとよい。

【問 4-4】音声信号 (300 Hz〜4 kHz) を，繰り返し周波数 20 kHz の単位インパルスでサンプリングしたときの，周波数スペクトラムを描け。

解）

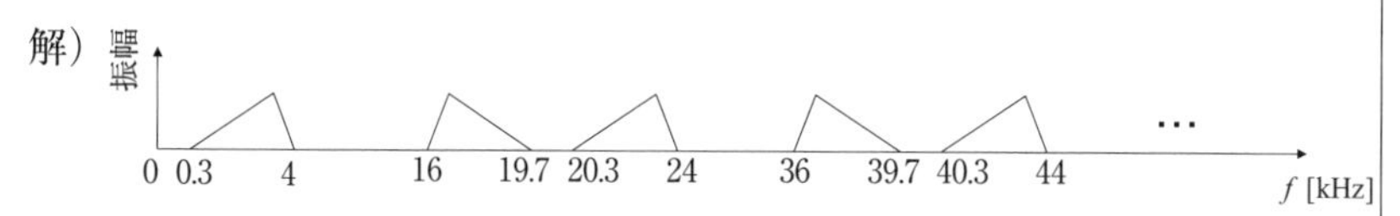

【問 4-5】CD では 44.1 kHz で標本化しているという。原理的には何 kHz の信号まで再現できるか。

解）標本化周波数の 1/2 の 22.05 kHz まで。

4.3　アナログ信号からディジタル信号への変換

アナログ信号からディジタル信号を作るには，**AD 変換器**と呼ばれる電子回路を使用するが，AD 変換器でアナログ信号をディジタル信号に変換するには一定の時間を必要とする。この変換に要する時間は AD 変換器の動作原理によって異なり，変換している間にもアナログ信号はどんどん変化するので，ある時刻の信号を標本化した後，AD 変換が終わるまではその標本化したアナログ信号電圧を保持しなければならない。このために用いるのがサンプル＆ホールド回路である。ここでは，サンプル＆ホールド回路と中速と低速の 2 種類の AD 変換器について説明する。

4.3.1　サンプル＆ホールド回路

AD変換を行う際，入力アナログ信号は標本化した後，AD変換が終了するまでその値を保持する必要がある。この働きをする回路を**サンプル＆ホールド**（標本化および保持）回路と呼ぶ。サンプル＆ホールド回路は電子スイッチ＋保持回路からなり，電子スイッチがオンの間に標本化された信号値が，一定時間保持されるものである。保持している間にAD変換器でディジタル信号に変換される。**図4-11**にサンプル＆ホールド回路の原理図を示す。OPアンプによるバッファに電子スイッチSが接続され，電子スイッチがONになるとホールドコンデンサを充電し，OFFになるとその電圧を保持する。保持された電圧は二段目のOPアンプの入力インピーダンスによる放電のためごくわずかずつ減少する。

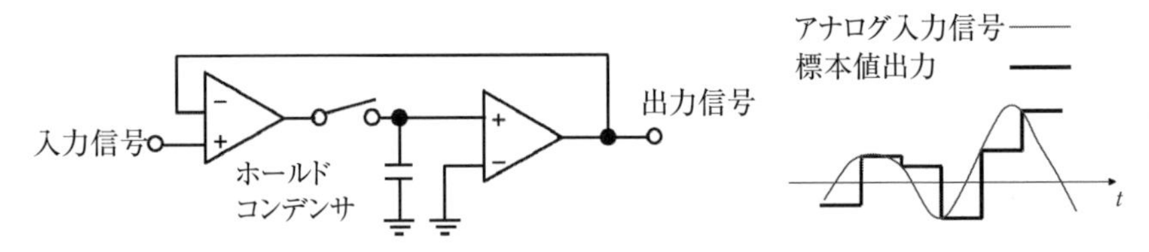

図4-11　サンプル＆ホールド回路の原理図

4.3.2　AD変換器

AD変換器の主な性能は変換速度と分解能で示される。変換速度は，動画の変換には高速(nsオーダ)なものが必要であるが，音声は中速(μsオーダ)，ディジタル電圧計などは低速（msオーダ）でよい。分解能は，動画や音声には6～10ビット程度，計測用には12ビット以上，高音質の音楽には16～18ビットの高い分解能が必要である。分解能は，例えば10ビットの場合，入力信号を$1/2^{10} = 1/1024 = 0.098$%の細かさで分解できることを示す。また，分割数が多いほど表せる信号の大きさの範囲が広い。音の場合だと，かすかに聞こえるような小さな音から，耳をつんざくような大きな音までを表現できることになる。この小さな信号と大きな信号の比を**ダイナミックレンジ**と呼んでい

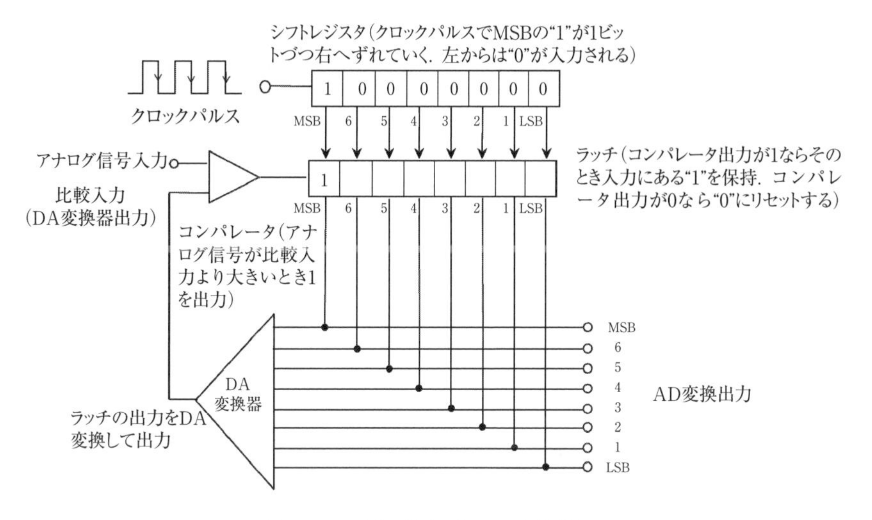

図 4-12　逐次比較形 AD 変換器

る。ダイナミックレンジについては後で説明する。

(1)　**逐次比較形 AD 変換器**

図 4-12 に逐次比較形 AD 変換器のブロック図を示す。図において，クロックは一定時間ごとにパルスを発生し，シフトレジスタはクロックが入るごとに MSB から順に 1 が移動していくものである。ラッチはシフトレジスタからの入力を一時的に出力し，コンパレータからの信号が 1 の場合，入力の 1 を出力として保持し，0 の場合出力を 0 にリセットする。なお，いったん保持したラッチ出力は変換が終わるまで維持される。コンパレータは 2 つの入力（アナログ信号と DA 変換器出力）を比較し，アナログ信号が大きければ 1 を出力し，小さければ 0 を出力する。DA 変換器はその入力の 0，1 の組み合せに応じたアナログ電圧を出力する。具体的な数値で動作を説明する。簡単なように AD 変換器の LSB の 1 ビットが 0 または 1 V を表すものとし，入力に 167 V の信号が入力されたとする。まず，シフトレジスタの MSB が 1（10 進数では 128）となり，これがラッチを通って DA 変換器に供給される。すると，DA 変換器で 128 V というアナログ電圧になり，これと入力信号が比較される。こ

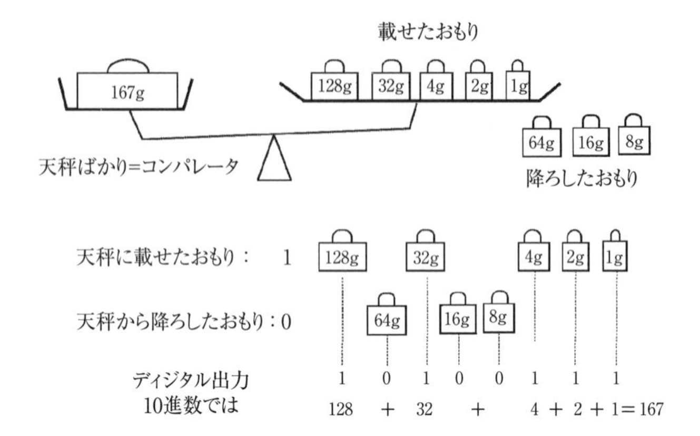

図 4-13　逐次比較形 AD 変換器と天秤秤との対応

の場合，入力信号の方が大きいので，コンパレータの出力が 1 となり，ラッチの MSB 出力が 1 に固定される。次にシフトレジスタのビット 6 が 1 となり，これと保持されている MSB の 1 が DA 変換器に供給されて，128 + 64 = 192 V の電圧を出力する。この 192 V と入力信号が比較されて，入力の方が小さいのでコンパレータの出力は 0 となり，ラッチのビット 6 出力は保持されず 0 にリセットされる。以下，これを LSB まで繰り返すことにより，入力信号に応じたディジタル出力が得られる。この動作は**図 4-13** に示すように，天秤秤を用いて重い錘から順番に軽い錘へと天秤の傾きを見ながら，錘を載せたり降ろしたりする作業と似ている。これより，逐次比較型の名前が付いている。比較するための時間を要するため一般に μs オーダで動作し，音声等に使用される。

(2)　二重積分形 AD 変換器

図 4-14 にブロック図と各部波形を示す。測定を開始するときは，制御回路からのスタートパルスにより積分器の入力を被測定電圧 E_x 側に切り換えると同時に，短絡されていた積分器のコンデンサが積分器につながり，E_x に比例した傾きで積分が開始される。定められた一定時間（T_1 秒）積分した後，制御回路からの切り換えパルスにより，積分器入力を基準電圧に切り替えこれを積分する。基準電圧は正負 2 種類（$\pm E_s$）あるが，入力信号とは逆極性の方

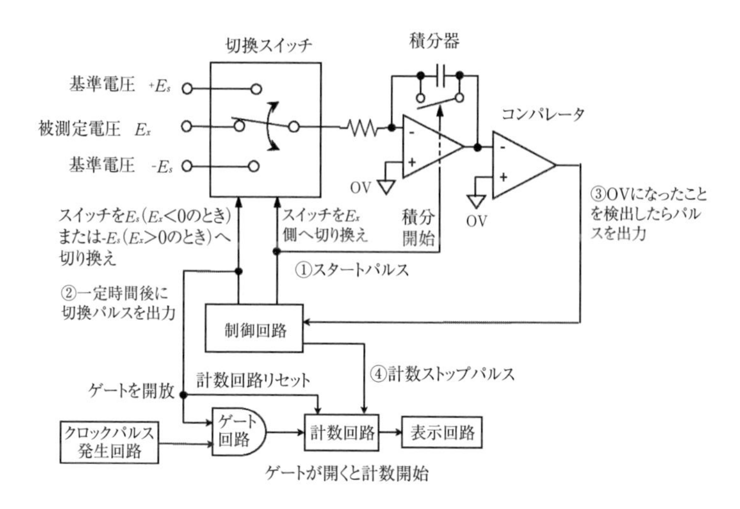

(a) ブロック図

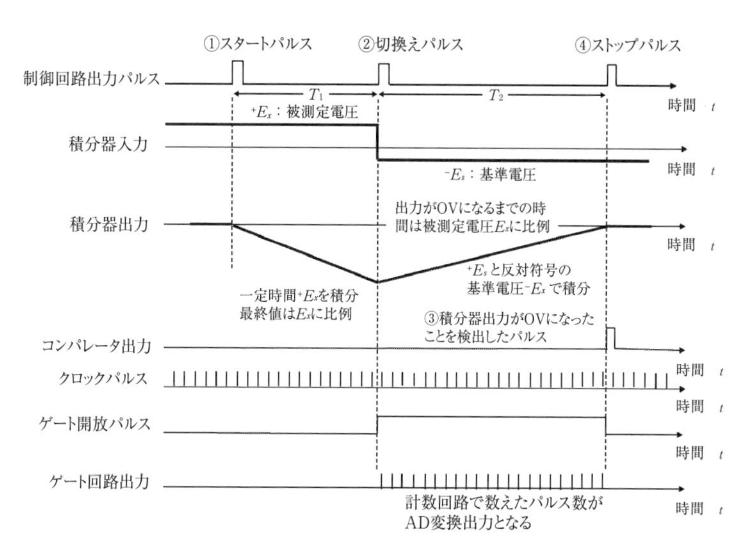

(b) 各部波形

図 4-14　二重積分形 AD 変換器

を選択する。もし被測定電圧E_xが正であれば，T_1秒までの積分器出力は負，負であれば正の電圧となっている。基準電圧は入力と逆極性なので，二度目の積分では積分器出力は0Vに向かって変化し，T_2秒経過後に0Vとなる。二度目の積分では入力電圧が基準電圧で一定なので，最初の積分で到達した電圧に比例して0になるまでの時間T_2が変化するので，この時間を計測することで入力電圧の測定ができる。切り換えパルスは計数回路をリセットし，計数回路へのゲート回路を開くので，その時点から計数回路はクロックパルスを数え始める。T_2秒経過し，コンパレータが積分器出力が0Vになったことを検出すると，それを制御回路に伝え，制御回路から計数を停止するストップパルスが出力される。このT_2秒間に数えたパルス数がAD変換器出力，つまり測定値となる。2回積分しているので，**二重積分型**と呼ばれ，msオーダの時間がかかるが，正確なためディジタル電圧計などに使用される。

時定数がCR秒の積分器で，入力電圧e_iを0〜t秒まで積分したときの出力電圧は，

$$e_0(t)=-\frac{1}{CR}\int_0^t e_i\,dt=-\frac{e_i}{CR}t \qquad [\mathrm{V}] \tag{4.11}$$

で表されるので，入力電圧が$+E_x$のとき，T_1秒までの積分器出力は，

$$e_0(T_1)=-\frac{1}{CR}\int_0^{T_1} E_x\,dt=-\frac{E_xT_1}{CR} \quad [\mathrm{V}] \tag{4.12}$$

となる。引き続き，入力電圧を$-E_s$に切り換えてT_2秒間積分したときの積分器出力は，

$$e_0(T_1+T_2)=-\frac{E_xT_1}{CR}+\frac{1}{CR}\int_0^{T_2}(-E_s)dt=-\frac{E_xT_1}{CR}+\frac{E_sT_2}{CR} \tag{4.13}$$

となる。コンパレータが0を検出したときは，この値が0Vになっているはずので，

$$E_x=\frac{T_2}{T_1}E_S \tag{4.14}$$

が得られる。この式でT_1とE_sは一定であるからE_xはT_2に比例することがわか

る。従って，T_2の間のクロックパルス数を数えればE_xの測定ができる。基準電圧E_sの精度が変換精度に影響するので正確なものが必要である。

4.4　PWM 変調

PWM は，パルスの幅の変化により信号を伝送するものである。通信分野だけでなくモータ等の電力制御にも使用される。ここでは，PWM 変調回路として，タイマー用の IC を用いた回路，復調回路について述べる。

4.4.1　PWM 変調回路例

図 4-15 にタイマー用の IC である 555 を用いた PWM 波発生回路を示す。この IC は発振器やタイマーなどいろいろな用途に使用される。**図 4-15** の IC 内部には 2 つのコンパレータ，セット・リセット端子付きの RS-FF（フリップフロップ），RS-FF の出力$\overline{Q}$を外部に出力するバッファアンプ，3 つの 100 kΩからなる分圧回路および外付けの CR 直列回路のコンデンサの充電・放電を制御するスイッチの役割を果たすトランジスタ Tr からなっている。積分用外付けコンデンサ C は定電流源から積分用外付け抵抗 R を介して充電される。PWM 波形をつくる動作は，クロック信号が $V_{cc}/3$ より小さい値になると，コンパレータ 2 の出力が出て RS-FF がセットされ，RS-FF の出力$\overline{Q}$が Low になる（Buffer の出力は High）。同時にトランジスタ Tr は遮断状態となり，Tr のコレクタに接続された積分用外付けコンデンサ C に V_{cc}から積分用外付け抵抗 R を通じて充電が始まる。この C の両端の電圧はまたコンパレータ 1 の基準入力（Threshold 端子）となっており，これと比較入力（Control 端子）である（入力信号電圧 + $2V_{cc}/3$）と比較される。C の端子間電圧の方が，（入力信号電圧 + $2V_{cc}/3$）を越えた時にコンパレータ 1 の出力が出て，RS-FF の出力$\overline{Q}$を High にリセットする。すると，バッファの出力は Low となり，同時に Tr も ON となるので，C に蓄えられた電荷は放電する。この動作を繰り返すことによって，PWM 波形を発生できる。なお，コンパレータ 1 の比較入

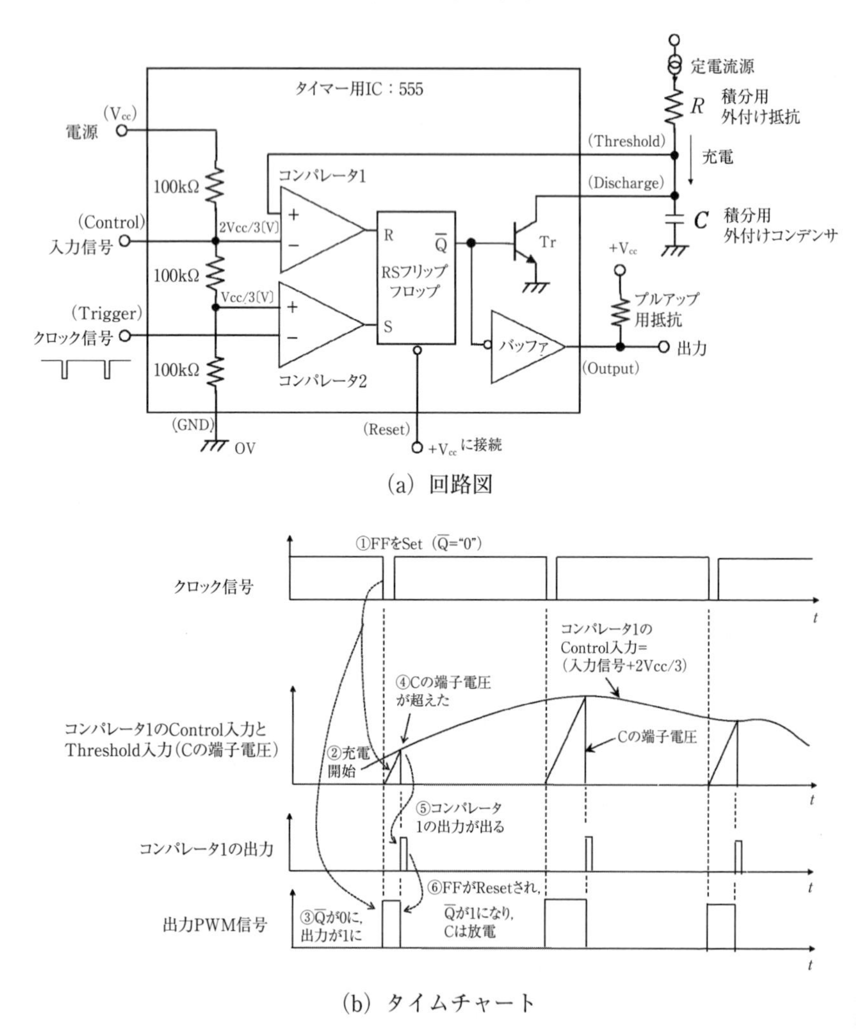

図 4-15　タイマー用 IC，555 によるＰＷＭ発生回路

力電圧が（入力信号電圧 + 2Vcc/3）となっているのは，コンパレータ 1 の基準入力側はコンデンサから正の入力電圧が供給されるため，交流である入力信号電圧に 2Vcc/3 を加えることで正の電圧になるように変換して比較しているからである。

【問 4-6】図 4-15(a)の 555 の C と R による充電回路において，C の端子間電圧が $2V_{cc}/3$ を越える時間を求めよ。
［ヒント：CR 充電回路における C の端子間電圧は，加える電圧を E_0 とすると，次式で表される。 $e_{c(t)}=E_0 \ (1- \varepsilon^{-t/CR})$］
解） $\frac{2V_{cc}}{3} \leq V_{cc}\left(1-e^{-\frac{t}{CR}}\right)$ より，$e^{-\frac{t}{CR}} \leq \frac{1}{3}$ となり，$t \geq 1.1CR$ ［秒］

4.4.2 PWM 復調回路

PWM 波の復調について説明する。手順としては受信した PWM 波を積分器に通して PAM 波に変換し，LPF に通すことで復調できる。PAM 波に変換するまでの回路と各部波形を**図 4-16** に示す。**図 4-16(a)** において，まず放電トリガ信号は 0 V で中央部の FET による電子スイッチは off になっているものとする。PWM 波の電圧が High レベルのときスイッチ S が on になり，抵抗 R を介してコンデンサ C が充電される（時定数 CR で充電）。PWM 波の電圧が Low レベルになるとスイッチ S が off になり充電が中止され，放電トリガ信号が入るまでその充電した電圧を保持する。放電トリガ信号が入ると，FET 電子スイッチが on になって C に蓄えられた電荷は FET のオン抵抗 r を通じて放電される（時定数 Cr で放電）。このようにしてできた PAM 波は，周波数成分を調べるとその中に元の信号波の周波数成分を含んでいるので，LPF を通すことにより元の信号波を取り出すことができる。

【問 4-7】**図 4-16** で，放電用のトリガ信号はどのようにして作ればよいか。
解）単安定マルチバイブレータを 2 つ用いるとよい。一つ目の単安定マルチバイブレータは，PWM 波の立上りで出力を出し，PAM 波の出力をゼロにしたい時点で短いパルス出力を持つ二つ目の単安定マルチバイブレータを動作させるとよい。単安定マルチバイブレータとはトリガパルスが入ると，ある一定幅のパルスを出力する回路で，出力パルスの幅は用いる C と R の値で自由に変えられる。

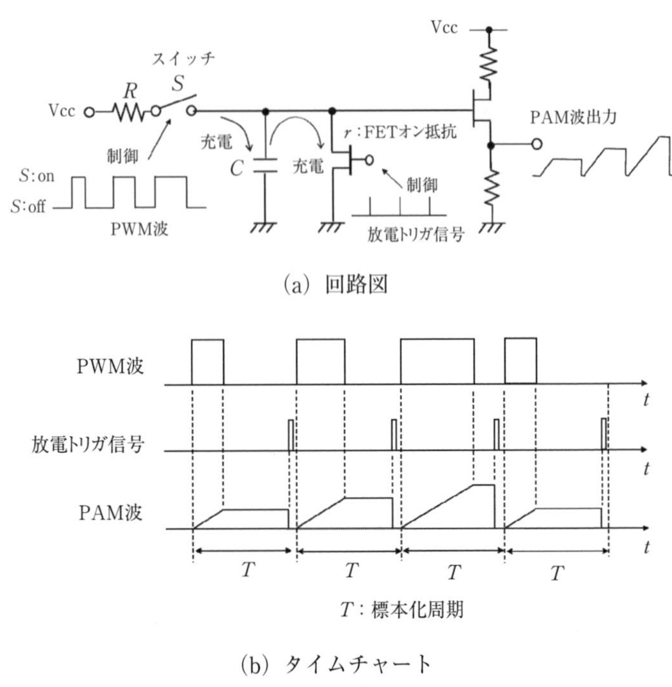

(a) 回路図

(b) タイムチャート

図 4-16　PWM 波の復調回路

4.5　PPM 変調

図 4-17 上側の PWM 波をみると各 PWM パルスの立ち上がり時間は同じ標本化周期なので変化がないが，立下りの時間は変化する。つまり，伝送したい信号の情報は PWM 波の立ち下がりのところに存在する。従って，PWM 信号そのものを送るのではなく，PWM 波の立ち下がりの位置の情報だけを伝送しても情報は伝わることになる。この形の信号を PPM 波と呼び，**図 4-17** 下側に示すような波形となる。PPM 波はタイミングを取るための情報が含まれていないので，実際に伝送する場合は PPM 信号の他に同期パルスを一緒に送る必要がある。

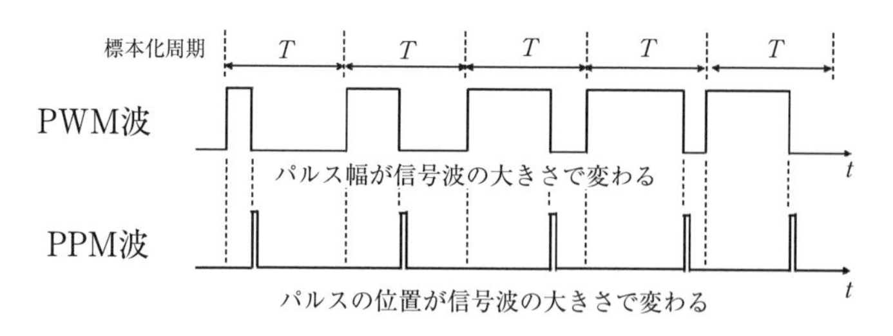

図 4-17　PWM 波と PPM 波

【問 4-8】次の言葉について，関係のあるもの同士を線で結べ。

PPM　パルス振幅変調　パルス幅，振幅が一定　パルス振幅が情報を運ぶ
PWM　パルス位置変調　パルス幅，周期が一定　パルス幅が情報を運ぶ
PAM　パルス幅変調　パルス振幅，周期が一定　パルス位置が情報を運ぶ

解）次の並びの通り

PPM　パルス位置変調　パルス幅，振幅が一定　パルス位置が情報を運ぶ
PWM　パルス幅変調　パルス振幅，周期が一定　パルス幅が情報を運ぶ
PAM　パルス振幅変調　パルス幅，周期が一定　パルス振幅が情報を運ぶ

4.6　PCM 方式

PCM 方式は通信の分野だけでなく CD(Compact Disk)などオーディオの分野でも広く使用されているが，ここでは，例として電話回線における PCM 伝送方式について説明する。

4.6.1　PCM による電話伝送

PCM 方式による電話伝送のブロック図を**図 4-18** に示す。まず，折り返しひずみを生じないように BPF で標本化周波数の半分以下の範囲の周波数成分だけに帯域を制限する。次に，連続信号である信号波を時間的にとびとびの信号にする標本化を，さらに振幅の小さい信号の S/N が悪化するのを防ぐための圧縮を行う。次に AD 変換器で振幅をとびとびの値にする量子化と 0，1

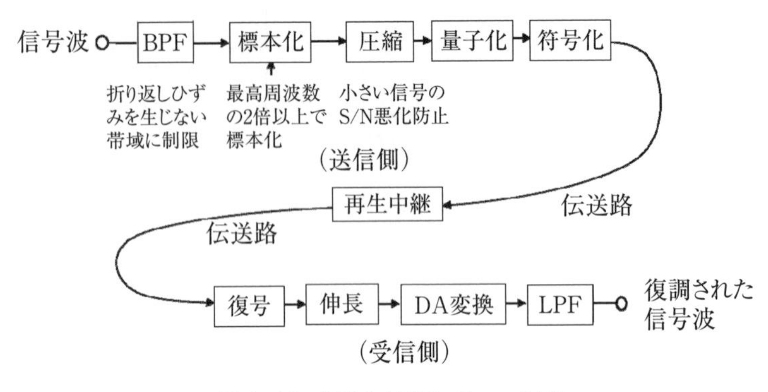

図 4-18　PCM 方式のブロック図

のパターンに変換する PCM 符号化を行う。このようにして得られた 0 と 1 の組み合せからできている PCM 信号を伝送するには，3 章で述べたそのままパルスの形で伝送する方法（ベースバンド伝送）と，変調を行って伝送する方法（次章で述べるディジタル変調方式）がある。いずれの場合でも，伝送路に送り出された信号は，雑音等によって劣化するので伝送路の途中でもう一度歪みのない 0，1 の信号に戻して受信側に送り出すことがある。これを再生中継と呼ぶ。この再生中継により，途中でひずんだ信号が元のきれいなパルスになるので，理論的には S/N はまったく劣化することなく相手方に伝送される。受信側では，ディジタル変調を受けている場合は復調し，変調を受けていないベースバンド信号の場合はそのまま，次の復号・伸長の過程に送る。これは送信側とまったく逆の操作である。復号し，伸長した 0，1 のパターンからなる信号を DA 変換し，LPF を通すことにより，滑らかな元の信号波が得られることになる。

4.6.2 BPF

伝送したい信号に含まれる周波数成分のうち，標本化による折り返しひずみが生じないように，BPF により高い周波数の成分をカットする。電話回線の場合 0.3～3.4 kHz の信号を伝送している。

4.6.3 標本化

標本化とは，時間軸をとびとびの値にする操作である。折り返しひずみを生じないように，信号波に含まれる周波数成分のうち最高周波数の2倍以上の周波数で信号を標本化する。電話回線の場合，信号は前段のBPFにより4kHz以下に帯域制限されているので8kHzで標本化すればよい。この段階では振幅はまだアナログ量である。

4.6.4 量子化

量子化(Quantization)とは，振幅をディジタル量にする操作である。**図4-19**に量子化する前の信号と，量子化した後の信号波形および量子化誤差等を示す。**図4-19(a)**に示すように，入力信号の尖頭値間電圧（peak to peakの値）をN等分する。そして，大きさがx_i以上x_{i+1}以下の値を持つ入力信号をq_iという値に量子化する。量子化した値q_iを**量子化レベル**，量子化の間隔$\Delta S=(x_{i+1}-x_i)$を**量子化ステップ**と呼ぶ。量子化ステップは入力信号のpeak to peakの範囲をN個の区間に分割したときの1区間の電圧値である。**図4-19(b)**には入力信号と量子化後の信号，および量子化誤差が示されている。元の入力信号と量子化した値との差を**量子化誤差**(Quantization Error)と呼び，この誤差は

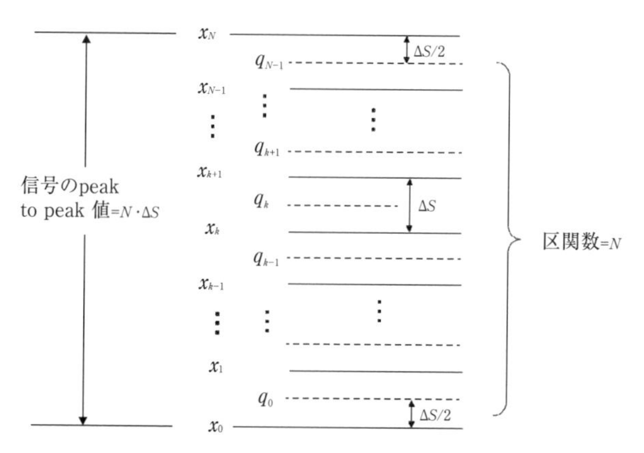

(a) 量子化レベル，量子化ステップ

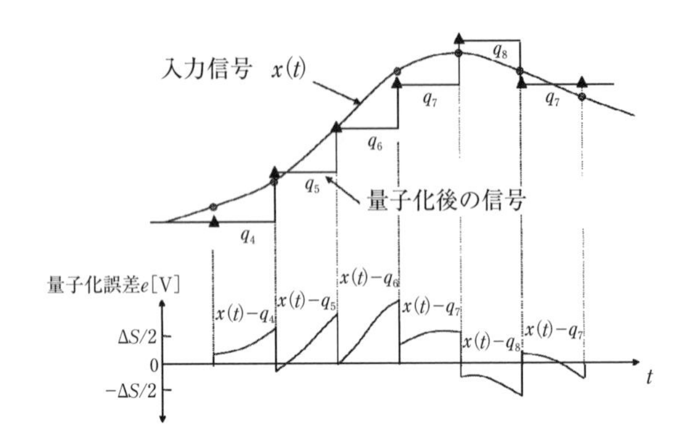

(b) 入力信号，量子化後の信号，量子化誤差

例えば，x_3 より大きく x_4 以下の大きさの信号は q_3 に量子化される

図 4-19 量子化，量子化レベル，量子化ステップ，量子化誤差

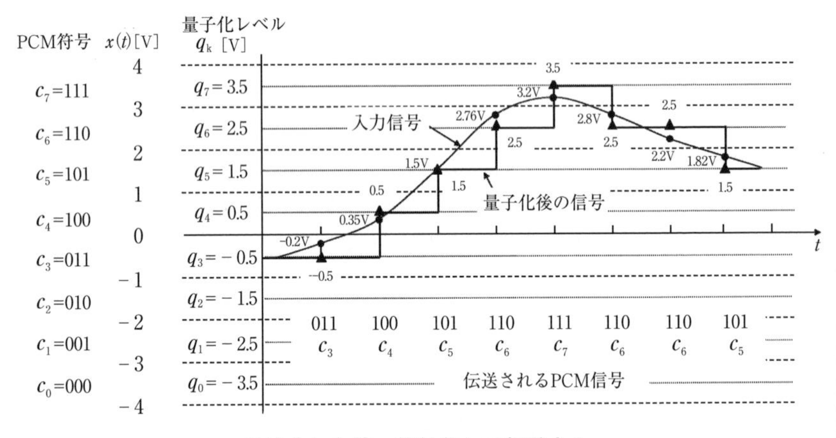

量子化した後，符号化して伝送する

図 4-20 具体的な量子化，符号化の手順

復調したときは雑音として表れるので，これを量子化雑音(Quantization Noise)とも呼ぶ。**図 4-20** は，具体的な信号電圧値から量子化した信号を 0 と 1 からなる 2 進数 3 ビットの符号（000 (c_0)〜111(c_7) に変換して伝送するまでの過程を示している。このようにして信号を伝送する方法を PCM と呼んでいる。

【問 4-9】**図 4-20** には入力アナログ信号を標本化した値と量子化後の値が示されている。

(1) 各標本点での量子化誤差の値を求めよ。

(2) 各標本点での信号の大きさと量子化誤差の比を求め，量子化誤差の大きさが同じでも信号が大きいときは比が大きいことを確かめよ。

解）

標本値	-0.2	0.35	1.5	2.76	3.2	2.8	2.2	1.82	[V]
量子化レベル	-0.5	0.5	1.5	2.5	3.5	2.5	2.5	1.5	[V]
量子化誤差 Q_e	0.3	-0.15	0.0	0.26	-0.3	0.3	-0.3	0.32	[V]
比	0.67	2.3	∞	10.4	10.7	9.7	7.3	5.7	

より，標準値が −0.2 と 3.2 のときを比べると，量子化誤差は同じ 0.3 であるが，比は 0.67 と 10.7 となっている。

4.6.5 量子化誤差の実効値

図 4-21 (a) に入力信号と量子化後の信号，**図 4-21 (b)** に量子化誤差を示す。量子化誤差は入力信号の値から量子化後の信号を引いたものであり，**図 4-21 (b)** ではその大きさが $\pm\Delta S/2$ の範囲を超えている。しかし，**図 4-21 (c)** からわかるように，量子化ステップが十分細かいとして量子化ステップ内の入力信号を直線で近似し，それを量子化する際に標本化周期を充分細かくすれば，ある2つの電圧レベル x_k と x_{k+1} の間の信号 $x(\mathrm{t})$ とそれを量子化した値である q_k との差，つまり量子化誤差 Q_e は $\pm\Delta S/2$ の範囲の三角波と考えて良いことになる。 このように考えたときの量子化誤差の実効値を求めてみよう。実効値を求めるとその自乗で雑音電力が求められる。

図 4-21 (c) の右下側に示した量子化誤差の実効値を求めるために，**図 4-22** のように考える。**図 4-22 (a)** に示すように，量子化レベルが q_k $(k=0,1,2,\cdots,N-1)$ の区間 $(q_k-\Delta S/2 \leqq x(t)\, q_k+\Delta S/2)$ を考えたとき，その区間内の信号 $x(t)$ の瞬時値は値がいろいろと変化しているがどの値も q_k に量子化されるので，**図 4-22 (b)** に示すように，量子化誤差が $x(t)-q_k$ となる。各区間でも $x(t)$ からその区間の量子化レベルの値を引き算したものは，

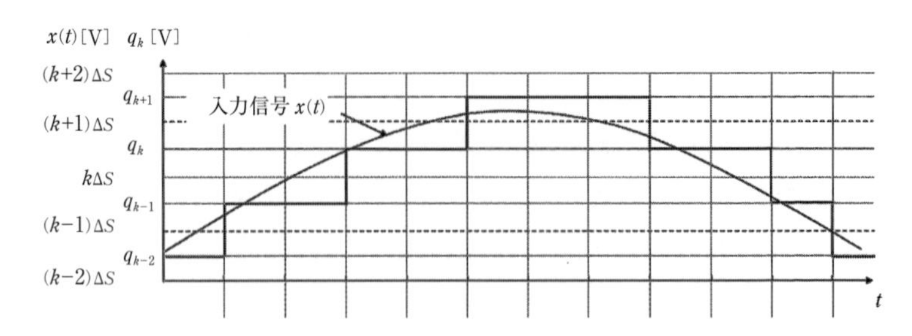

(a) 入力信号と量子化後の信号

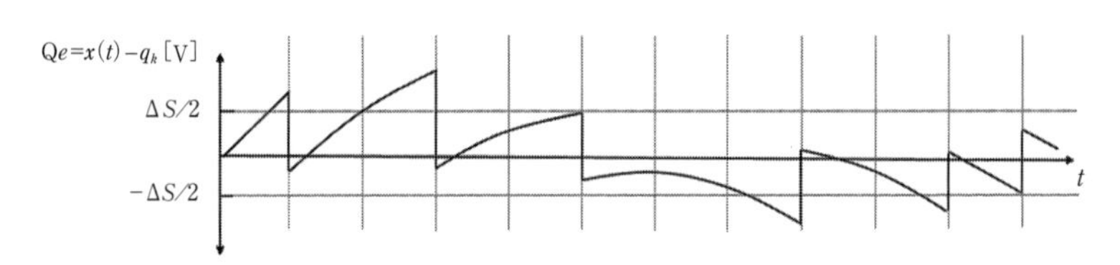

(b) 量子化誤差 $e=x(t)-q_k$ （$\pm\Delta S/2$ を超えている）

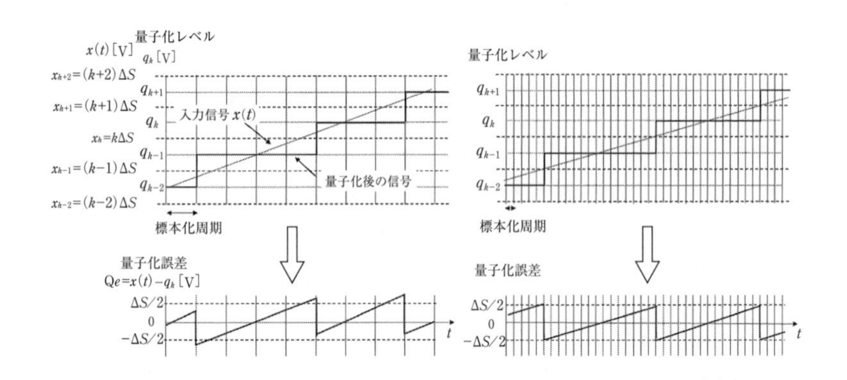

(c) 上側：入力信号と量子化後の信号，下側：量子化誤差.
左側：標本化周期が粗い場合で，量子化誤差が$\pm\Delta S/2$ を超えている
右側：標本化周期が細かく，量子化誤差が$\pm\Delta S/2$ の範囲に入っている

図 4-21 量子化誤差を直線で近似する

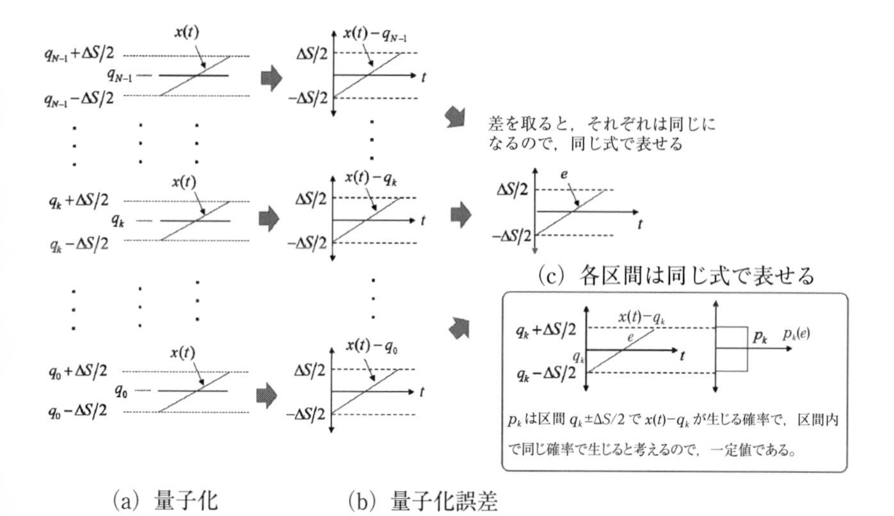

図 4-22　各量子化ステップにおける量子化誤差

$x(t)-q_k$と同じ式で表せるはずなので，**図 4-22 (c)** に示すように，区間を $q_k\pm\Delta S/2$ から $\pm\Delta S/2$ に変えて，この差を$e_{(t)}$とおく。そうすると，実効値の定義より量子化誤差の実効値は N 個の区間全てについてこの$e_{(t)}$を自乗して加えた後，平均を取り，その平方根をとれば計算できることになる。ここで，e を自乗する計算を（補足）に示したように確率を用いて計算することにする。つまり，$p_k(e)$を$q_k\pm\Delta S/2$の区間で$e_{(t)}$という値が存在する確率（$e_{(t)}$は連続量なので確率密度関数）とすると，$p_k(e)\,de$ は量子化誤差$e_{(t)}$が区間$q_k\pm\Delta S/2$内の微少区間 de に存在する確率となる。これを用いると，区間$q_k\pm\Delta S/2$における量子化誤差電圧の 2 乗が次のように計算できる。次式の最後の項では，**図 4-22 (c)** 下の枠内の図からわかるように，$q_k\pm\Delta S/2$の区間内では$x(t)$は直線と考えており，標本化も**図 4-21 (c)** のように細かいとすると，$p_k(e)$ は区間 $q_k\pm\Delta S/2$内で等しいと考えられるので $p_k(e)=p_k$と一定値としている。区間 $q_k\pm\Delta S/2$内の量子化誤差電圧の実効値を n_kとすると，

$$n_k{}^2=\int_{q_k-\Delta S/2}^{q_k+\Delta S/2}\{x(t)-q_k\}^2 p_k(e)de=\int_{-\Delta S/2}^{\Delta S/2}e^2 p_k(e)de=\int_{-\Delta S/2}^{\Delta S/2}e^2 p_k de \tag{4.15}$$

この$n_k{}^2$が全部でN区間（量子化ステップの数）あるので，全てを加えると

$$\begin{aligned}n^2=\sum_{k=0}^{N-1}n_k^2&=\int_{-\Delta S/2}^{\Delta S/2}e^2 p_0 de+\int_{-\Delta S/2}^{\Delta S/2}e^2 p_1 de+\cdots\int_{-\Delta S/2}^{\Delta S/2}e^2 p_{N-1} de\\&=(p_0+p_1+\cdots p_{N-1})\int_{-\Delta S/2}^{\Delta S/2}e^2 de\\&=(p_0+p_1+\cdots p_{N-1})\left[\frac{e^3}{3}\right]_{-\Delta S/2}^{\Delta S/2}\\&=(p_0+p_1+\cdots p_{N-1})\frac{\Delta S^3}{12}\\&=(p_0\Delta S+p_1\Delta S+\cdots p_{N-1}\Delta S)\frac{\Delta S^2}{12}\end{aligned} \tag{4.16}$$

となる。ここで，$p_k\Delta S$は$x(t)$が区間$q_k\pm\Delta S/2$内にある確率なので，これらを全て加えると1になるはずである。従って，

$$(p_0\Delta S+p_1\Delta S+\cdots+p_{N-1}\Delta S)=1 \tag{4.17}$$

となり，

$$n^2=\frac{\Delta S^2}{12}\ [\mathrm{V_{rms}^2}] \tag{4.18}$$

が得られる。

（補足：確率による実効値の計算法）

上記波形の0～T区間の実効値を標本点を用いて求めてみる。全部で

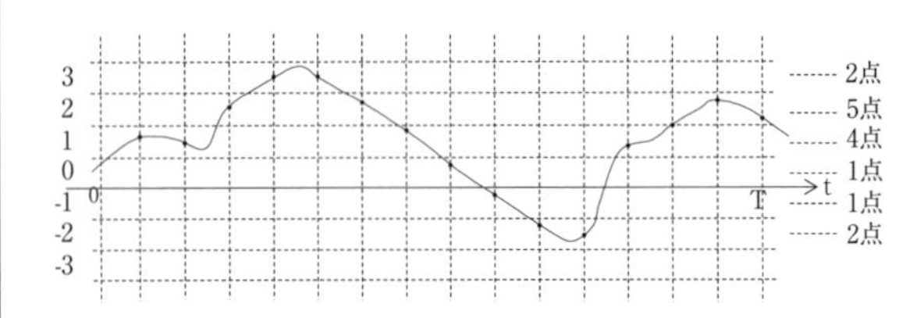

15 点から成り立っているので，各点の電圧の二乗を取って加え，平均をとってやれば良い，つまり，次のように計算できる。同じ電圧値をとる標本点の数を数え，それを全体の数で割ってやれば確率になるので，それぞれの標本点をひとつずつ計算しても，まとめて確率として掛けてやっても同じ結果となることを利用している。

$$\text{実効値}=\sqrt{\frac{1}{T}e(t)^2dt}$$

$$=\sqrt{\frac{1}{15}\{1^2+1^2+2^2+3^2+3^2+2^2+1^2+0^2+(-1)^2+(-2)^2+(-2)^2+1^2+2^2+2^2+2^2\}}$$

$$=\sqrt{\frac{4}{15}1^2+\frac{5}{15}2^2+\frac{2}{15}3^2+\frac{1}{15}0^2+\frac{1}{15}(-1)^2+\frac{2}{15}(-2)^2}$$

$$=\sqrt{p_1 1^2+p_2 2^2+p_3 3^2+p_4 0^2+p_5(-1)^2+p_6(-2)^2}$$

$$=\sqrt{51/15}\ \mathrm{V_{rms}}$$

ただし，$p_1=\frac{4}{15}$，$p_2=\frac{5}{15}$，$p_3=\frac{2}{15}$，$p_4=\frac{1}{15}$，$p_5=\frac{1}{15}$，$p_6=\frac{2}{15}$

4.6.6 S／N

信号電力と量子化雑音電力の比を求めて見よう。信号の最大値を V_m とすると，単位負荷（$R=1\Omega$）に対しては，信号電力 S は，

$$S=\frac{(V_m/\sqrt{2})^2}{R}=\frac{V_m^2}{2}\quad[\mathrm{W}] \tag{4.19}$$

である。量子化雑音電力 N は，量子化ステップを ΔS とすると，式(4.18) より，単位負荷に対して，

$$N=\frac{\Delta S^2}{12}\quad[\mathrm{W}] \tag{4.20}$$

である。量子化後のビット数を b とすると，

$$2V_m=2^b\cdot\Delta S \tag{4.21}$$

であるから，

$$\frac{S}{N}=\frac{V_m{}^2/2}{\varDelta S^2/12}=6\left(\frac{V_m}{\varDelta S}\right)^2=6\left(\frac{2^b}{2}\right)^2=1.5\times 2^{2b} \tag{4.22}$$

となる。対数をとると，

$$\frac{S}{N}=10\log_{10}(1.5\times 2^{2b})=1.76+6.02b\quad[\mathrm{dB}] \tag{4.23}$$

である。

【問 4-10】PCM において 8 ビットの場合と，16 ビットの場合の S／N を求めて見よ。

解）8 ビットのとき　1.76 + 6.02 × 8 = 49.9 dB

16 ビットのとき　1.76 + 6.02 × 16 = 98.1 dB

4.6.7　PCM におけるダイナミックレンジ

PCM で信号を伝送する際に，何ビットで符号化すればよいか考えてみる。ひとつの標本値を PCM で伝送するのに必要なビット数は量子化ステップをどれだけ細かくとるかによって決定される。同じ最大電圧を持つ信号でも，量子化ステップをあまり小さくするとビット数が増える。逆に，量子化ステップを大きくすると小さい信号を表現できなくなる。最も小さい信号と大きい信号の比

$$\mathrm{DR}=20\log\frac{V_{\max}}{V_{\min}}\quad[\mathrm{dB}] \tag{4.24}$$

をダイナミックレンジと呼ぶが，このダイナミックレンジをどれだけ取るかを

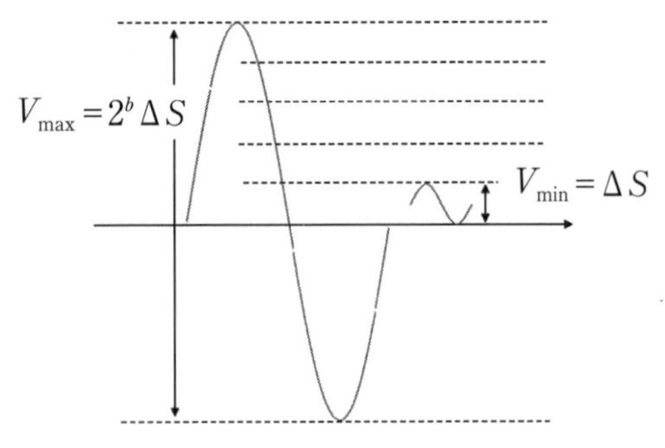

図 4-23　ダイナミックレンジの計算

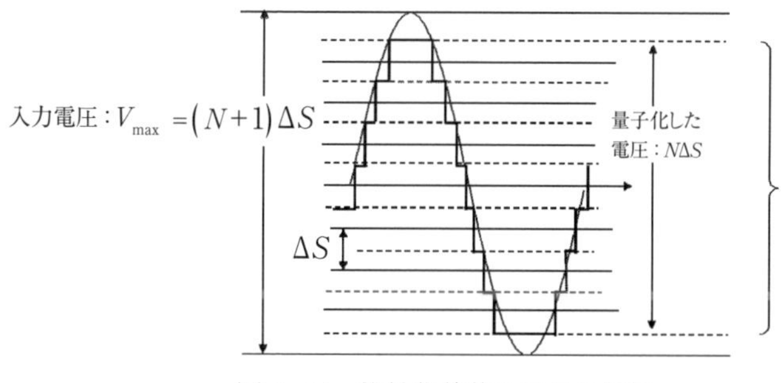

図 4-24　符号化前後の信号の振幅

決めればビット数を決めることができる。符号化のビット数を b とすると，**図 4-23** に示すように PCM における量子化ステップ ΔS は $V_{\min}$に等しく，信号の尖頭値間電圧は $2V_m=2^b\Delta S$ なので，

$$
\begin{aligned}
\mathrm{DR} &= 20\log_{10}\frac{V_{\max}}{V_{\min}} = 20\log_{10}\frac{2V_m}{\Delta S} = 20\log_{10}\frac{2^b\Delta S}{\Delta S} \\
&= 20\log_{10}2^b = 20b\log_{10}2 = 6.02b\ [\mathrm{dB}]
\end{aligned}
\tag{4.25}
$$

となる。この式からダイナミックレンジを決めればビット数がわかり，入力信号の大きさがわかれば量子化ステップが計算できることになる。なお，**図 4-24** に示すように，入力電圧と量子化した電圧の尖頭値間電圧には ΔS だけの差が生じるので，式(4.25)の分子の信号の尖頭値間電圧を$(2^b+1)\Delta S$としてもよいが$2^b\Delta S$と比べて，8 ビットの場合でも 0.03 dB の差でほとんど変わらず，PCM にした後のダイナミックレンジであることを考えると，式(4.25)となる。CD で使われる 18 ビットの場合，ダイナミックレンジは 110 dB である。

4.6.8　符号の割当

量子化された信号は 0 と 1 の組み合せに符号化されるが，この符号化の方法にも，表 4-1 に示すようにいくつかの種類がある。ここで量子化について再度考えると，量子化ステップの取り方には**図 4-25** に示すように **mid-rise 型**と **mid-tread 型**の 2 つの方法がある。**図 4-25(a)** の mid-rise 型では，0 V～+1 V

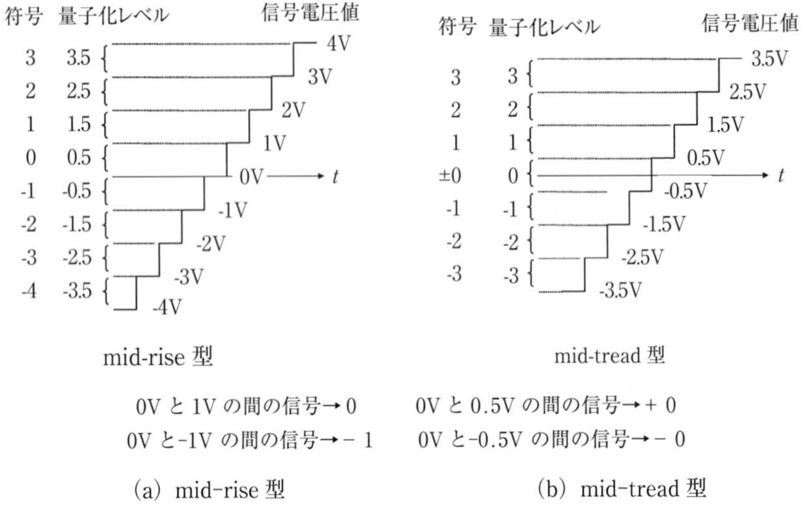

(a) mid-rise 型　　(b) mid-tread 型

図 4-25　mid-rise 型量子化と mid-tread 型量子化

が 0 に，0V ～ −1V が −1 に符号化される。一方，(b)の mid-tread 型では，0V ～ +0.5V が +0 に，0V ～ −0.5 V が −0 に符号化される。この 2 つの違いは何であろうか。入力信号がないときでも雑音はあるので，0 V 付近で ±0.5 V 以内の雑音による変動は mid-rise 型ではわずかでも雑音が正の値なら 0 に，負の値なら −1 にと符号化され，mid-tread 型では +0 と −0 という 2 つの 0 に符号化されることになる。このように符号化された信号を復調すると，**図 4-26** に示すように mid-rise 型では元の信号ではわずかな雑音の正負の違いであったものが 0V と −1V の信号として出力されるため，リップルを生じることとなる。一方，mid-tread 型では +0，−0 ともに 0V として復調されるのでリップルが生じていないことがわかる。従って，この点で mid-tread 型の方が優れていることになる。これを踏まえて，**表 4-1** を見てみる。

1）自然 2 進符号

普通の 2 進数をそのまま符号に割り当てて用いている。

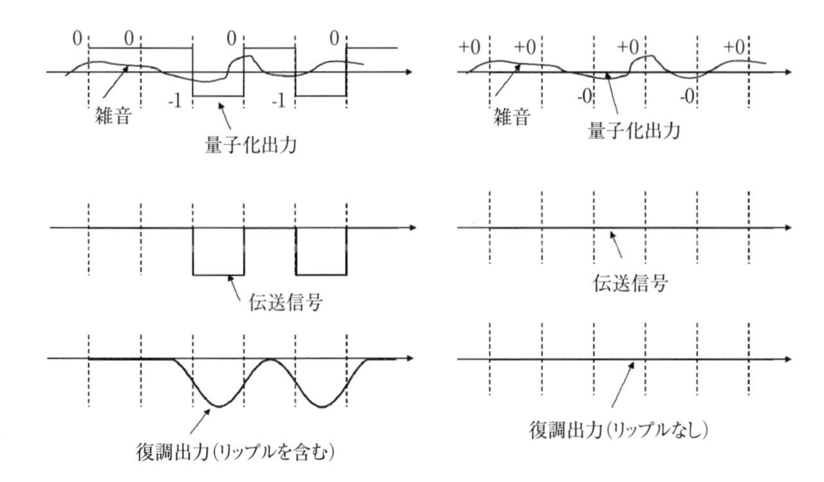

(a) mid-rise 型（復調時にリップル有り）　(b) mid-tread 型（復調時リップル無し）

図 4 -26　量子化の違いと，復調出力におけるリップル分

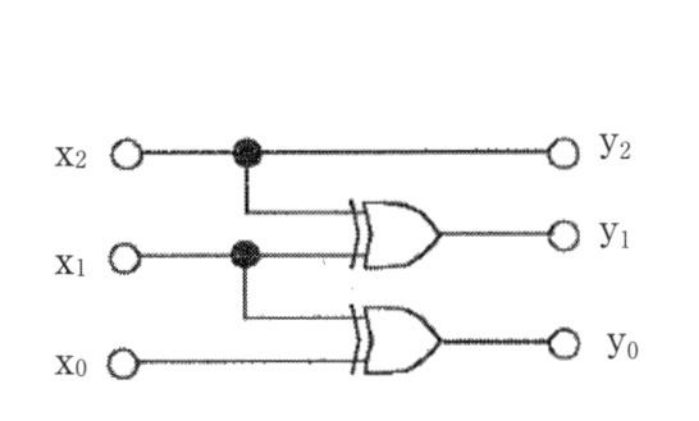

自然2進符号			グレイコード		
x_2	x_1	x_0	y_2	y_1	y_0
1	1	1	1	0	0
1	1	0	1	0	1
1	0	1	1	1	1
1	0	0	1	1	0
0	1	1	0	1	0
0	1	0	0	1	1
0	0	1	0	0	1
0	0	0	0	0	0

図 4 -27　自然 2 進符号　→　グレイコード変換回路（3 ビットの場合）

2）グレイコード（交番 2 進符号）

自然 2 進符号を**図 4-27** に示す回路で**グレイコード**に変換し，もし誤りが生じて隣の符号になった場合でも 1 ビットの誤りで済むように符号の配置を工夫したものである。

3）折り返し 2 進符号

折り返し 2 進符号は符号ビット（最上位ビット：正のとき 1，負のとき 0）

表4-1 PCM符号の割当法（4ビットの場合）

Mid rise 型量子化	PCM符号		Mid tread 型量子化	PCM符号	
	自然2進符号	グレイコード（交番2進符号）		折り返し2進符号（普通の割当）	折り返し2進符号（0付近に1をたくさん）
7	1 1 1 1	1 0 0 0	7	1 1 1 1	1 0 0 0
6	1 1 1 0	1 0 0 1	6	1 1 1 0	1 0 0 1
5	1 1 0 1	1 0 1 1	5	1 1 0 1	1 0 1 0
4	1 1 0 0	1 0 1 0	4	1 1 0 0	1 0 1 1
3	1 0 1 1	1 1 1 0	3	1 0 1 1	1 1 0 0
2	1 0 1 0	1 1 1 1	2	1 0 1 0	1 1 0 1
1	1 0 0 1	1 1 0 1	1	1 0 0 1	1 1 1 0
0	1 0 0 0	1 1 0 0	+0	1 0 0 0	1 1 1 1
−1	0 1 1 1	0 1 0 0	−0	0 0 0 0	0 1 1 1
−2	0 1 1 0	0 1 0 1	−1	0 0 0 1	0 1 1 0
−3	0 1 0 1	0 1 1 1	−2	0 0 1 0	0 1 0 1
−4	0 1 0 0	0 1 1 0	−3	0 0 1 1	0 1 0 0
−5	0 0 1 1	0 0 1 0	−4	0 1 0 0	0 0 1 1
−6	0 0 1 0	0 0 1 1	−5	0 1 0 1	0 0 1 0
−7	0 0 0 1	0 0 0 1	−6	0 1 1 0	0 0 0 1
−8	0 0 0 0	0 0 0 0	−7	0 1 1 1	0 0 0 0

を除くと，0V を境にして同じパターンを持つ符号であり，0が +0 と −0 の2つ存在する。また，0が続くと受信時に同期信号の再生ができなくなるのでこれを避けるために0V付近で1が沢山生じるように割り当てた折り返し2進符号もある。

【問 4-11】最大値が ± E[V]の正弦波交流信号電圧を8ビットの折り返し2進符号で符号化したときのダイナミックレンジはどれだけか。

解）この符号で現せる最小電圧は$(1)_2$である。また，正側の最大電圧 $+E$ は$(11111111)_2$であるが，大きさだけみると，$(1111111)_2$であり，負側の −E もこれと同じ大きさだけ考える必要があるので，この符号で表せる最大電圧は，$2\times(1111111)_2$である。従って，ダイナミックレンジは，次の値となる。

$$20\log_{10}\frac{2\times(1111111)_2}{(1)_2}=20\log_{10}\frac{2\times2^7}{1}=48\ \text{dB}$$

【問 4-12】入力信号の最高周波数が 4 kHz，最大電圧が ±5.1 V，必要なダイナミックレンジが 46 dB とする。標本化周波数の最小値と，自然 2 進符号で PCM 符号化するときに必要な最小ビット数，符号化した後の量子化ステップ，量子化誤差の最大値，量子化誤差の実効値を求めよ。

解）標本化周波数の最小値は，$f_{samp}=2\times4\ \text{kHz}=8\ \text{kHz}$

最小ビット数は，$46\ \text{dB}=6.02b$ より，$b=46/6.02=7.64\approx8$ ビット

量子化ステップは，$\Delta S=2\times5.1/2^8=0.02\ \text{V}$

量子化誤差の最大値は，$Q_e=\Delta V/2=0.01\ \text{V}$

量子化誤差の実効値は，$e=\dfrac{\Delta S}{2\sqrt{3}}=\dfrac{0.02}{2\times1.73}=5.8\ \text{mV}_{rms}$

4.6.9　圧伸（圧縮と伸張）

量子化段階での S/N が悪化するのを防ぐために送信側で振幅を圧縮し，受信側で伸張する。これらをまとめて**圧伸**という。圧伸を行う理由は 3 つある。ひとつは，**図 4-28** に示すように，もし均等に量子化した場合は，小さな振幅の信号も大きな振幅の信号も共に同じ量子化ステップでレベル分けされる。例えば 2.7 V の信号は 2.5 V に，0.7 V の信号は 0.5 V に量子化され，その量子化誤差はいずれも 0.2 V であるが，各々の S/N を求めると，$(2.7/0.2)^2=182.25$ と $(0.7/0.2)^2=12.25$ となり，後者の小さい信号の方が S/N が 15 倍悪くなる。

次に，**図 4-29 (a)** に示すように，小さい信号も大きい信号も同じ量子化ステップで量子化する**一様量子化**では，0 V 付近でゆっくり変化している信号は，同じレベルに量子化され，細かな変化がわからなくなってしまう。同図(b)のように，小さな信号の方を細かく量子化する**非線形量子化**を用いるとこれは防げることになる。三つ目に，実際の音声信号の振幅の分布を統計的に調べると，大きい振幅を持つ信号は発生する割合が小さいことがわかっている。以上の 3

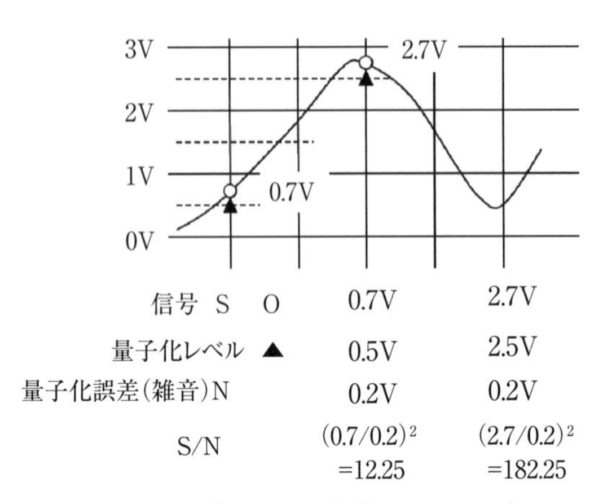

図4-28 振幅の小さい信号はS/Nが悪い

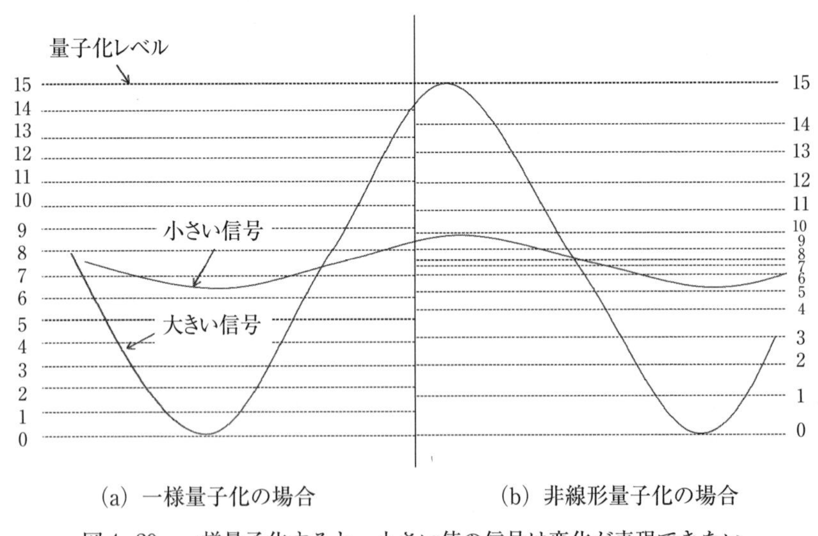

図4-29 一様量子化すると，小さい値の信号は変化が表現できない

点から，大きい振幅の信号は量子化ステップを大きく，小さい振幅の信号は細かくし，受信したときに逆の変換をしてやることにより，小さい振幅の信号は

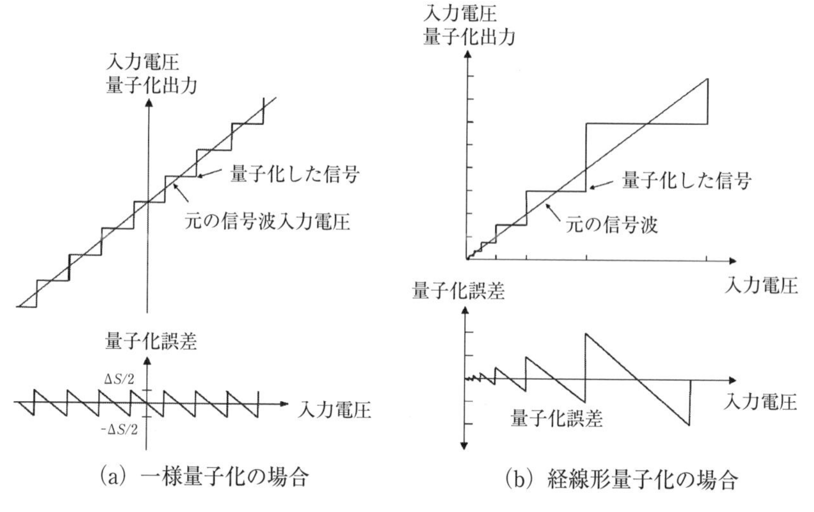

(a) 一様量子化の場合　(b) 経線形量子化の場合

図4-30　一様量子化と非線形量子化の特性と量子化誤差

S/Nが良くなり，かつ小さい電圧レベルの変化も表現できるようになる。一方で，大きい振幅の信号は普通に量子化したときよりもS/Nは悪くなるが，大きな振幅の信号が生じる確率は小さいので，あまり影響がない。**図4-30**に，一様量子化と非線形量子化の特性とそのときの量子化誤差を示す。

図4-30(b)のように振幅の大きな信号を大きな量子化ステップで量子化することは，大きい値の信号を圧縮した後均等に量子化しても同じことである。**図4-31**は実際に用いられている圧伸特性の例を示している。なお，この図は正の値の信号に対するもので，負の信号に対してはこれと対称な特性となる。式で表すと次のようになり，式の中のμの値を調整することで圧伸特性が変化する。

$$y_{\mathrm{out}}=y_{\mathrm{MAX}}\frac{\log_e(1+\mu|x_{\mathrm{in}}|/x_{\mathrm{MAX}})}{\log_e(1+\mu)}\mathrm{sgn}\,(x_{\mathrm{in}}) \tag{4.26}$$

y_{MAX}：出力最大電圧，　x_{in}：入力電圧，x_{MAX}：入力最大電圧

$$\mathrm{sgn}(x_{\mathrm{in}})=\begin{cases}+1(x_{\mathrm{in}}\geq 0)\\-1(x_{\mathrm{in}}<0)\end{cases}$$

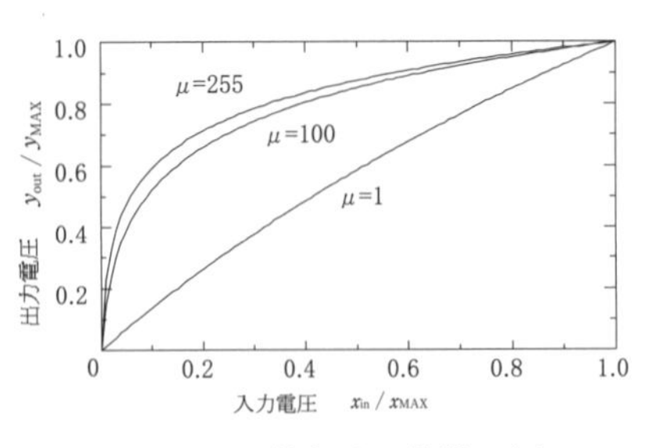

図4-31　圧伸とその特性の例

μ = 100（PCM-24方式），μ = 225（PCM-24B方式）

4.7　時分割多重方式（TDM）

時分割多重方式は，信号を標本化し，時間的に複数のチャンネルの標本化信号を並べて送る方法である。周波数分割多重方式が周波数を変えることで複数の信号を多重化して通信路に送り出したのに対して，時間的に送り出す位置を変えて通信路に送り出している。3チャンネルの信号をPCMによってTDMで伝送する様子を**図4-32**に示す。まず，各アナログ信号を標本化してPAM波にする。そして，そのPAM波をPCM符号に変換する。得られたPCM符号を時間軸上に並べてTDM信号として伝送する。各チャンネルのPAM波の標本化間隔は標本化定理よりアナログ信号に含まれる一番高い周波数の2倍以上でなければならない。その標本化の間隔の中に，チャンネル数×PCM符号のビット数だけのディジタル信号を伝送しなければならない。図の場合は，3チャンネルで6ビットなので，3×6 =18ビットを標本化間隔の中で伝送しなければならない。300 Hz～3400 Hzの音声を伝送する場合，少し余裕を見て4000 Hzの2倍の8 kHzで標本化し，Nチャンネルを8ビットPCMを用いて伝送すると，1秒間に伝送すべきビット数は，

Nチャンネル×（8ビット／標本）×（8000標本／秒）

= N × 64 [キロビット／秒]　　　　(4.27)

となる。

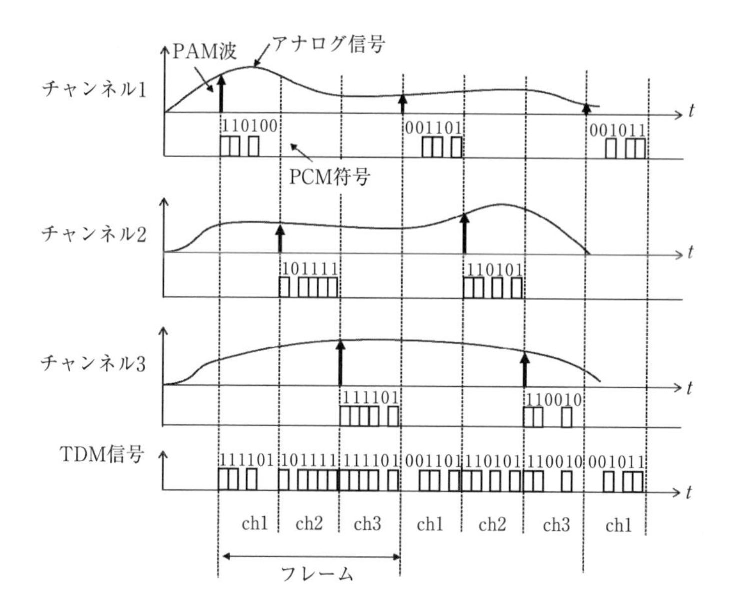

図 4-32 時分割多重方式（3 チャンネルの場合）

なお，実際に TDM 信号を伝送する場合，各ビットを取り出すための同期と各チャンネルを切り分けるための同期の 2 つの同期を必要とする。前者を**ビット同期**，後者を**フレーム同期**と呼んでいる。これは，**図 4-32** の一番下に示したように ch1-ch3 までのビットの集まりを 1 フレームとしているが，この TDM 信号だけではどこがチャンネルの区切りかわからず，フレーム同期を取ることはできないので，実際には別にフレーム同期用のパルスを付加して伝送している。

練習問題

（PCM に関する問題）

1．音声信号（0.3 kHz～3.4 kHz）を PCM で伝送したい。下記の各問に答えよ。

(1) 最低何 kHz で標本化すればよいか。

(2) 8 kHz で標本化し，1つの標本値を8ビットで量子化すると，1秒あたり何ビット必要か。

(3) (2)の信号を，24ch の TDM で送ると，何ビット／秒になるか。

(答) (1) 2×3.4 kHz$=6.8$ kHz。

(2) $8\times8000=64$ kbit/s，(3) $8\times8000\times24=1.536$ Mbit/s

2．正弦波を3ビット PCM で伝送したい。下記の各問に答えよ。ただし，量子化ステップを1 V，標本化周波数は8 kHz とする。

(1) 何 kHz の信号まで伝送できるか。

(2) 10 kHz の信号が入力されると，復調時には何 kHz の信号となって復調されるか。また，この現象（一種のひずみが生じること）をなんと呼ぶか。

(3) -0.6，2.2，-1.4，1.8 V の各標本化電圧値を mid-rise 型で量子化した後の電圧値（量子化レベル）を書け。また，そのときの量子化誤差の値を書け。さらに，3ビット PCM 符号にした場合の符号を書け。符号は自然2進符号(負の最大値：000～正の最大値：111)とする。

(4) 1秒間に伝送されるビット数は何ビットか。

(答) (1) 8 kHz/2$=4$ kHz，(2) 10 kHz-8 kHz$=2$ kHz，折り返しひずみまたはエリアジング，(3)量子化した後の電圧値：-0.5，2.5，-1.5，1.5

量子化誤差：$-0.6-(-0.5)=-0.1$V，$2.2-2.5=0.3$V，$-1.4-(-1.5)=0.1$V，$1.8-1.5=0.3$V

PCM 符号：000,001,010,011,100,101,110,111 にそれぞれ -3.5V，-2.5V，-1.5V，-0.5V，$+0.5$V，$+1.5$V，$+2.5$V，$+3.5$V を割り当てるので，-0.5：011，2.5：110，-1.5：010，1.5：101 となる。

(4) 8000 標本×3ビット ＝24000 [ビット/秒；bps]

3．8ビットの PCM について下記の各問に答えよ。

(1) ダイナミックレンジを求めよ。

(2) 信号の最大値が±2.56 V のとき，S/N を求めよ。

(答) (1) $6b=6\times8=48$ dB，(2)信号の電力 S は，負荷抵抗を1 Ω とすると，

電力＝（実効値）$^2/R$ より，

$$\frac{(V_m/\sqrt{2})^2}{\mathrm{R}} = \frac{(V_m/\sqrt{2})^2}{1}$$

雑音電力 N は，$N = \Delta S^2/12$ である。b ビットの PCM の場合，振幅の peak to peak 値である $2V_m$ を $2b$ で割ったものが量子化ステップなので，

$$N = \frac{\Delta S^2}{12} \Big/ R = \frac{(2V_m/2^b)^2}{12} \Big/ 1$$

となる。従って，比をとると

$$\frac{S}{N} = 10\log\frac{(V_m/\sqrt{2})^2}{(2V_m/2^b)^2/12} = 10\log(3\cdot 2^{2b-1}) = 10\log(3\cdot 2^{2\cdot 8-1}) = 49.9\ \mathrm{dB}$$

4．最大値が ± 2.048 V の正弦波信号を 9 ビットで量子化した。下記の各問に答えよ。

(1)　量子化ステップを求めよ。

(2)　量子化誤差の最大値を求めよ。

(3)　量子化誤差の実効値を求めよ。

（答）(1)　$\Delta S = 2\times 2.048\mathrm{V} / 2^9 = 8\mathrm{mV}$，(2) $\Delta S/2 = 8\ \mathrm{mV}/2 = 4\ \mathrm{mV}$，

(3) $N = \dfrac{\Delta S^2}{12} = \dfrac{(8\times 10^{-3})^2}{12} = 5.3\times 10^{-6}\ \mathrm{W}$

ただし，1 Ω負荷としている。

5．グレイコードの特徴を書き，自然 2 進数からグレイコードにする 4 ビットの符号化回路を書け。

（答）（特徴）隣接する符号が 1 ビットだけ異なる。従って，隣接する符号と誤っても，最小限の誤りで済む。

（回路）　下図のとおり。x_3，y_3が MSB。

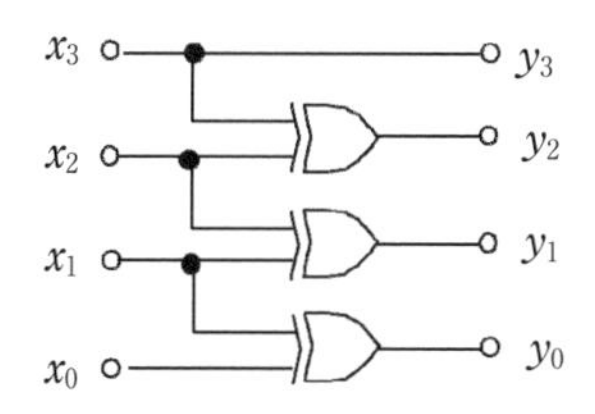

5章　ディジタル変調方式

5.1　概要

5.1.1　ディジタル通信方式とアナログ通信方式

現在，ディジタル通信方式が広く用いられている。その理由は，均質な性能で作れること，雑音に強いこと，符号化や圧縮などさまざまな信号処理技術が使えることなどである。アナログ通信方式では音声や映像などのアナログ信号の波形をそのまま伝送するのに対して，ディジタル通信方式ではアナログ信号を0と1で表されるディジタル信号に変換して伝送する。ディジタル通信方式には，3章で述べたベースバンド伝送方式とここで述べるディジタル変調方式の2つがある。ベースバンド伝送方式は短距離の伝送において，同軸ケーブル，撚り対線などを用いてディジタル信号をそのまま伝送路に送り出す方式である。これに対して，ディジタル変調方式は，ディジタル信号で搬送波を変調して伝送するものである。伝送路としては，有線だけでなく無線も使用される。AMやFMなどのアナログ変調方式では音声や映像を表すアナログ信号で搬送波に変調をかけたのに対して，ディジタル変調では0と1に相当する2値だけを持つディジタル信号で変調をかける。例えば，ディジタル信号でFM変調したものがFSK，位相変調したものがPSKである。ここではこれらの各種ディジタル変調方式について述べる。

5.1.2　ディジタル通信方式の特徴

ディジタル通信では，ディジタル回路で処理するためアナログ回路のような調整部分がなく，容易にしかも安く同じ品質の装置を製造できる利点がある。また，雑音に対して強いという特徴がある。信号を伝送する場合，信号だけでなく雑音が必ず存在し，信号が増幅器や中継器を通過すると，出力ではもともと入力にあった雑音に加えて，増幅器等の内部で発生する雑音が加わる。通過する段数が増えると，その分信号に比べて雑音の比率が大きくなっていく。従って，信号電力と雑音電力の比をS/Nで表すと，アナログ通信ではS/Nがだんだん悪化して行くことになる。これに対してディジタル通信では，信号を中継するときにいったんディジタル信号に戻してやれば，その時点で雑音は消えてしまい，加算されることはない。つまり，Nがゼロなので S/Nは∞となる。アナログ通信では，S/Nが悪いと信号が雑音に埋もれてしまうため，S/Nが大事な評価指標であるが，ディジタル通信の場合，閾値を超えるような大きな雑音が入力されると，データの誤りとなってしまうことになるため，S/Nよりも**ビット誤り率**(Bit Error Rate；**BER**)が大事な評価指標となる。また，伝送量は多いが雑音に弱い方式と，伝送量は少ないが雑音に強い方式を組み合わせ，通信回線の状況に対応して使い分けをすることができる。さらに，ディジタル通信ではさまざまな符号化や信号処理技術が使える利点がある。例えば0と1の組み合せでできているデータをそのまま伝送するのではなく，符号化することにより伝送途中で生じた誤りを受信側で検出あるいは訂正することができる。誤りを検出したら，データを送りなおしてもらうことで信頼性をあげることができる。また，データのうち冗長な部分を除いて情報を圧縮して伝送することで，伝送効率を上げることができる。

5.1.3　各種ディジタル変調波形

アナログにおける AM，FM，PM に対応して，ディジタル変調では次の3つが基本となる。

・**ASK**(Amplitude Shift Keying)：搬送波の振幅を変化させる。周波数一定
・**FSK**(Frequency Shift Keying)：搬送波の周波数を変化させる。振幅一定
・**PSK**(Phase Shift Keying)　　：搬送波の位相を変化させる。振幅一定

この他に，位相と振幅の変化を組み合わせて変調する。

・**QAM**(Quadrature Amplitude Modulation)：位相と振幅を変化させる。周波数一定

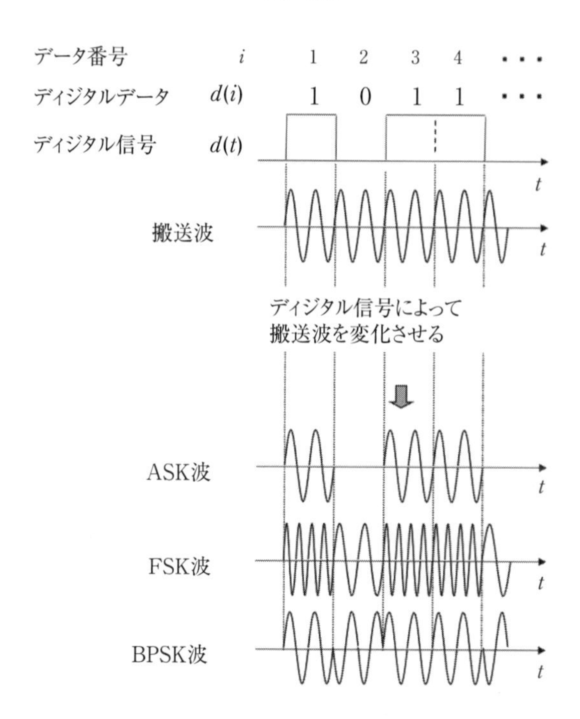

図5-1 各種ディジタル変調の波形

がある。さらに，高度な変調方式として，

・**スペクトル拡散変調**（Spread Spectrum Modulation）

・**直交多重変調**（Orthogonal Frequency Division Modulation）

がある。なお，Keying はモールス信号のように電鍵操作で信号を ON，OFF するといった意味から来ているが，Shift（偏移）も含めて日本語に訳しにくいので FSK や PSK と呼ぶ。ASK，FSK，2 相の PSK（BPSK）の波形を**図 5-1** に示す。伝送する情報である 0,1 の系列はディジタルデータであり，図では $d(i)$ で表されている。i はデータの番号を示している。変調をかけるのに用いる波形はディジタルデータを電気信号に変換したディジタル信号 $d_{(t)}$ であり，$d(i)$ の下に示されている。

5.2 ASK（振幅シフトキーイング）

5.2.1 概要と波形

ASKはアナログ変調のAMに相当するもので，**図5-2(a)**に示すように，AMが連続的に変化する信号値を持つアナログ信号で振幅変調をかけていたのに対し，**図5-2(b)**の上段に示すように，信号値が2値のディジタル信号で振幅変調をかけたものである。得られた変調波形が**図5-2(b)**のASK波(1)である。これは，搬送波をONまたはOFFさせているので，OOK（On-Off Keying）とも呼ばれる。このASK波を復調すると，元の2値のディジタル信号を取り出すことはできるが，直流のためモールス信号のように音として聞くことはできない。音として聞くには，復調したディジタル信号を用いて低周波発振器を断続させるか，**図5-2(b)**下段のASK波(2)のように低周波信号で変調したAM波をON，OFFして伝送すると，復調したときにONのときはAM波の復調となり耳に聞こえる低周波信号が取り出されることになる。

5.2.2 式での表現

図5-2(b)の2つのASK波を式で表すとそれぞれ，式(5.1)，(5.2)となる。式(5.1)はディジタル信号$d(i)$の値に応じて搬送波をON-OFFキーイングする場合を表し，式(5.2)は，$d(i)$の値に応じて$E_c(1+m\sin\omega_s t)\cos\omega_c t$なるAM波をON-OFFキーイングする場合を表している。なお，E_cは搬送波振幅，mはAM変調の変調指数である。

$$e_{\mathrm{ASK}}(t)=d_{(i)}E_c\cos\omega_c t=\begin{cases}E_c\cos\omega_c t & (d(i)='1')\\ 0 & (d(i)='0')\end{cases} \tag{5.1}$$

$$e_{\mathrm{ASK-AM}}(t)=\begin{cases}E_c(1+m\cos\omega_s t)\cos\omega_c t & (d(i)='1')\\ 0 & (d(i)='0')\end{cases} \tag{5.2}$$

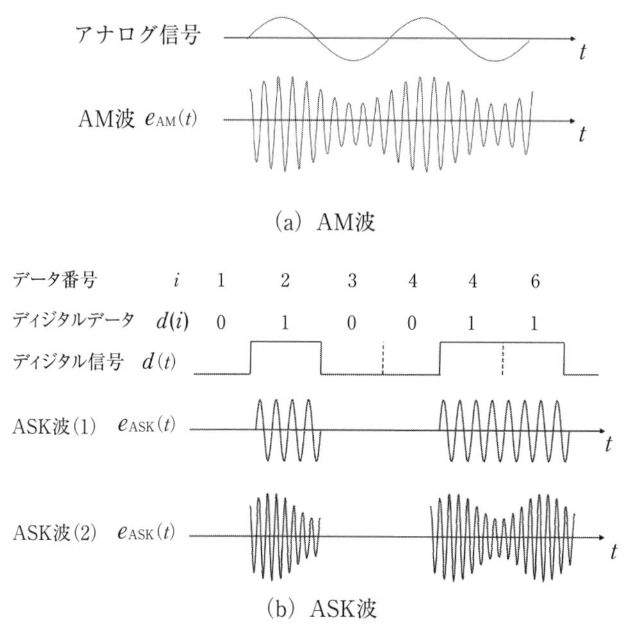

図5-2　AM 波と ASK 波

5.2.3　ASK 波の発生法

ASK 波の作り方を**図 5-3** に示す。**図 5-3(a)** は，モールス信号において電鍵で断続するように，ディジタルデータの 0,1 に対応してスイッチを断・接することで搬送波を ON，OFF して ASK 波を作る。高速で ASK 信号を発生する場合，スイッチング素子としては，高速動作可能なショットキーバリヤダイオードなどを用いる。**図 5-3(b)** では，乗算器を用いて搬送波とディジタル信号を掛け算すると，ディジタルデータが 1 のときは搬送波がそのまま出力され，0 のときは出力されないため ASK 波となる。乗算器としてはリング変調器やアナログマルチプライヤなどが用いられる。**図 5-3(c)** は，サーキュレータ（図の P_1→ P_2，P_2→ P_3の方向に信号が伝送される素子）を用いる回路である。ディジタルデータでスイッチが抵抗 R の方に切り替えられたときは，P_2から

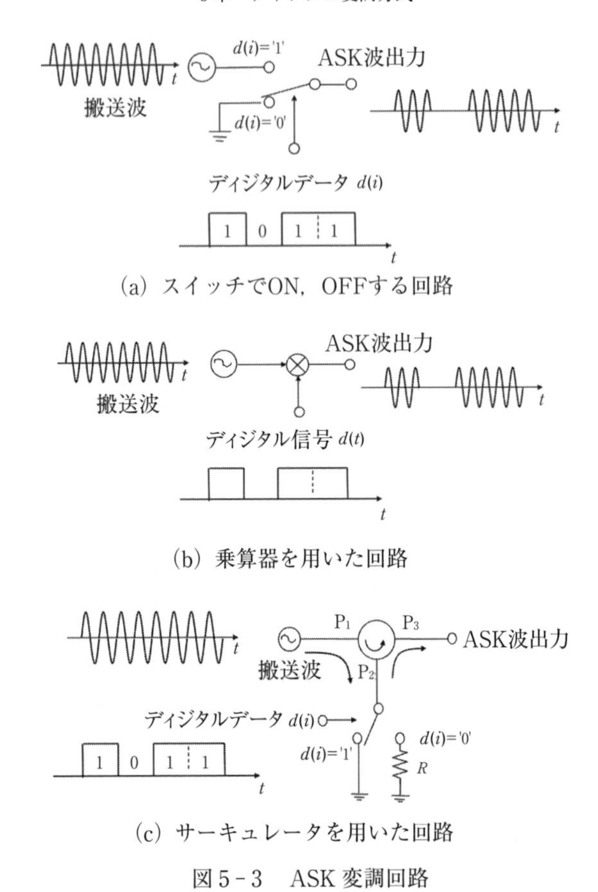

(a) スイッチでON，OFFする回路

(b) 乗算器を用いた回路

(c) サーキュレータを用いた回路

図5－3　ASK変調回路

出た搬送波は抵抗で終端され信号は P_2端子に戻ってこない。スイッチが短絡側に切り替えられたときは，P_2から出た搬送波は反射し P_2に戻ってきて P_3の方に出力されることで ASK 変調を行う。

5.2.4　ASK 波の復調

(1)　包絡線検波

ASK 波は 2.5.3 で述べた包絡線検波器を用いて復調できる。**図 5-4** に示すように，ASK 波を AM 用の包絡線検波器（ダイオードによる半波整流＋充放

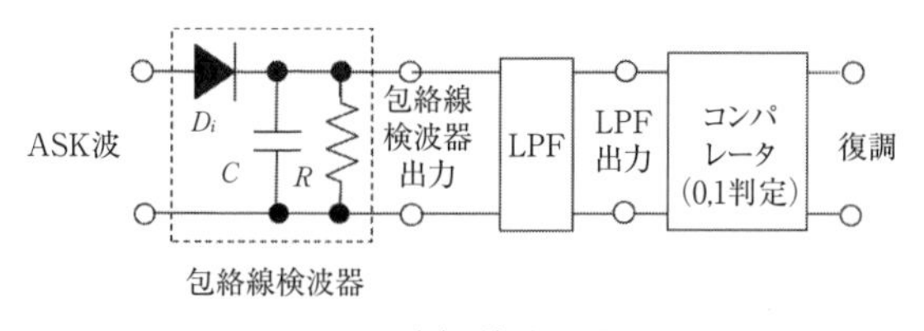

(a) 検波回路

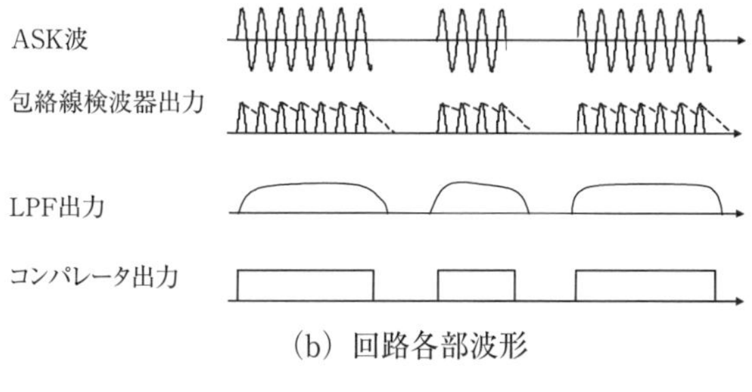

(b) 回路各部波形

図5－4　ASK波の包絡線検波

電回路）で検波した後，LPFを通し，その出力をコンパレータで波形整形してやるとASK波の復調ができる。**図5-4(a)**において，ASK波が入力されるとまず包絡線検波器のダイオードの働きでASK波の下半分がカットされ，半波整流波形となる。続いてCR充放電回路を通ると，**図5-4(b)**の上から2つ目の破線のような波形となる。この波形をLPFに通して滑らかにし，最後にコンパレータを通してレベルを判定すると，0または1のディジタル出力が得られる。

⑵　同期検波(Coherent Detection)

図5-5に同期検波のブロック図を示す。受信したASK波から送信したASK波と同じ周波数と位相を持つ搬送波を再生し，それと受信したASK波を掛け算し，LPFを通した後コンパレータで判定することにより復調ができる。搬送波の位相と周波数を合わせる必要があるので，同期検波と呼ぶ。まず，受信したASK波から搬送波を取り出す。これを再生搬送波と呼び，送信したASK波の搬送波と周波数と位相がぴったり合っているものとする。再生搬送

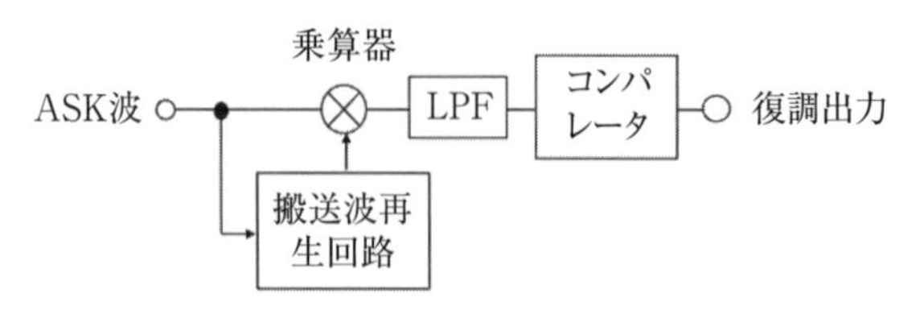

図5-5　同期検波ブロック図

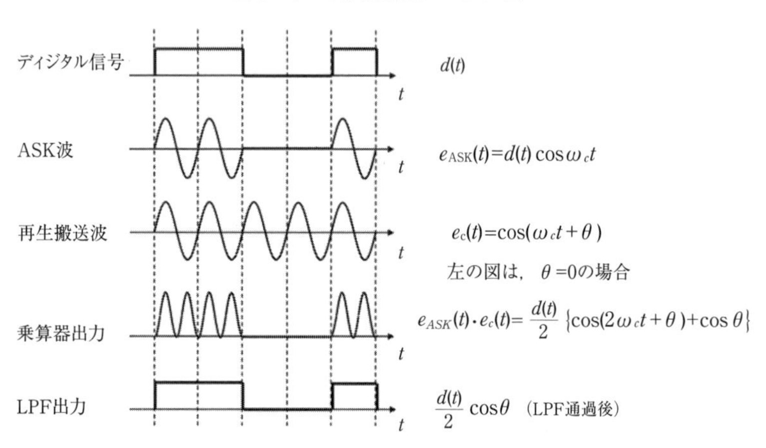

図5-6　同期検波各部波形

波とASK波を掛け算する様子を，**図5-6**に示す。位相が合っている場合，掛け算した出力は，直流分+（搬送波の2倍の周波数成分）になるので，LPFにより2倍の周波数成分を除去すると直流分だけが得られ，ASK波の復調ができたことになる。再生搬送波と元の搬送波の周波数が等しく，位相だけがθ異なる場合の同期検波出力を式で表すと，次のようになる。各信号を，

受信したASK波　：　$e_{\mathrm{ASK}}(t)=d(t)\cos\omega_c t$　　(5.3)

再生搬送波　　　：　$e_c(t)=\cos(\omega_c t+\theta)$，$\theta$：位相差　　(5.4)

とおくと（簡単のため，ASK波も再生搬送波も振幅を1とした），同期検波出力は，

$$e_{\mathrm{ASK}}(t)\cdot e_c(t)=d(t)\cos\omega_c t\cdot\cos(\omega_c t+\theta)=\frac{d(t)}{2}\{\cos(2\omega_c t+\theta)+\cos\theta\}$$

$$\approx\frac{d(t)}{2}\cos\theta\quad(\text{LPF通過後})$$

$$=\begin{cases}\dfrac{d(t)}{2} & (\theta=0\text{；位相差なしの場合})\\ 0<\dfrac{d(t)}{2}\cos\theta<\dfrac{d(t)}{2} & \left(0<\theta<\dfrac{\pi}{2}\right)\\ 0 & \left(\theta=\dfrac{\pi}{2}\text{；位相差}\dfrac{\pi}{2}\text{の場合}\right)\end{cases}\tag{5.5}$$

となる。つまり，位相がぴったり合っていれば最大の出力が得られるが，$0<\theta<\pi/2$ の間では $\cos\theta$ に比例した出力が得られ，$\pi/2$ ずれると出力が出なくなることがわかる。

【問 5-1】**図 5-6** において，再生搬送波の位相が 0，$\pi/2$，π とずれた場合は，乗算器出力および LPF 出力はどうなるか。図を描いて説明せよ。

解）下図（左から位相差が 0，$\pi/2$，π の場合について，上から ASK 波，再生搬送波，乗算器出力，LPF 出力を示す）に示すように，位相差が 0 の場合 LPF 通過後に 1/2 が出力され，$\theta=\pi$ のときは $-1/2$ が出力される。ちょうど，90 度($\pi/2$)ずれた場合は，乗算後の成分に直流分が含まれないため，LPF 出力はゼロとなり，復調ができなくなってしまう。

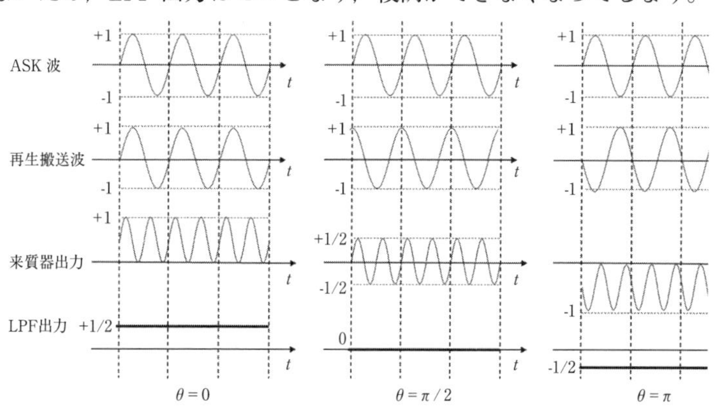

5.2.5 ASK 波の周波数スペクトル

AM 波の周波数スペクトルは，搬送波成分と上下の側波成分を含んでおり，上下側波の周波数は（搬送波周波数 ± 変調信号の周波数）であった。ASK 波はディジタル信号で AM 変調するのでその周波数スペクトルは，変調信号であるディジタル信号の周波数スペクトラムがわかれば AM 変調と同様に求めることができる。ディジタル信号は**図 5-1** の $d(t)$ が示すように 0，1 の組み合わせがいろいろと変わるので，周波数スペクトルが簡単には求められない。**図 5-7** の一番上に示す繰り返し周期 T_0，パルス幅 $T_0/2$ の矩形波は任意のパターンのディジタル信号において一番繰り返し周波数が高い場合を表すと考えられる。そこで，ディジタル信号の周波数スペクトルとしてこの波形の周波数スペクトルを用いてもよい。しかし，**図 5-7** 上のような繰り返しパルスは**図 5-7** の黒矢印の下に示すように，単発のパルスが周期 T_0 だけずれたものの和で成り立っていると考えると，単発パルスの周波数スペクトルを求めてもよいと考えられる。これは，問 1-5 で述べたようにフーリエ変換の性質から，時間が T_0 だけずれた時間波形の周波数スペクトルは位相が異なるだけで周波数成分としては同じになるためである。そこで，ASK 波の周波数スペクトルを求めるには，単発パルスの周波数スペクトルを求め，これと搬送波周波数との和および差として求めればよいことになる。そこで，**図 5-8** に示すパルス 1 個だけの場

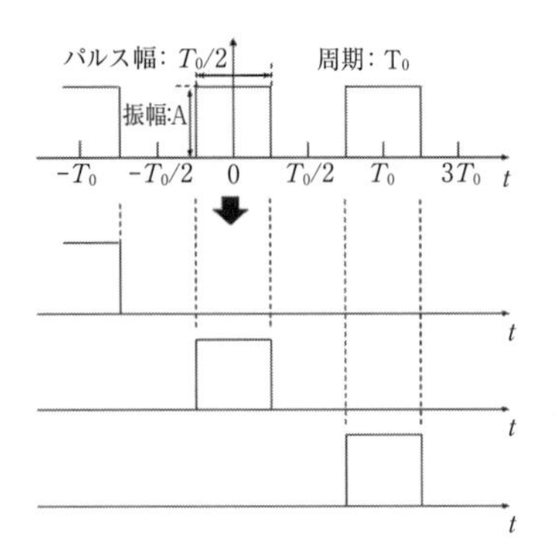

図 5-7　ディジタル信号は単発パルスをずらして加えたものと考える

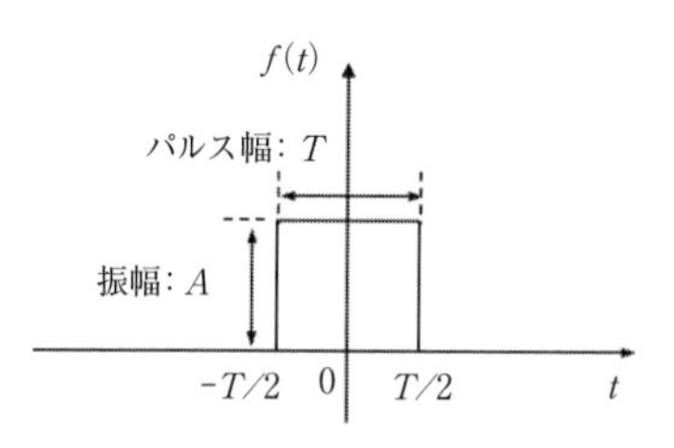

図 5－8　単発パルス波形

合の周波数スペクトルを求め，それをディジタル信号の周波数スペクトルとする。1.8 で説明したように**図 5-7** の周期波形と図 5-8 の単発パルスの各々の周波数スペクトルは，スペクトルがとびとびか連続かの違いだけで周波数スペクトルの形は同じである。ここでは通信に必要な周波数スペクトルが使用する範囲（占有周波数帯域幅）を知ることが目的なので単発パルスの連続スペクトルの方を用いる。

図 5-8 において，$-T/2 \sim T/2$ の範囲で振幅は A なので，そのフーリエ変換は式(1.35)より，

$$F(f)=\int_{-\infty}^{\infty} f(t)e^{-j2\pi ft}dt = \int_{-T/2}^{T/2} Ae^{-j2\pi ft}dt = AT\frac{\sin\pi fT}{\pi fT} \tag{5.6}$$

となり，周波数スペクトルは**図 5-9** のようになる。最初にゼロとなるのは $\sin \pi fT = 0$ となる点なので，$\pi fT = \pi$ から，$f=1/T$ となる。

単発のパルスが**図 5-9** の形の周波数スペクトルを持つことがわかった。ASK 波は単発パルスと搬送波を掛けてできるので，その周波数スペクトルはそれぞれの周波数成分の和と差になる。**図 5-10** は**図 5-9 (b)** の周波数スペクトルを持つディジタル信号で変調をかけた場合の ASK 波の周波数スペクトル図である。搬送波周波数である f_c のところに**図 5-9 (b)** の周波数ゼロのところがきており，両側に ASK 信号のスペクトルが拡がっていることがわかる。ディジタル信号そのものが高い部分まで周波数成分を持っているため，ASK 変調をかけると搬送波の周波数を中心に，上下の広い範囲にスペクトルが拡がることがわかる。

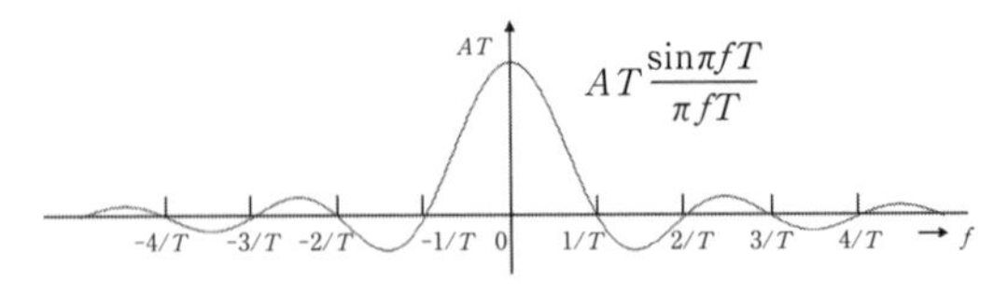

(a) 符号も含めて描いた場合

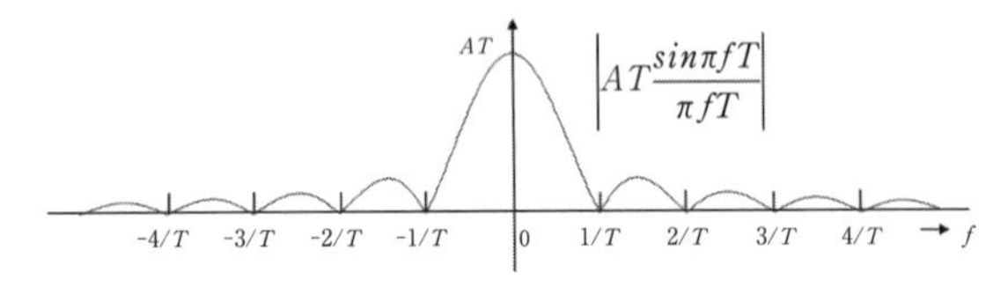

(b) 絶対値で描いた場合

図5-9　単発パルスの周波数スペクトル

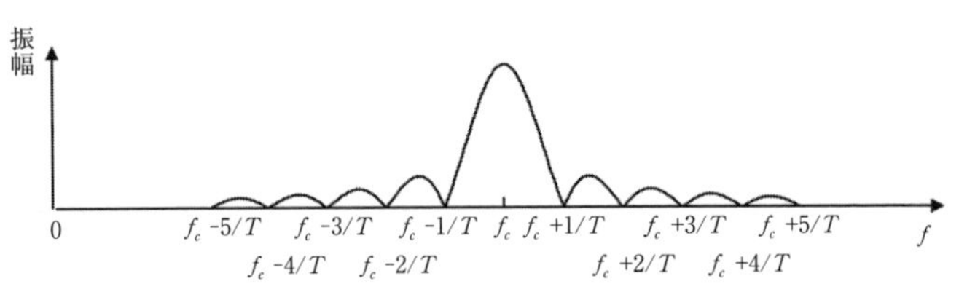

図5-10　ASK 波の周波数スペクトル

5.2.6　ASK 波の誤り率

(1)　雑音の表現

信号には雑音が一緒に入ってくるので，誤りが生じる。周波数f_c付近の雑音は，一般に

$$n(t)=A_n(t)cos\{2\pi f_c t+\theta_n(t)\} \tag{5.7}$$

で表される。雑音信号$n(t)$は$A_n(t)$とcosの掛け算になっており，2つの正弦波を掛け算すると和と差の周波数成分が生じることからわかるように，$n(t)$にはf_cと$A_n(t)$に含まれる周波数成分f_nとの和と差の周波数成分，$f_c \pm f_n$が含まれることがわかる。従って，$f_n << f_c$であれば，式(5.7)は搬送波f_c近辺の雑音

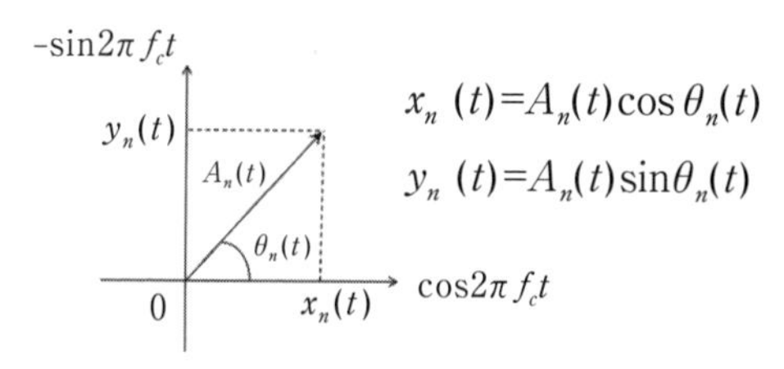

図5-11　雑音信号のベクトル図

成分を表すことになる。式(5.7)では振幅と位相が時間的に変化していることを考えると，振幅と周波数が変化する任意の雑音を表す式と考えることができる。式(5.7)を展開すると，

$$\begin{aligned} n(t) &= A_n(t)cos\{2\pi f_c t + \theta_n(t)\} \\ &= A_n(t)\cos\theta_n(t)\cos 2\pi f_c t - A_n(t)\sin\theta_n(t)\sin 2\pi f_c t \\ &= x_n(t)\cos 2\pi f_c t - y_n(t)\sin 2\pi f_c t \end{aligned} \tag{5.8}$$

となり，cos 成分と sin 成分すなわち2つの直交成分の和で表すことができる。これを図で表すと，**図5-11** となる。送信した信号にこの雑音を表す式を加えたものが受信信号となる。そして，どのような復調方法を用いたかによって，誤り率が変ることになる。

(2)　包絡線検波の場合

式(5.3)で表される ASK 波に雑音が加わった受信信号を包絡線検波したときの出力を求める。ASK 波と雑音の和は，式(5.3)と(5.8)より，

$$\begin{aligned} e_{ASK}(t)+n(t) &= d(t)\cos 2\pi f_c t + x_n(t)\cos 2\pi f_c t - y_n(t)\sin 2\pi f_c t \\ &= \{d(t)+x_n(t)\}\cos 2\pi f_c t - y_n(t)\sin 2\pi f_c t \end{aligned} \tag{5.9}$$

で，その包絡線は cos 成分と sin 成分をベクトル合成した大きさであるから，

$$r(t)=\sqrt{\{d(t)+x_n(t)\}^2+y_n(t)^2} \tag{5.10}$$

となる。ディジタル信号$d(t)=0$ の場合は，雑音だけとなり

$$r(t)=\sqrt{x_n(t)^2+y_n(t)^2} \tag{5.11}$$

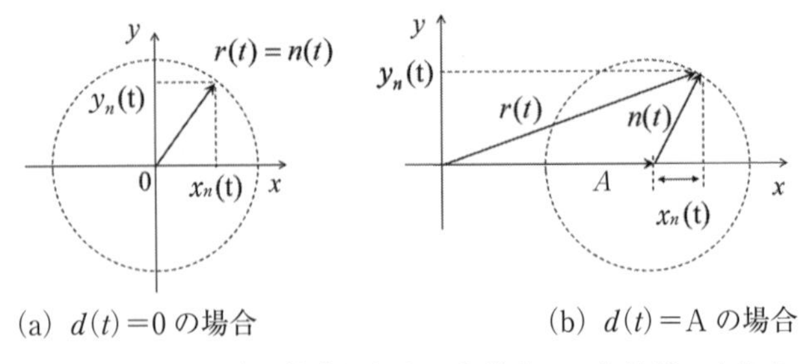

(a) $d(t)=0$ の場合　　　　(b) $d(t)=\mathrm{A}$ の場合

図 5-12　ASK 波に雑音が加わった場合の，包絡線の大きさ

である。$d(t)=0$ の場合と $d(t)=A$ の場合の，式(5.10)の包絡線の大きさを**図 5-12** に示す。雑音 $n(t)$ は大きさと位相が変化するので，包絡線の先端は**図 5-13(a)，(b)** に点で示したようにさまざまな値をとることになる。その包絡線の大きさの分布を示したのが**図 5-13(c)** である。ASK 波から元のディジタル信号を取り出すには，この包絡線の分布を考慮しながら，包絡線検波して得られた式(5.10)の値が 0 か 1 かを判定してやればよい。雑音の平均電力を σ^2 とすると，判定時の包絡線 r の確率密度関数は，時刻 t における信号の値 $d(t)$ を d とするとき

$$p(r)=\frac{r}{\sigma^2}I_0\left(\frac{rd}{\sigma^2}\right)e^{-\frac{r^2+d^2}{2\sigma^2}} \tag{5.12}$$

となることがわかっている。I_0 は次の第 1 種 0 次の変形ベッセル関数である。

$$I_0(z)=\frac{1}{2\pi}\int_0^{2\pi}e^{z\cos\theta}d\theta\approx\begin{cases}e^{z^2/4} & (z\ll 1)\\ \dfrac{e^z}{\sqrt{2\pi z}} & (z\gg 1)\end{cases} \tag{5.13}$$

$d=0$ のときは雑音だけなので，$I_0(0)=1$ となり，式(5.12)は

$$p(r)=\frac{r}{\sigma^2}e^{-\frac{r^2}{2\sigma^2}} \tag{5.14}$$

となる。これが**図 5-13(c)** の**レイリー分布**である。式(5.10)より少しでも雑音があると $r>d$ なので，S/N 比（$\gamma=d^2/\sigma^2$）が 1 より大きいとき，$rd/\sigma^2\gg 1$ と考えられる。このとき式(5.13)の $z\gg 1$ を用いて，式(5.12)は

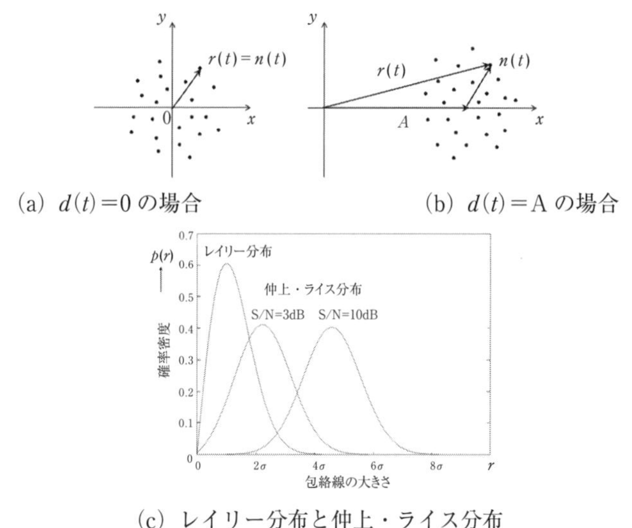

(a) $d(t)=0$ の場合　　(b) $d(t)=\mathrm{A}$ の場合

(c) レイリー分布と仲上・ライス分布

図5-13　ASK 波に雑音が加わった場合の包絡線とその分布

$$p(r)=\frac{r}{\sigma^2}I_0\left(\frac{rd}{\sigma^2}\right)e^{-\frac{r^2+d^2}{2\sigma^2}}\approx\sqrt{\frac{r}{2\pi d\sigma^2}}\,e^{-\frac{(r-d)^2}{2\sigma^2}}\qquad\left(\frac{d^2}{\sigma^2}\gg 1\right)\tag{5.15}$$

となる。これは，**図5-13(c)の仲上-ライス分布**である。0と1の判定は，検波出力の包絡線の大きさrが$A/2$を境に0と1を判定してやればいいように思われるが，実際は信号と雑音の比によって異なり，S/Nが大きいときはほぼ$A/2$であるが，S/Nが悪くなると$A/2$よりもやや大きい値で分けると誤りが少なくなることがわかっている。包絡線の大きさを示す式(5.10)，(5.11)の値はS/Nによって**図5-13**に示すように分布する。従って，**図5-14**の斜線部分の面積が最小になるように選んでやると，もっとも判定の誤りが少なくなることになる。この境目となるのが**図5-14**に示した**最適閾値**（**最適スレッショルド**）である。ASK波がないとき($d(t)=0$のとき)，大きな値の雑音が入り，$r(t)$の値がスレッショルドを超えると，ASK波がないのにあったと判定したことになり，誤りとなる。逆に，ASK波があるとき($d(t)=A$のとき)，負の大きな雑音により$r(t)$がスレッショルドよりも小さな信号になると，信号が

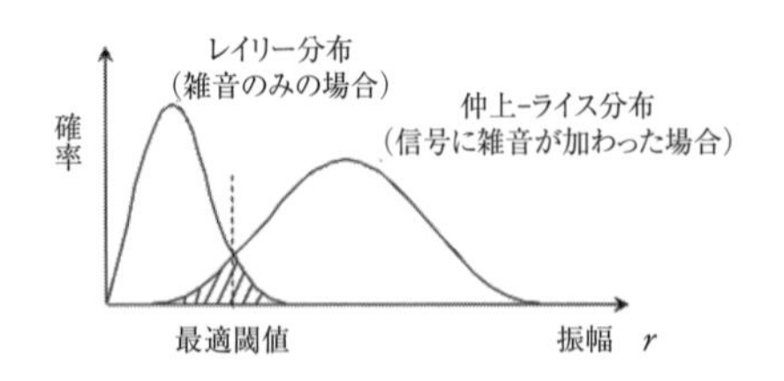

図 5-14 最適閾値

あるにもかかわらず，ないと判定することになる。この2つの誤りの和によって誤り率は表される。S/N 比 γ が大きいとき，最適スレッショルドを r_0 に選んだ場合，0と1の出現確率が等しいとき，ASK 波の包絡線検波の誤り率は次式で表される。

$$P_e \approx \frac{1}{2}\int_0^{r_0} \sqrt{\frac{r}{2\pi d\sigma^2}}\, e^{-\frac{(r-d)^2}{2\sigma^2}} dr + \frac{1}{2}\int_{r_0}^{\infty} \frac{r}{\sigma^2} e^{-\frac{r^2}{2\sigma^2}}\, dr \tag{5.16}$$

(3) 同期検波の場合

同期検波の場合，式(5.9)と再生した同期搬送波を掛け算し，LPF を通すので次式で計算過程を示すように，高周波は消え，復調出力は，

$$\begin{aligned} r(t) &= \{e_{\mathrm{ASK}}(t) + n(t)\}\cos 2\pi f_c t \\ &= \{d(t)\cos 2\pi f_c t + n(t)\}\cos 2\pi f_c t \\ &= \{d(t)\cos 2\pi f_c t + [x(t)\cos 2\pi f_c t - y(t)\sin 2\pi f_c t]\}\cos 2\pi f_c t \\ &= \{[d(t)+x(t)]\cos 2\pi f_c t - y(t)\sin 2\pi f_c t\}\cos 2\pi f_c t \\ &= [d(t)+x(t)]\frac{1-\cos(2\cdot 2\pi f_c t)}{2} - y(t)\frac{\sin(2\cdot 2\pi f_c t)}{2} \\ &\approx \frac{1}{2}[d(t)+x(t)] \quad (\text{LPF 出力}) \end{aligned} \tag{5.17}$$

となる。この場合，$x(t)$ は正規分布の雑音となるので，同期検波の場合の検波出力の振幅分布は**図 5-15** となる。0と1の判定境界となる閾値は，誤り率が**図 5-15** の斜線で示した部分で，0を1に，1を0に誤る確率は等しいので，0と A の中間であることがわかる。そのときの誤り率は，0と1の出現確率が等しいとき，S/N 比を γ として，

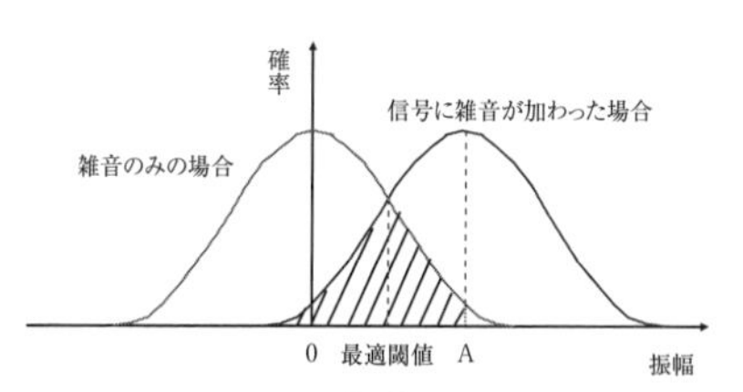

図 5-15　ASK 同期検波時の最適閾値

$$P_e \approx \frac{1}{2}\mathrm{erfc}\left(\frac{\sqrt{\gamma}}{2}\right) \tag{5.18}$$

となることが求められている。なお，erfc は**誤差補関数**と呼ばれる。

誤差関数と誤差補関数は次の式で表され，値は数表等から求めることができる。

$$\text{誤差関数：} \mathrm{erf}\,x = \frac{2}{\sqrt{\pi}}\int_0^x e^{-t^2}dt \tag{5.19}$$

$$\text{誤差補関数：} \mathrm{erfc}\,x = 1 - \mathrm{erf}\,x = \frac{2}{\sqrt{\pi}}\int_x^\infty e^{-t^2}dt \tag{5.20}$$

【問 5-2】ASK 波が移動通信に使用されない理由は何か。

解）ASK は振幅を変化させて情報を伝送する方式である。一方，移動通信では送信機からの直接波と建物等からの反射波が同時に受信されるため，受信信号の振幅が大きく変動する。従って，復調した信号には元々の情報だけでなく，信号の変動による成分が加算されるため 0 と 1 の境の値が常に変動することになり，正確な判定ができなくなる。そのために，ASK 波は移動通信には使用されない。ETC や RFID システムなどの近距離通信で利用されている。

5.3 FSK（周波数シフトキーイング）

5.3.1 位相連続 FSK と位相不連続 FSK

FSK は，ディジタル信号の 0 と 1 に応じて搬送波の周波数を変化させる。**図 5-16** に示すように，周波数の異なる 2 つの発振器を切り換えて FSK 信号を作る場合（**位相不連続 FSK**）とひとつの発振器の周波数を連続的に変える

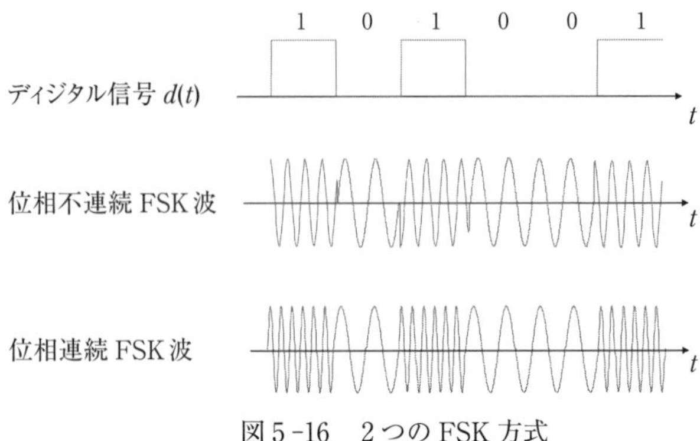

図5-16　2つのFSK方式

場合（**位相連続 FSK**）の2種類がある。急激な波形の変化がない分，位相連続FSKの方が周波数スペクトルの拡がりが少ない。FSKは基本的に周波数変調なので，被変調波の振幅は一定であり，振幅には情報を含まない。従って，伝送時に振幅が変化したり，伝送路内に含まれる中継器や増幅器に非線形性があってもその影響を復調時に取り除くことができる。FSKは電話回線を利用してディジタル信号を伝送するために使用されていた。電話回線では音声を伝送することができるため，コンピュータから出力される0と1のディジタル信号を音声帯域内の2つの周波数の正弦波に置き換えることで容易にディジタル信号を伝送できたからである。しかし，音声帯域を用いることからあまり高い周波数を使えず，高速な伝送ができなかった。そのため後で述べるQAM方式などが使用されるようになった。フェージングによる振幅変化の影響を受けず変復調が簡単なことから，携帯電話の制御信号などで用いられている。

5.3.2　FSK信号の波形と式による表現

FSKはアナログ変調のFMに相当し，搬送波の振幅が一定で周波数がディジタル信号に応じて変化する変調方式で，**図5-17**に位相連続FSKの場合の被変調波形を示す。**図5-17**において，1のことをマーク，0のことをスペースとも呼ぶので，f_Mをマーク周波数，f_Sをスペース周波数と呼ぶことにする。また，ディジタル信号1ビットの幅を T_b(秒)とし，1と0が繰り返すときの周

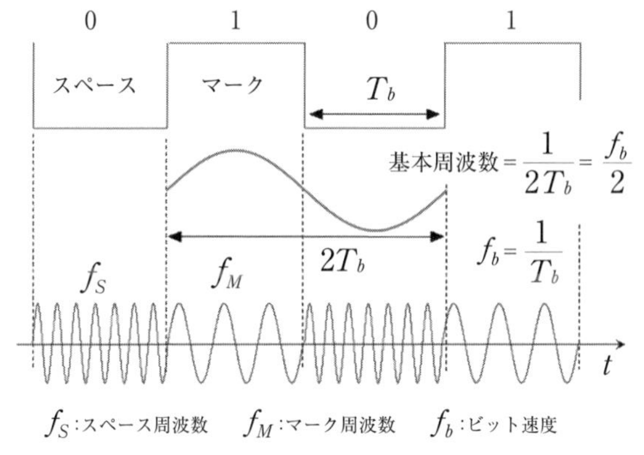

図 5-17　FSK 信号とディジタル信号の基本周波数

波数を基本周波数としてf_bで表すことにする。

FSK は搬送波の周波数が入力のディジタル信号に応じて ± Δfだけ変化するので，マーク時の周波数をf_M，スペース時の周波数をf_Sとすると，式では

$$e_{\mathrm{FSK}}(t)=E_c\cos 2\pi f_{\mathrm{FSK}}t=\begin{cases}E_c\cos\{2\pi(f_c+\Delta f)t\} & (d(t)=1)\\ \\ E_c\cos\{2\pi(f_c-\Delta f)t\} & (d(t)=0)\end{cases} \tag{5.21}$$

ただし，マーク周波数：$f_M=f_c+\Delta f$，スペース周波数：$f_S=f_c-\Delta f$

となる。Δfは FM における最大周波数偏移で次式で表される。

$$\Delta f=\frac{f_M-f_S}{2} \tag{5.22}$$

なお，f_Mとf_Sはいずれが高い周波数か決まっている訳ではない。**図 5-17** ではマーク周波数がスペース周波数より低く，**図 5-18** では逆にマーク周波数が高く，式(5.21)でもマーク周波数の方が高いとしている。

5.3.3　FSK 信号の変調指数と周波数スペクトル

アナログ変調の FM では，変調指数m_{FM}は

$$m_{\mathrm{FM}}=\frac{\Delta f}{f_s}=\frac{\text{最大周波数偏移}}{\text{信号波周波数}} \tag{5.23}$$

で定義されていた。FSK では，FM の信号波に相当するものはディジタル信

号であるから，ディジタル信号の周波数が判れば式(5.23)で求められるはずである。しかし，ディジタル信号は，ASK のところで求めたように，$\sin x/x$ の形の周波数スペクトルであるから，これから簡単に FSK の変調指数を求めることはできない。そこで，スペクトルの大体の形を知るために，ＦＭの場合の変調指数に相当するものを，新たに次のように定義して用いることにする。

$$m_{\mathrm{FSK}}=\frac{\Delta f}{f_d}=\frac{\text{最大周波数偏移}}{\text{デジタル信号の基本周波数}} \tag{5.24}$$

ここで，ディジタル信号の基本周波数とは，**図 5-17** における $f_b/2$ である（$f_b = 1/T_b$ で，T_b はディジタル信号の１ビット時間幅）。ディジタル信号の０と１のパターンの中で，もっとも高い周波数となるのは，０と１が交互に生じるときなので，このときの繰り返し周波数をディジタル信号の基本周波数とする。このとき，式(5.24)の変調指数m_{FSK}は，

$$m_{\mathrm{FSK}}=\frac{\Delta f}{f_d}=\frac{\Delta f}{f_b/2}=\frac{(f_M\sim f_S)/2}{f_b/2}=\frac{f_M\sim f_S}{f_b}=(f_M\sim f_S)T_b \tag{5.25}$$

となる。～の記号は，マーク周波数とスペース周波数の差分である。この式で求めた変調指数を用いて，FM 変調の周波数スペクトル同様にベッセル関数の値から簡易的な FSK の周波数スペクトルを求めることができる。なお，FSK は非線形変調であるため多くの側波が発生し，一般的な周波数スペクトルを求めることは難しいが，０と１を交互に繰り返す場合でマークとスペースの周波数が離れていて変調指数が大きい場合は異なる搬送波周波数の２つの ASK 波の周波数スペクトルを加えたものと考えてよい。**図 5-18** にこのように考えた場合の FSK 波の周波数スペクトル例を示す。

FSK において，マーク周波数とスペース周波数の周波数の差を小さくしていけば，どんどん周波数スペクトルが狭くなり都合がよい気がするが，実際はあまり小さくすると２つの周波数の見分けがつかなくなり復調できなくなる。変調指数が 0.5 のときは，検波効率が低下することなく，最も小さい周波数差が得られることがわかっており，これを **MSK**（Minimum Shift Keying；**最小推移キーイング**）と呼んでいる。これについては後で述べる。

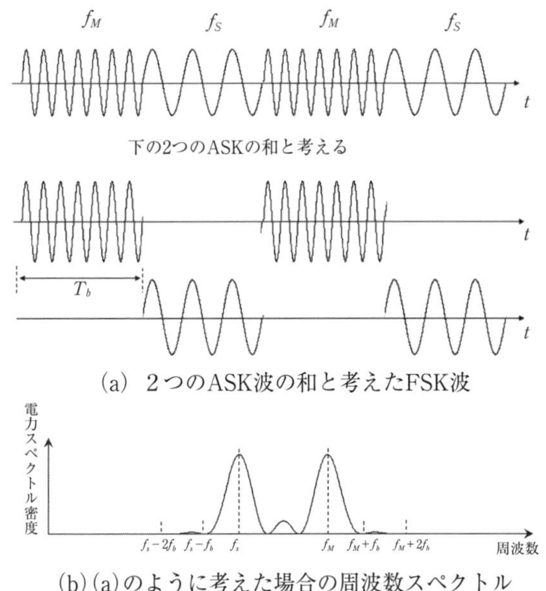

図5-18　FSK信号の周波数スペクトラム例（$f_b=1/T_b$）

5.3.4　FSK変調回路および復調回路

FSK変調回路は，**VCO（電圧制御発振器）**を用いることで容易に構成できる。**図5-19**に**可変容量ダイオード**を用いてVCOを構成したFSK変調回路の例を示す。この図では基本動作を示すために直流バイアス等は省略してある。回路としてはハートレー型の発振回路であり，発振周波数は

$$f=\frac{1}{2\pi\sqrt{L(C+C_d)}} \tag{5.26}$$

で表され，ディジタル信号$d(t)$の値によりC_dの値が変化し，周波数が変化する。

復調回路はFM復調と同様の回路を用いることができる。ここでは，復調回路の例として，**図5-20**のPLLを用いた回路を説明する。PLLについては2.6.7(4)でも述べた。まず，入力のFSK信号がない場合VCOは$(f_c=f_M+f_S)/2$なる自走周波数で発振している。入力にFSK信号が入ると，VCOはこの

入力信号の周波数に追従するが，入力信号と VCO の出力信号との間に位相差はあるので，その位相差に比例した電圧が PC の出力に生じることになる。PC に乗算器を用いたとき，その出力を計算すると FSK 信号と VCO 出力の周波数が等しいときは，

$$
\begin{aligned}
e_{\mathrm{FSK}}(t)\cdot e_{\mathrm{VCO}}(t) &= \cos 2\pi f_{\mathrm{FSK}}t\cdot\cos(2\pi f_{\mathrm{VCO}}t+\theta)\\
&=\frac{1}{2}\{\cos[2\pi(f_{\mathrm{FSK}}+f_{\mathrm{VCO}})t+\theta]+\cos[2\pi(f_{\mathrm{FSK}}-f_{\mathrm{VCO}})t-\theta]\}\\
&=\frac{1}{2}\{\cos[2\pi\cdot 2f_{\mathrm{FSK}}t+\theta]+\cos\theta\}\qquad(f_{\mathrm{FSK}}=f_{\mathrm{VCO}})
\end{aligned}
\tag{5.27}
$$

となる。この PC 出力を LPF に通すことによって

$$
\frac{1}{2}\cos\theta \tag{5.28}
$$

なる FSK 復調出力が得られる。θ が $\pi/2$ を中心に Δf に比例して変化することで復調できる。

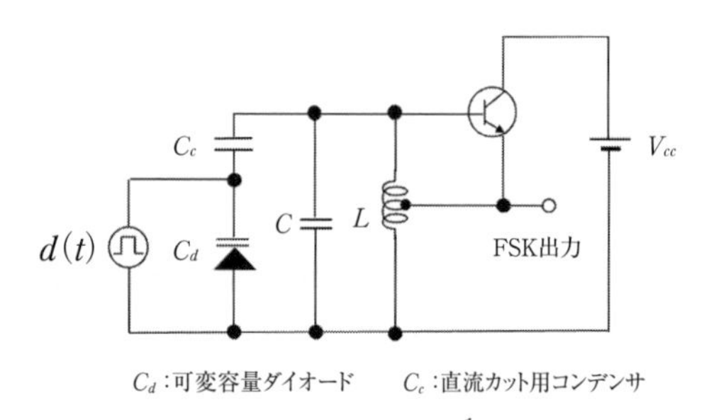

図 5-19　可変容量ダイオードを用いた FSK 変調回路の原理図

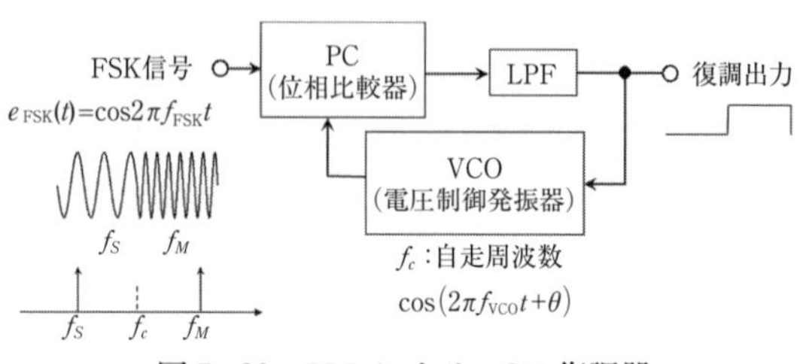

図 5-20　PLL による FSK 復調器

【問 5-3】マーク周波数 2200 Hz，スペース周波数 1000 Hz の FSK 波があり，繰り返し周波数 400 Hz の方形波（デューティ比 50 %）で変調されている。

(1)　ディジタル信号のビット速度 f_b を求めよ

(2)　ディジタル信号の基本周波数を求めよ。

(3)　FSK 波の変調指数 m_{FSK}（FM の変調指数に相当するもの）を求めよ。

解）(1)　繰り返し周波数が 400 Hz でデューティ比が 50 % なので，1 ビット分の時間は，(1/400)/2 秒である。ディジタル信号のビット速度 f_b はこの逆数なので，800 bps。

(2)　ディジタル信号の基本周波数は，$1/(2T_b)$ なので，400 Hz である。

(3)　FSK 波の変調指数 $m_{\mathrm{FSK}}=\Delta f/$（ディジタル信号の基本周波数）より，$m_{\mathrm{FSK}}=((2200-1000)/2)/400=1.5$ である。

【問 5-4】スペース周波数，搬送波周波数，マーク周波数が各々 40 MHz，50 MHz，60 MHz の FSK 変調器において，入力ディジタルデータの速度が 20 Mbps であるとき，変調指数を求めよ。

解）式(5.29)より，$m_{\mathrm{FSK}}=(60-40)\times 10^6/(20\times 10^6)=1$ となる。

5.3.5　MSK と GMSK

(1)　MSK

FSK では，2 つの周波数を用いてディジタル信号を伝送している。この 2 つの周波数は離れていればいるほど見分けがつきやすい。つまり，誤りは少なくなる。しかし，変調指数が最大周波数偏移 Δf に比例することからわかるように周波数差が大きいほど占有周波数帯幅が拡がる。周波数差を小さくすれば占有周波数帯幅は狭くなるが，あまり小さくすると区別がつかなくなり復調できなくなる。区別がつくためには 0 と 1 を表す信号が互いに直交していることが必要である。直交していれば，sin および cos を掛け算することでそれぞれを分離して取り出すことができるからである。信号の直交性を保ったままでどこまで周波数差を縮めることができるかというと，これは変調指数が0.5のときであることがわかっており，これが**MSK波**である。MSK波では，0と1を表す2つの信号は直交しており，そのため同期検波を用いることができ，占有周波数帯域幅が広がらない。また，**図5-21**に示すようにQPSKと比べると誤り率は同じで，占有周波数帯域幅は周波数スペクトルのメインローブの幅がQPSKの1.5倍あるが，サイドローブはQPSKよりも早く減少するので，結果としてQPSKより狭い帯域幅で済む。

2つの信号が直交するということは積の積分が0となるので，この条件のときのマークとスペースの周波数差を求め，そのときに変調指数が0.5になることを確かめる。マークとスペースの各信号をともに位相が0でそろっていると考え，それぞれ$\cos 2\pi(f_c+\Delta f)t$, $\cos 2\pi(f_c-\Delta f)t$とおく。T_bをディジタル信号1ビット分の周期とすると，2つの信号の積の積分は，

$$\int_0^{T_b}\cos 2\pi(f_c+\Delta f)t\cdot\cos 2\pi(f_c-\Delta f)tdt = \frac{1}{2}\left(\frac{1}{4\pi f_c}\sin 4\pi f_c T_b+\frac{1}{4\pi\Delta f}\sin 4\pi\Delta f T_b\right) \tag{5.29}$$

となり，これが0であれば直交していることになる。LPFを通すと 第1項は周波数が高いので消え，第2項の

$$\sin 4\pi\Delta f T_b=0 \tag{5.30}$$

が条件となる。Δ fが最小となるのは$4\pi\Delta f T_b=\pi$のときなので，最大周波数偏移Δfは，

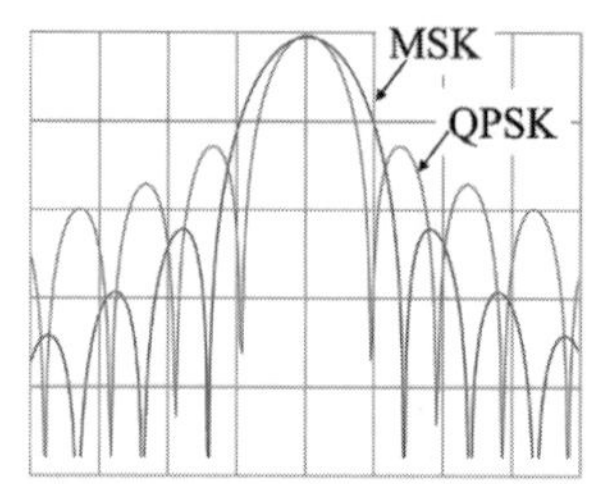

図5-21 MSK波とQPSK波の周波数スペクトル

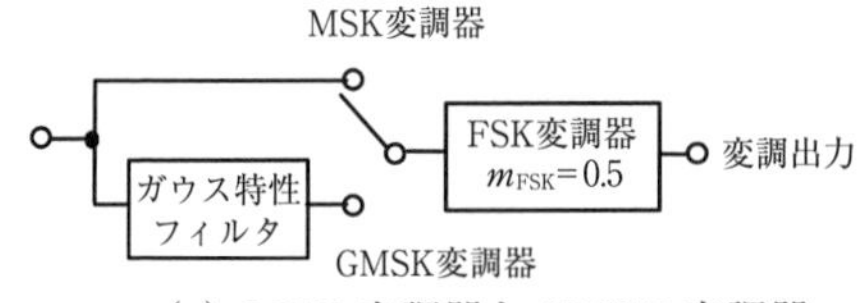

(a) MSK 変調器と GMSK 変調器

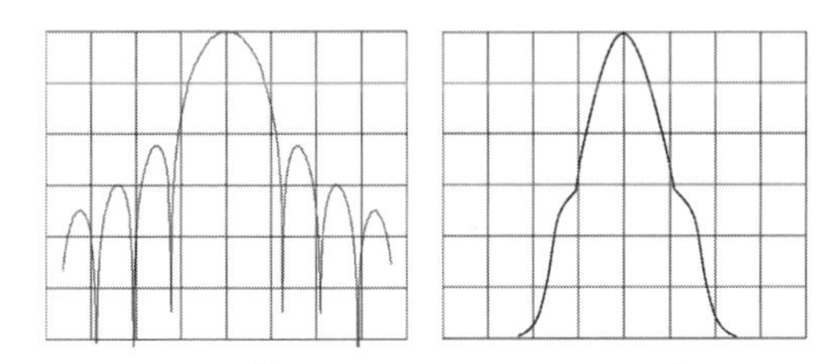

(b) MSK 波と GMSK 派の周波数スペクトル

図 5-22　MSK と GMSK の違い

$$\Delta f=\frac{1}{4T_b} \tag{5.31}$$

となる。0 と 1 を繰り返す場合のディジタル信号の周期は $2T_b$なので，$1/2T_b$を変調周波数と考えると，変調指数は，

$$m_{MSK}=\frac{\Delta f}{f_s}=\frac{1/4T_b}{1/2T_b}=0.5 \tag{5.32}$$

と 0.5 になっていることがわかる。

⑵　GMSK

MSK は周波数スペクトルのサイドローブが QPSK よりも低いことが判ったが，さらにサイドローブのレベルを下げるために，FSK 変調をかける際に，変調信号そのものをフィルタに通し，データ信号の波形をガウス分布形の周波数スペクトルを持つ波形に変換した後，周波数変調を行う方式がある。これを用いると，帯域外の電力を減らすことができる。これを，**GMSK**（Gaussian filtered MSK）と呼んでいる。**図 5-22 (a)** に MSK 変調器と GMSK 変調器の違いを，**図 5-22 (b)** に周波数スペクトルの違いを示す。**図 5-22 (a)** では中央のスイッチが上側のときが MSK 変調器を，下側のとき GMSK 変調器を示す。

【問 5-5】GMSK において，帯域を狭くするだけなら普通に FSK 変調をかけた後，狭帯域のフィルタに通してもいいと思われるが，変調をかける前にガウス特性フィルタで信号波の帯域を制限した後で MSK 変調を行うのはなぜか。
解）MSK 変調を行った後に帯域を制限すると，変調信号の振幅が変わってしまい，MSK 変調の一定振幅という特徴が失われてしまうため，帯域制限した信号波で MSK 変調を行っている。

5.4 PSK（位相シフトキーイング）

ディジタル信号の 0 と 1 に対応して搬送波の位相を変化させるもので，用いる位相の数により，**2相PSK**（**BPSK**；Binary PSK），**4相PSK**（**QPSK**；Quaternary PSK, Quadrature PSK, Quadri-phase PSK），**8相PSK**，**16相PSK** など，また QPSK を改良した**π/4 シフト QPSK** 等がある。用いる位相の数が増えれば増えるほど，帯域を広げずに同時に伝送できるデータのビット数は増えるが，隣接する位相間の距離が近くなるので誤りもそれだけ増えてゆく。なお，1 ビットのデータを送信するのに必要な時間は，BPSK の場合を基準にすると，QPSK では半分，8PSK では 1/3 で済む。従って，BPSK の場合は物理的に信号が変化する速さとデータを送る速さは一致するが，それ以外では一致しないことになる。実際に伝送される速度は，ビット/秒（bps；bit per second）で表されるのに対して，信号の変化する速度はボー（baud）で表され，**ボーレート**（Baud rate）と呼ばれる。つまり，1 秒間に 1000 回信号が変化する場合，BPSK のように 1 回の変化で 1 ビット送るならボーレートと bps は等しく，QPSK の場合は bps はボーレートの 2 倍となる。

5.4.1 各種 PSK 信号の波形

2 相から 8 相までの PSK 信号の信号ベクトル，**信号点配置図**（Constellation Diagram），符号の割り当てを**図 5-23** に，BPSK と QPSK の時間波形を**図**

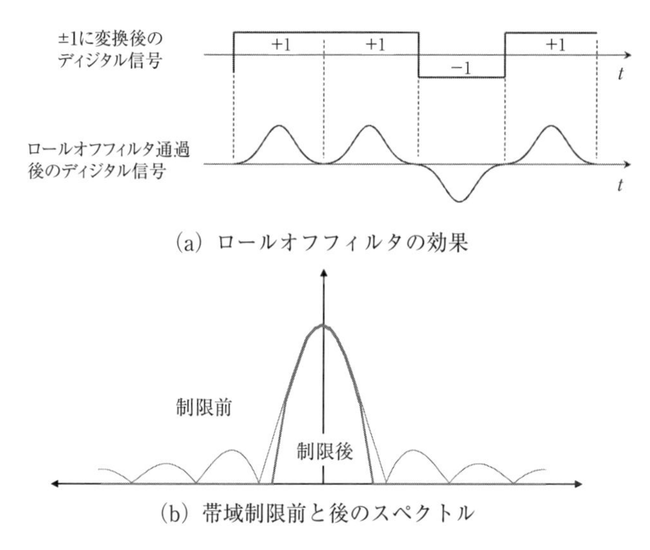

(a) ロールオフフィルタの効果

(b) 帯域制限前と後のスペクトル

図5-28　ロールオフフィルタによる帯域制限

るので，こちらを用いる。このために使用されるフィルタを**ロールオフフィルタ**（Roll Off Filter ）と呼び，元のディジタル信号の波形の急激な変化を滑らかにして，周波数帯域を狭くする効果を持っている。**図5-28(a)**はロールオフフィルタを通過する前と通過した後のパルス波形を表す。これからわかるように，波形を滑らかにしても丁度波形の中間の位置（0か1かを判定する標本点）では，元の0と1の値を保持していることがわかる。また，これはディジタル信号がロールオフフィルタを通過した場合であるが，PSK信号の場合も同様に，波形の変化点付近の波形が滑らかになることになる。**図5-28(b)**に，ロールオフフィルタを使用する前と後のスペクトルを示す。

⑷　変調方法

BPSKの変調は，**図5-29(a)**に各部の波形，**図5-29(b)**にブロック図を示すようにディジタル信号を±1にレベル変換し，搬送波と乗算することで実現できる。乗算器としては，リング変調器，アナログマルチプライヤなど各種のものあるがここでは**図5-30(a)**のリング変調器について述べる。リング変調器は，

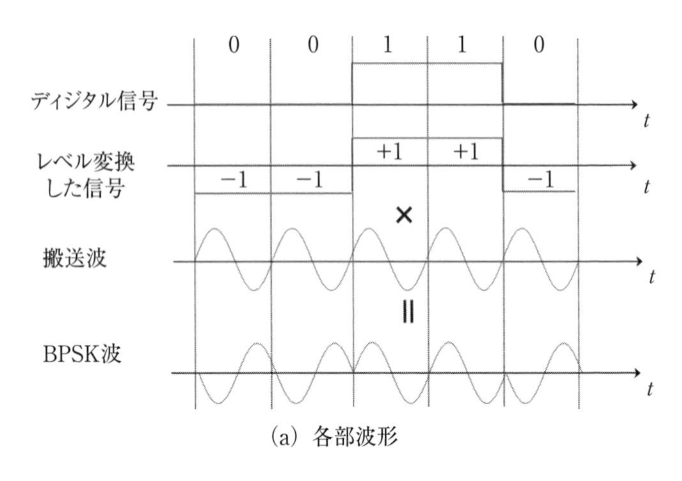

(a) 各部波形

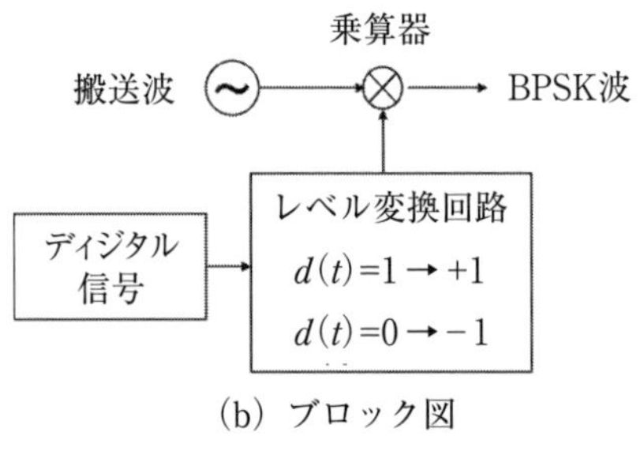

(b) ブロック図

図5-29　BPSK変調回路

ディジタル信号によって4つのダイオードのうち，2つずつを対で交互に切り換えて，負荷側の回路の接続をディジタル信号に応じて切り替えることにより，変調信号の極性を反転させて，出力するものである。**図5-30(b)**では，ディジタル信号の極性が+のとき，上下2つのダイオードが導通し，入力信号はそのままの位相で出力に現れるのに対し，**図5-30(c)**のディジタル信号の極性が−のときは，左右2つのダイオードが導通するため，入力信号の位相が反転して出力されることになる。

(5)　復調法

BPSK信号を復調するには，同期検波と遅延検波がある。まず，同期検波に

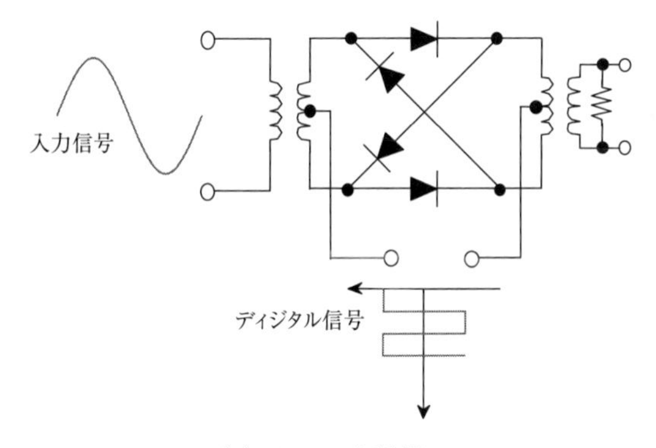

(a) リング変調器

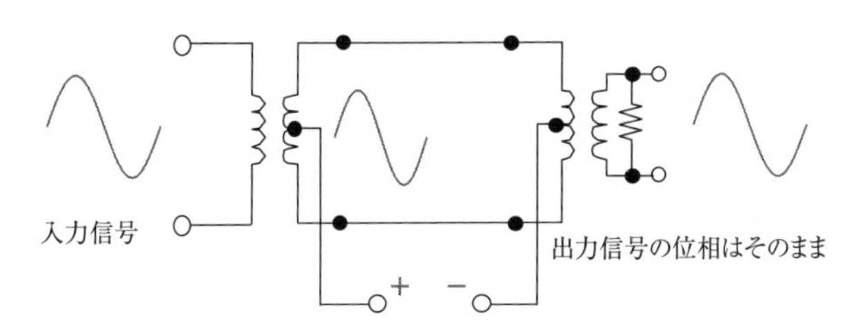

(b) ディジタル信号が＋のとき

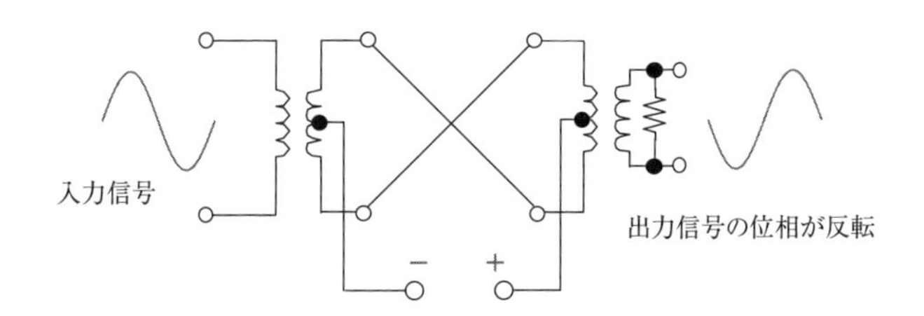

(c) ディジタル信号が−のとき

図5-30　リング変調器によるBPSK変調回路
(ディジタル信号と入力信号は同じ周期とする)

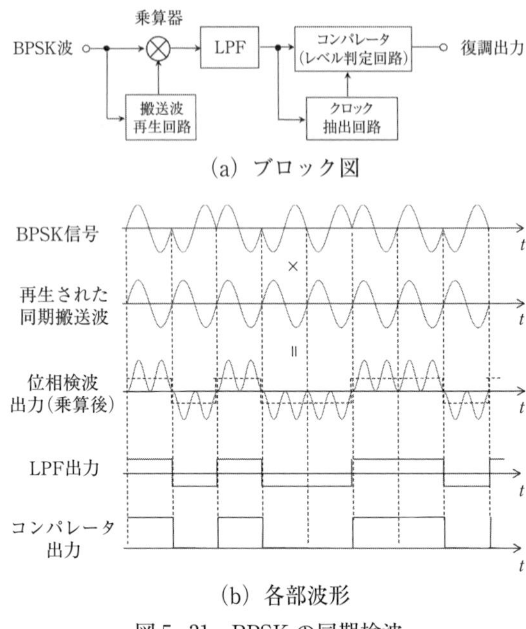

図5-31　BPSKの同期検波

ついて説明する。

図5-31(a)に示すように，同期検波回路は搬送波再生回路と位相検波回路等とからなっている。位相検波器としては乗算器が使用される。搬送波再生回路としてはPLL等が使用され，送信側と同じ周波数および位相を持った搬送波が受信側で得られるものとする。受信された信号は再生搬送波と乗算されLPFに送られる。その後，コンパレータにより0と1の判定がなされ復調出力となる。判定するタイミングは，クロック抽出回路によって得られる。**図5-31(b)**にBPSK同期検波回路の各部波形を示す。再生された搬送波（受信信号と同期が取れている）とBPSK信号を掛け算することにより，正負の直流分と元のディジタル信号の2倍の周波数成分を含んだ信号が得られることがわかる。この出力から，LPFにより直流成分だけを取り出し，コンパレータで

判定することで，元の0と1の値が再現できることになる。

同期検波の過程を式で解析してみる。BPSK信号は，式(5.33)で，

$$e_{\mathrm{BPSK}}(t)=\cos(\omega_c t+\phi_i)\quad \begin{cases}\phi_i=0 & (d(t)=0)\\ \phi_i=\pi & (d(t)=1)\end{cases} \tag{5.35}$$

と表されていた。この信号が伝送されると，途中で雑音が加わり振幅と位相が変化するが，ここでは伝送途中で雑音が無かったものと仮定する。すると，受信側には式(5.35)の信号がそのまま到着するので，この信号を復調することを考える。受信側では，搬送波再生回路で搬送波 $\cos\omega_c t$ を再生し，これを位相検波器で受信信号と掛け算する。従って，位相検波器出力は

$$\begin{aligned} &e_{\mathrm{BPSK}}(t)\cdot\cos\omega_c t\\ &\quad=\cos(\omega_c t+\phi_i)\cdot\cos\omega_c t\\ &\quad=\frac{1}{2}\{\cos(2\omega_c t+\phi_i)+\cos\phi_i\}\end{aligned} \tag{5.36}$$

となる。これからLPFにより $2\omega_c$ の成分を除くと，位相の項 $\cos\phi_i$ だけが残り，BPSK信号の位相が0か π かにより，出力が1/2または −1/2となる。これをコンパレータで0と1に変換すると，元のディジタル信号が得られる。

$$r(t)\approx\frac{1}{2}\cos\phi_i=\begin{cases}+1/2 & (\phi_i=0)\\ -1/2 & (\phi_i=\pi)\end{cases}\quad\Rightarrow\begin{cases}0 & (\phi_i=0)\\ 1 & (\phi_i=\pi)\end{cases} \tag{5.37}$$

以上が，同期検波（乗積検波）と呼ばれるものである。同期検波は基準となる信号を用いて復調するため誤り率が低い反面，**同期搬送波**を再生する必要があるため遅延検波に比べ回路が複雑になる。

(6)　同期検波の不確定性

同期検波を復調する場合，基準となる搬送波を再生する必要がある。受信側では，送信されてきた信号から搬送波を再生するので，送信されるデータに1（位相：0）が多数含まれている場合は，正しく**基準搬送波**を再生できるが，送信データに0（位相：π）が多数含まれている場合では，位相が反転した波形がたくさん含まれるため，再生される搬送波の位相も反転する可能性がある。また，搬送波を再生する場合，受信した搬送波を二乗した後2分周して再生し

た場合，基準搬送波の位相がわからなくなってしまう場合がある。そうすると，1と0が完全に反転して受信されることになる。このような位相の不確定性を避けるために，**差動符号化**(Differential Encoding) と呼ばれる技術が用いられる。これは，伝送する信号の絶対的な位相を伝送するのではなく，前の信号との位相差を伝送するものである。このように符号化したPSKを**DEPSK**(Differentially Encoded PSK；差動符号化PSK) と呼ぶ。差動符号を用いれば，同期検波して1と0が反転している場合でも差動符号を復号することで正しくデータを受信できることになる。差動符号化の仕組みは遅延検波器でも用いられるので，次の遅延検波のところで説明する。

(b) **遅延検波**

図5-32に遅延検波のブロック図を示す。遅延検波は，現在受信している信号と直前に受信した信号を利用して元の信号を再生しようとするものである。図に示すように，1ビット前の信号と現在受信している信号とを乗算してLPFを通すと，同相の場合に $+1/2$，逆相の場合には $-1/2$ がLPFから出力される。これをコンパレータで $+1/2$ を'1'に，$-1/2$ を'0'に復調するわけである。この場合，雑音が含まれた前の信号の位相を基準にするため，同期検波に比べ誤り率が低下するが回路は同期検波よりも簡単になる。回路としては，直前に受信した信号を1ビット遅延回路で蓄えておき，今受信した信号と比較を行う。しかし，前の信号と今の信号を単純に比較しただけで，元のデータを正しく受信できるわけではない。例えば，0→1ときた場合と1→0ときた場合は，0と1を比較して出力するだけでは同じ出力になってしまう。そこで，送る前に少し工夫をして送る必要がある。簡単にいえば，前のデータに次に送るデータの値を加えて送り，受け取った方では，ひとつ前に受け取った値から現在の値を引けば，その差から受信データを判定できる。BPSKの場合は，2を法とする足し算，引き算を行う。2を法とする演算は，A(mod 2)BあるいはA⊕Bで表す。例えば，0→1あるいは1→0と来た場合は，$0 \oplus 1 = 1$ を，1→1あるいは0→0の場合は，$1 \oplus 1 = 0$，$0 \oplus 0 = 0$ を送る。つまり，送信側では，前のデータと異なれば1を，同じであれば0を送ることで，前のデータと

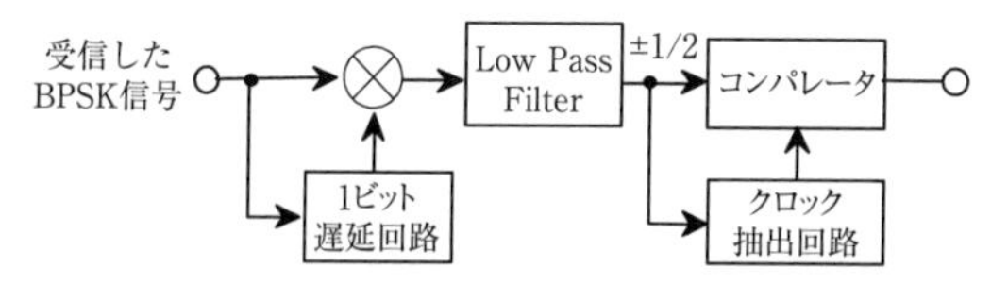

図 5-31　BPSK 復調回路（遅延検波）

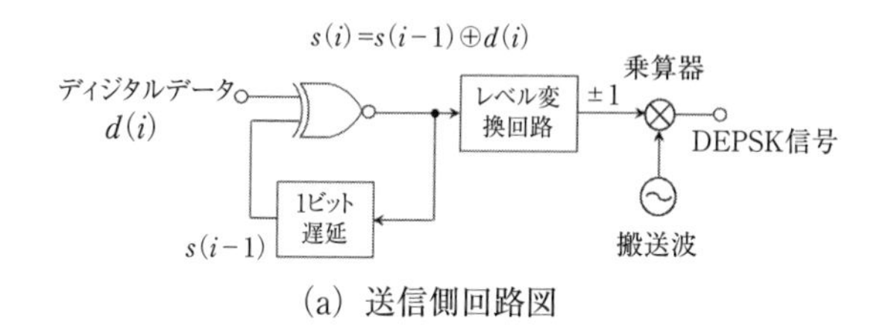

(a) 送信側回路図

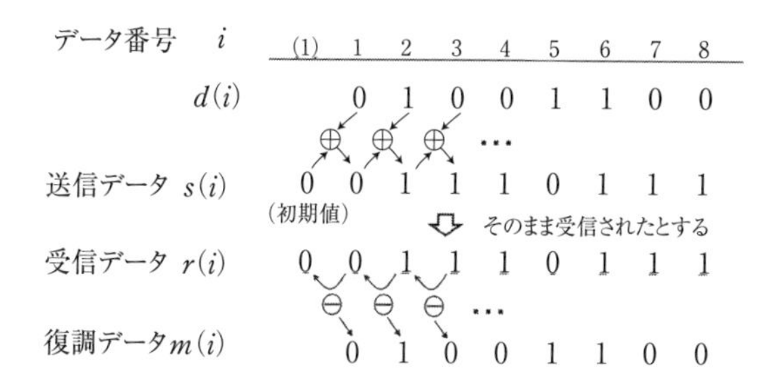

$s(i)=s(i-1)\oplus d(i)$. BPSK の場合，mod 2 の引算は mod 2 の加算と同じなので，$m(i)=r(i-1)\oplus r(i)$

(b) 符号化，複号化の流れ

図 5-32　差動符号化（初期値 s(0) が '0' の場合）

次に送るデータが，同じか異なるかという情報を伝送していることになる。受信側ではひとつ前のデータと今受信したデータとを比べ，同じか異なるかだけを判定すればよく，特に基準となる情報がなくても前のものとの比較だけで復調ができることになる。手順としては，**図 5-32 (a)** のブロック図と**図 5-32 (b)** の上半分に示したようにまず入力ディジタル信号 $d(i)$ を，次のような式で $s(i)$ に符号化する。

$$s(i)=s(i-1)\oplus d(i) \tag{5.38}$$

これを差動符号化と呼び，前のデータと今のデータが同じであれば0を，異なっていれば1を送信データとする。こうして得られた$s(i)$をBPSK信号にして送り出してやり，受信側では**図5-32(b)**下側の受信データから復調データを得る要領で遅延検波を行う。なお，初期データとしては次の問いに示すように0でも1でも良い。

【問5-9】**図5-32(b)**で，$s(i)$の初期値$s(0)$が1のときの図を描いて見よ。

解）この場合も前のビットとの差を符号化しているので，受信データは**図5-32(b)**と比べると0,1が反転しているが，復調データは同じとなる。つまり初期値は0でも1でも良いことになる。

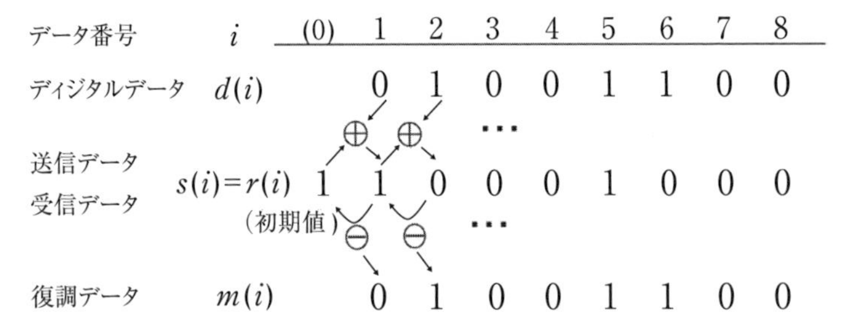

この間の受信データは**図5-32**の受信データが反転していることからわかるように，0と1が反転しているデータからも元のデータが正しく受信される。したがって，差動符号化すると，仮に受信したデータの1と0が完全に反転していても，差を取ることで元のデータを正しく受信できることがわかる。これより，同期検波において，再生搬送波の位相が反転して0と1が反転しても，差動符号化してあれば正しく受信できる。

5.4.3　4相PSK（QPSK）

BPSKでは，2種類の位相を用いてそれぞれの位相で0と1を伝送するため1ビットしか伝送できない。周波数帯域を変えずに2倍のデータを伝送するた

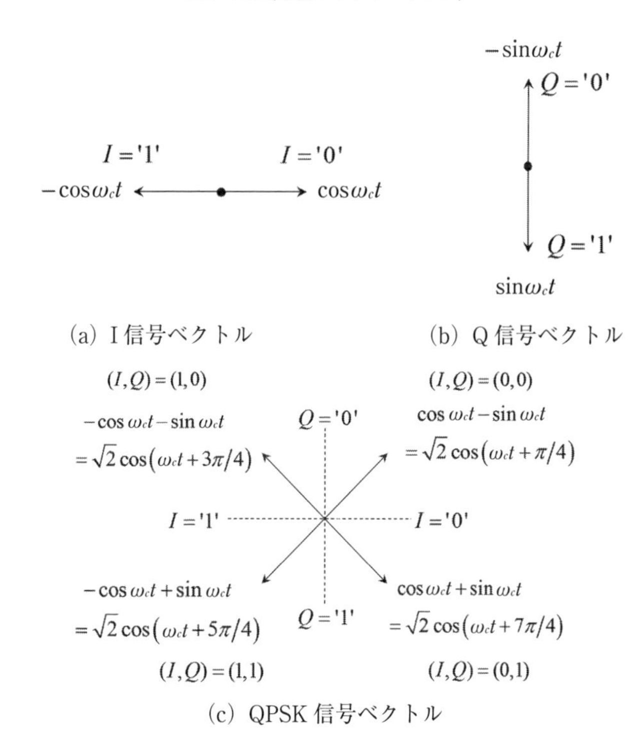

図 5-34　QPSK 信号を構成する I,Q 信号ベクトルと QPSK 信号ベクトル

めに，あるいは伝送速度を変えずに周波数帯域を半分にするには，4 相の位相変調を用いればよい。これが QPSK である。3 ビットのデータを送りたければ 8 相の PSK を，4 ビットを送りたければ 16 相の PSK を用いることになる。位相の異なる複数の正弦波形を用いて，各波形に複数ビットの情報を持たせて伝送するのが多相の PSK である。

(1) QPSK の信号割り当てとベクトル図

図 5-34 に QPSK 信号を構成する I,Q 信号ベクトルとそれに対するディジタル信号の割り当て，QPSK 信号のベクトル図を示す。図から明らかなように，QPSK 信号は，I と Q の 2 つの BPSK 信号ベクトルを作成しておき，これらを合成することによって作ることができることがわかる。I 信号ベクトルは，

cos 成分を表し，Q 信号ベクトルは sin 成分を表す。cos を基準にしているため，cos を I（Inphase；同相）信号ベクトル，sin を Q(Quadrature；1/4 つまり $\pi/2$ の意味。直交ともいう)信号ベクトルと呼んでいる。

【問 5-10】11010010 を 4 相 PSK で表せ（位相を示すベクトル図で）。

解）下図参照。11　01　00　10 なので，それぞれ，$5\pi/4$，$7\pi/4$，$\pi/4$，$3\pi/4$ となる。

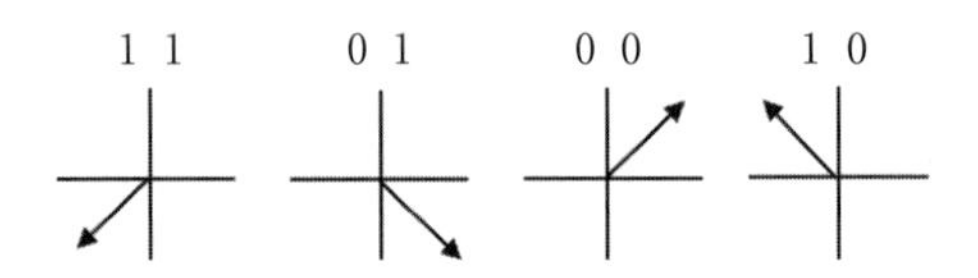

⑵　QPSK 変調回路

QPSK 信号を作る回路例を**図 5-35** に示す。図において，ディジタル信号 $d(t)$が直列に入ってくるので，2 ビットずつに区切り，直-並変換回路で並列に並び替える。入力された 2 つのビットをまとめてダイビットと呼び，(I,Q)で表すことにする。直-並変換回路の出力をレベル変換回路に通して，ディジタル信号 $d(t)$が 0 の場合は $+1$ に，1 の場合は -1 に変換しておく。2 つのレベル変換回路それぞれの出力を $i(t)$および $q(t)$とする。$i(t)$を基準搬送波（$\cos\omega_c t$）と掛け算し，I 信号ベクトルを得る。$q(t)$は基準搬送波を $-\pi/2$ だけ移相した搬送波($\sin\omega_c t$)と掛け算し，Q 信号ベクトルを得る。I と Q 2 つの信号ベクトルを合成することにより，QPSK 信号を得る。

図 5-35 の動作を式で説明する。乗算器の出力である I 信号ベクトルと Q 信号ベクトルを，それぞれ $I(t)$，$Q(t)$とする。基準となる搬送波信号(Inphase；同相の意味)を $\cos\omega_c t$ とすると，これと直交する Q 信号は $\pi/2$ だけ遅れているので，2 つの乗算器の出力は次のように表現できる。

$$I(t)=i(t)cos\omega_c t, \qquad i(t)=\begin{cases}+1 & (d(t)=0)\\ -1 & (d(t)=1)\end{cases} \tag{5.40}$$

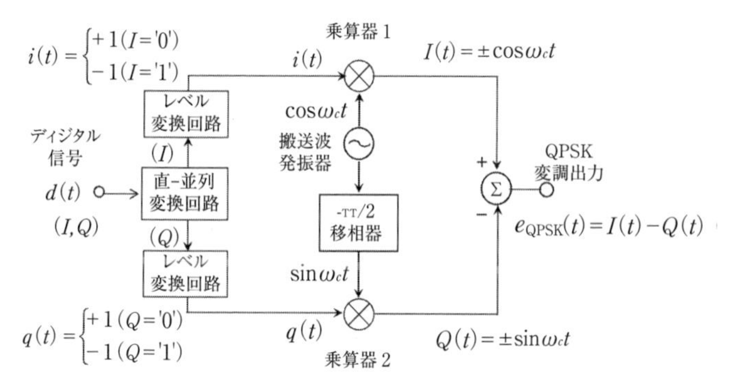

図5-35　QPSK変調回路の例

$$Q(t)=q(t)\sin\omega_c t,\qquad q(t)=\begin{cases}+1 & (d(t)=0)\\ -1 & (d(t)=1)\end{cases} \tag{5.41}$$

各ダイビット入力(I,Q)に対するQPSK信号出力$e_{QPSK}(t)$を計算すると

$$e_{QPSK}(t)=\begin{cases}\cos\omega_c t-\sin\omega_c t=\sqrt{2}\cos(\omega_c t+\pi/4) & (I,Q)=(`0', `0')のとき\\ -\cos\omega_c t-\sin\omega_c t=\sqrt{2}\cos(\omega_c t+3\pi/4) & (I,Q)=(`1', `0')のとき\\ -\cos\omega_c t+\sin\omega_c t=\sqrt{2}\cos(\omega_c t+5\pi/4) & (I,Q)=(`1', `1')のとき\\ \cos\omega_c t+\sin\omega_c t=\sqrt{2}\cos(\omega_c t+7\pi/4) & (I,Q)=(`0', `1')のとき\end{cases} \tag{5.42}$$

となり，QPSK信号となることがわかる。

(3) 復調回路

QPSKでも同期検波と遅延検波がある。まず同期検波について説明する。

(a) 同期検波

QPSK同期検波のブロック図を**図5-36**に示す。受信したQPSK信号から，同期検波に用いるための搬送波を再生する。再生した搬送波(基準信号)と受信したQPSK信号を位相検波器1（乗算器＋LPF）で比較し，位相差に応じた出力を取り出す。位相検波器2では，$\pi/2$位相をずらした搬送波（直交信号）と受信したQPSK信号の位相を比較し，それに応じた出力を得る。2つの位

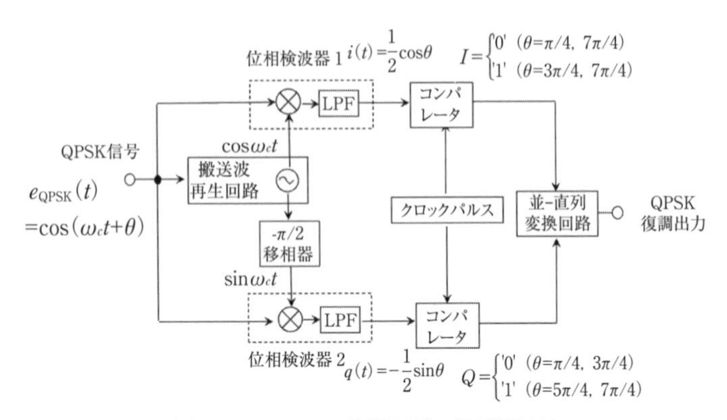

図 5-36　QPSK 復調回路（同期検波）

相比較器の出力をそれぞれ，コンパレータで 0 と 1 のディジタルデータに変換し，最後に並列データを直列データに並べ替えて，復調出力とする。式で復調出力を求めてみる。受信した QPSK 信号を

$$e_{QPSK}(t)=\cos(\omega_c t+\theta) \tag{5.43}$$

ただし，$\theta=\pi/4,\ 3\pi/4,\ 5\pi/4,\ 7\pi/4$

とする。同期検波なので搬送波を必要とする。受信側で再生して得た搬送波を

$$c(t)=\cos\omega_c t \tag{5.44}$$

とおく。位相検波器 1 の出力を $i(t)$，位相検波器 2 の出力を $q(t)$とすると，

$$\begin{aligned} i(t)&=e_{QPSK}(t)\cdot c(t)=\cos(\omega_c t+\theta)\cdot\cos\omega_c t \\ &=\frac{1}{2}\{\cos(2\omega_c t+\theta)+\cos\theta\} \\ &\approx\frac{1}{2}\cos\theta \qquad \text{(LPF通過後)} \end{aligned} \tag{5.45}$$

$$\begin{aligned} g(t)&=e_{QPSK}(t)\cdot c(t)=\cos(\omega_c t+\theta)\cdot\cos(\omega_c t-\pi/2) \\ &=\cos(\omega_c t+\theta)\cdot\sin\omega_c t \\ &=\frac{1}{2}\{sin(2\omega_c t+\theta)-\sin\theta\} \\ &\approx-\frac{1}{2}\sin\theta \qquad \text{(LPF通過後)} \end{aligned} \tag{5.46}$$

となる。これを識別器（コンパレータ）で2値信号に変換し，さらに並列－直列変換を行うと，元のディジタル信号が得られることになる。

(b) 遅延検波

QPSKの遅延検波はBPSKの場合と同様に，送信時にあらかじめ足し算し，受信時に差をとるもので，BPSKで用いた遅延検波を4相に拡張したものである。原理としては，送信時には直前に伝送した符号の位相に，今送る符号の基準からの位相差を足し算した符号を送信する。受信側では，直前に受信した符号の位相を基準として，今受信した符号の位相との差をとれば，送った符号の位相がわかるので，容易に復号することができる。具体的には，'00'：$\pi/4$，'10'：$3\pi/4$，'11'：$5\pi/4$，'01'：$7\pi/4$と割り当ててある場合，'00'を基準とすると，基準からの位相差は，それぞれ，'00'：0，' 10'：$\pi/2$，'11'：π，' 10'：$3\pi/2$となるので，この位相差を前の符号の位相に加えて送ればよい。計算上は，0，$\pi/2$，π，$3\pi/2$の各位相を0〜3で表し，4を法とする加算を行うとよい。BPSKの場合は1ビットの伝送であったので，前の符号と加算すると，結果は0,1,2のいずれかになり，送信できるのは0と1だけなので，2の代わりに0を伝送していた。QPSKでは，0,1,2,3の4つの値を伝送するので，前の符号と加算すると，結果は0〜6まで生じることになる。QPSKでは0〜3までしか伝送できないので，4以上については，4の剰余(modulo)を送信することにする。受信側では差をとるだけなので，これで問題ない。

図5.36にQPSKにおける遅延検波方式の符号化，復号化の過程を示す。まず，ディジタルデータ（グレイコード）を位相に比例する番号に変換する。そして，前に送信したデータの番号に，今から送信するデータの番号を加えたものを作り，その番号に対応した位相の信号を伝送する。このようにするのは，グレイコードは，00→10→11→01の順になっているため，そのまま2進数として加算すると，位相の変化量と一致しないためである。番号に変換することで，00：$\pi/4$，10：$3\pi/4$，11：$5\pi/4$，01：$7\pi/4$が0(0)，1($\pi/2$)，2($\pi/2$)，3($3\pi/2$)と対応づけられ，位相の変化量に一致することになる。受信側では，**図5.36(b)**の回路を用いることで，前後の受信データの位相差に応じて，復号

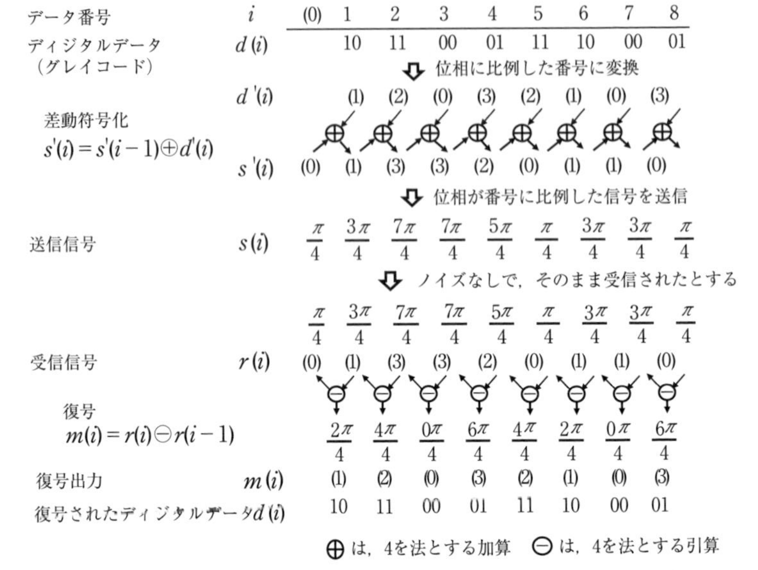

図5-36　QPSKにおける遅延検波方式の符号化，復号化の過程

されたグレイコードが出力される。なお，**図5.36**の$d'(i)$は送信する2ビットのディジタルデータ（グレイコード）の位相に対応する番号で，$s'(i)$は次の式で4を法とする加算を行った値である。

$$s(i)=s(i-1)\oplus d(i) \tag{5.46}$$

伝送路で雑音が無かったと仮定すると，送信信号がそのまま受信信号となる。$r(i)$を受信信号の位相に対する番号とすると，$r(i\text{-}1)$は$r(i)$を1信号分遅延させたもの，つまり一つ前の信号で，$m(i)$がこれらの差を取って得られる番号である（この引き算も4を法とした演算で，結果が負の場合は4を加える）。そして，この$m(i)$に対応したグレイコードを出力すると，元のディジタルデータが得られる。**図5.37(a)**に遅延検波方式の復号を行う回路のブロック図を，**図5.37(b)**にブロック図内のコンパレータ出力を示す。この回路では1信号分遅延させた信号をさらに±$\pi/4$ずらし，位相検波器で1つ前の信号と乗算する。乗算出力をLPFに通すことで，位相差に応じた出力が得られる。具

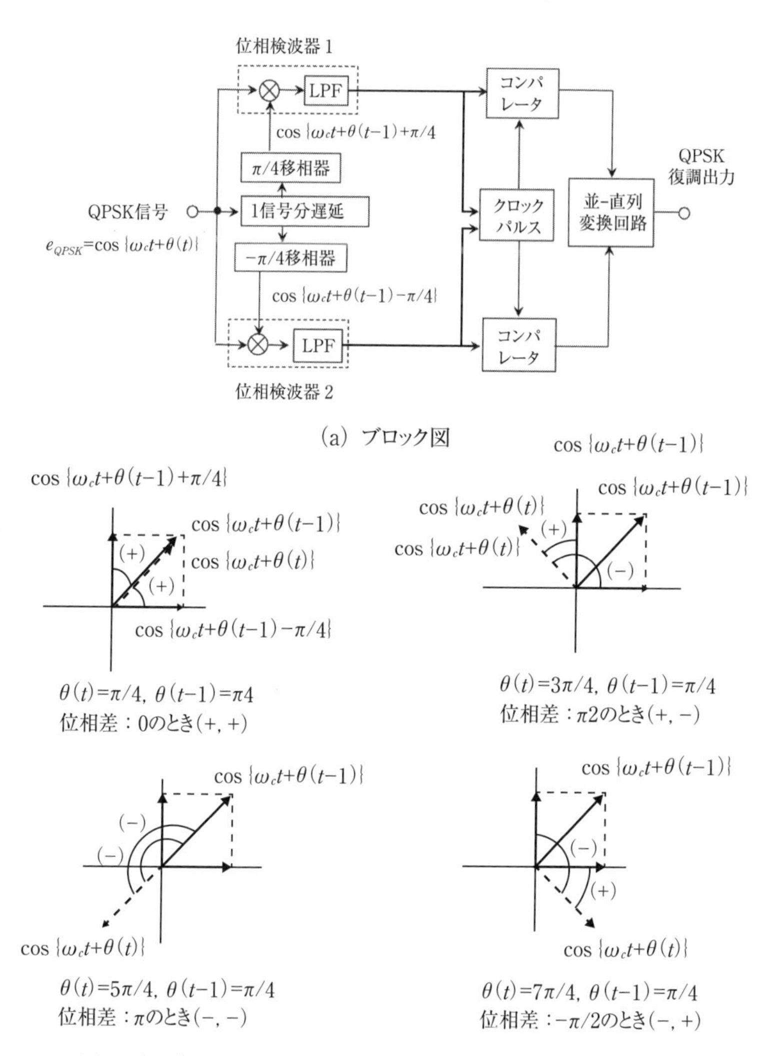

(a) ブロック図

(b) $\theta(t-1)=\pi/4$ に対する，$\theta(t)=\pi/4$，$3\pi/4$，$5\pi/4$，$7\pi/4$ の各入力に対する（位相検波器+LPE）出力の符号

図 5 -37　QPSK 復調回路(遅延検波)

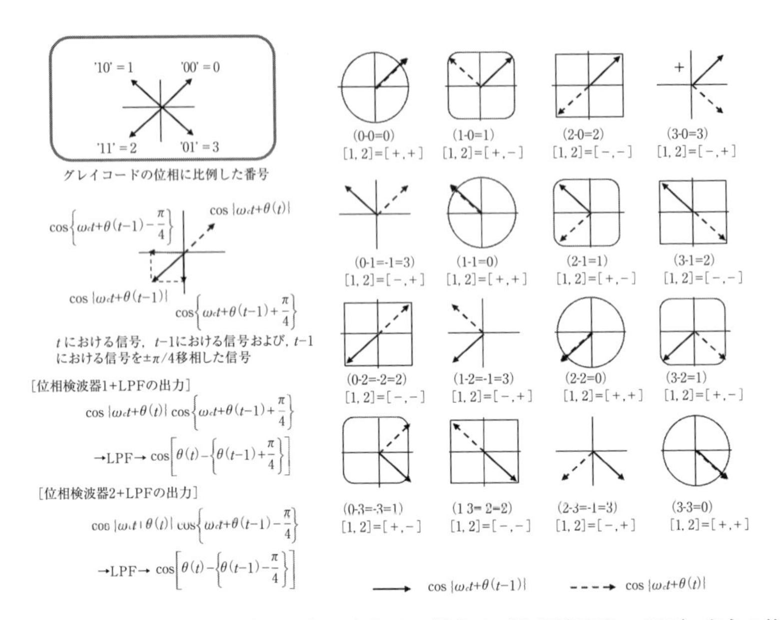

図5-38　θ(t)とθ(t−1)の全ての組み合わせに対する（位相検波器+ LPF）出力の符号

体的には，**図5.37(b)**に示すように，時刻tで受信した信号の位相から，一つ前の時刻t-1で受信した信号の位相を引いた値が0であれば（+，+），$\pm\pi$であれば（−，−），$\pi/2$であれば（+，−），$-\pi/2$であれば（−，+）の符号が出力される。この出力をコンパレータに通し，+，−をそれぞれ0，1に戻せば元のディジタル信号が復号できる。**図5.38(c)**に，θ(t)とθ(t-1)の全ての組み合わせに対する，（位相検波器1 + LPF）と（位相検波器2 + LPF）の出力の符号を示す。図で，円で囲ったものが位相差なし，四角で囲ったものが位相差π，角の丸い四角で囲ったものが$\pi/2$，何も囲っていないのが$-\pi/2$の位相差の場合である。

5.4.4　オフセットQPSK（OQPSK）

QPSKでは**図5-39(a)**に示すように，信号ベクトルが位相$\pi/4$と$5\pi/4$の間，また$3\pi/4$と$7\pi/4$の間で切り替わるときは原点を通る。そのため，この

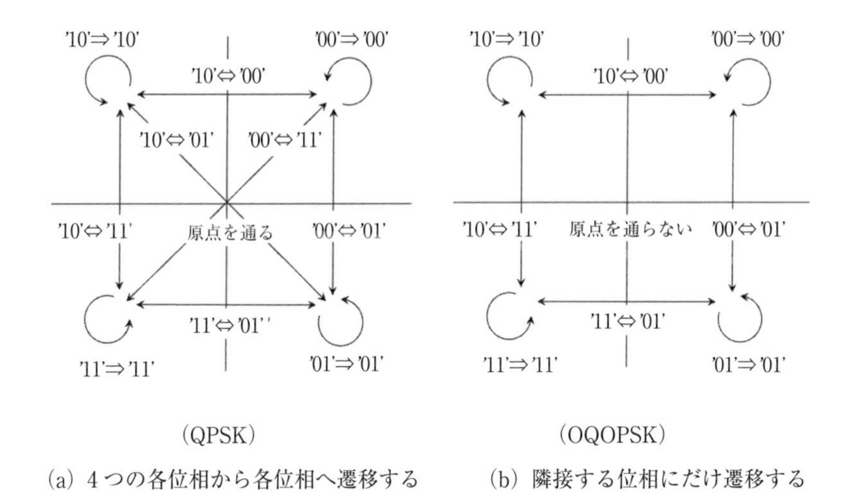

(a) 4つの各位相から各位相へ遷移する　(b) 隣接する位相にだけ遷移する

図5-39　QPSK信号とOQPSKの信号ベクトルの遷移

ような遷移が生じるときにQPSK信号の位相変化を正しく伝送するためには0V付近を含む時間波形を正確に伝送する必要がある。従って，QPSK信号が通過する回路（増幅器など）が0V付近の小さい電圧から振幅最大の電圧まで正確に波形を伝送しなければならない。つまり通過する回路の入力と出力の波形が正確に比例していなければならない（線形性がよくなければならない）ことになる。増幅器の場合，電力消費が大きいA級増幅器を使用しなければならず携帯電話のように電力消費を抑えたい装置では好ましくない。そこで，ここで述べるOQPSKあるいは次に述べる**π/4シフトQPSK**を用いると，信号ベクトルの変化点で原点付近を通らないため，増幅する電圧範囲が狭まり電力効率のよい増幅器を用いることができる利点がある。

図5-40にディジタルデータに対するQPSKとOQPSKの信号の変化を示す。図からわかるようにQPSKの場合は2ビットごとに位相が変化しているが，OQPSKの場合は1ビットごとに位相が変化しており，QPSKの**ダイビット**の片方が必ず次の信号に重なるように変化するため，信号の隣同士では1ビットしか変化しない。これによって，**図5-39**に示したように，QPSKでは位相が

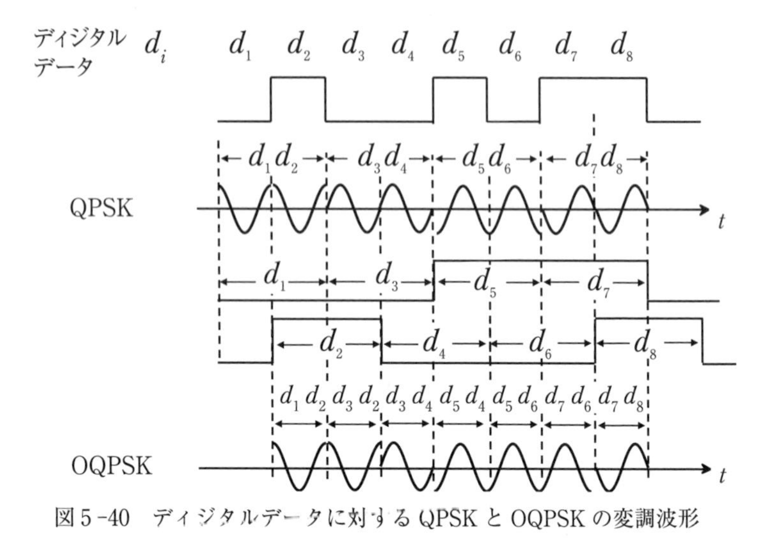

図5-40　ディジタルデータに対するQPSKとOQPSKの変調波形

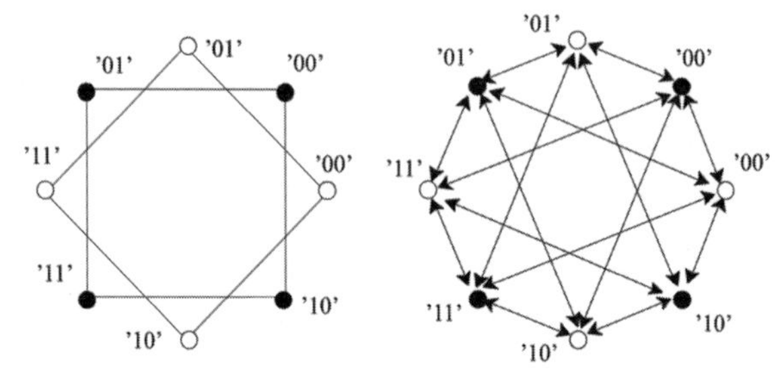

(a) 2組のQPSK信号を用いる　　　(b) 交互に用いる

図5-41　π/4シフトQPSK信号の信号ベクトルの遷移

変化するときに原点を通るが，OQPSKの場合の位相変化は元の位相か隣の位相にしか移動せず，原点を通らないことになる。なお，**図5-37(b)**はOQPSKの位相の遷移を示している。

5.4.5　π/4シフトQPSK(π/4-Shift QPSK)

OQPSK同様に，原点付近を通らずに位相が遷移する方式として，日本のディジタル方式の携帯電話(PDC;Personal Digital Cellular)やPHS(Personal Handyphone System)で用いられていた$\pi/4$シフトQPSK方式がある。これは，信号ベクトルの位相が，**図5-41(a)**に示すように，黒丸で示した4つの位相と白丸で示した4つの位相の2つの位相のグループを準備しておき，**図5-41(b)**に示すように，2ビットごとに各位相のグループ間で遷移するもので，黒丸のいずれかの位相にあった信号は，次の時点では必ず白丸のいずれかに，逆に白丸のグループにあった信号は次の時点では黒丸のグループに遷移する。これにより，信号ベクトルの振幅が原点付近を通ることがないので，前述のような増幅器の問題がQPSKよりも改善される。

【問5-11】 $\pi/4$シフトQPSKで下左図の黒丸の'00'からスタートして，11101001を伝送する場合，どのような位相変化をたどるか，図に矢印と番号で示せ。

解）下右図の通り，黒丸の次は白丸，白丸の次は黒丸に遷移する。

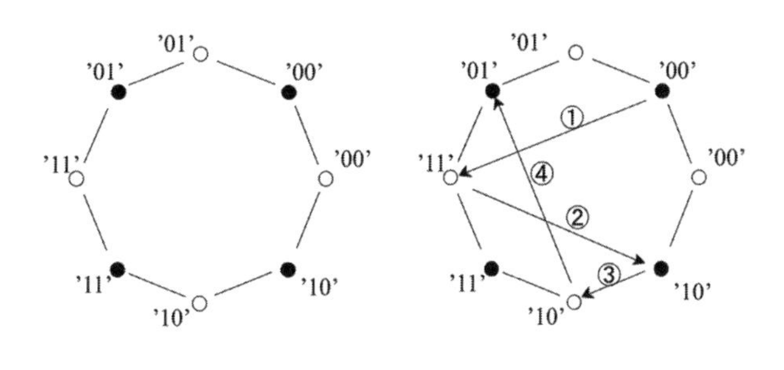

5.4.7 誤差ベクトル振幅精度（EVM）

QPSK信号の雑音がある場合と，ない場合の信号点配置図を**図5-42**に示す。雑音が多いと，受信した信号点の位置がばらつくことがわかる。QPSK等のディジタル変調の品質を表すものとして，基準となる信号と実際の信号との比較を行い，伝送系や変調器の特性を測定するために，**誤差ベクトル振幅精度**(**EVM**；Error Vector Magnitude)が用いられる。EVMは，ディジタル変調における変調確度を表す尺度である。**図5-43**に理想的な信号ベクトルと，実際

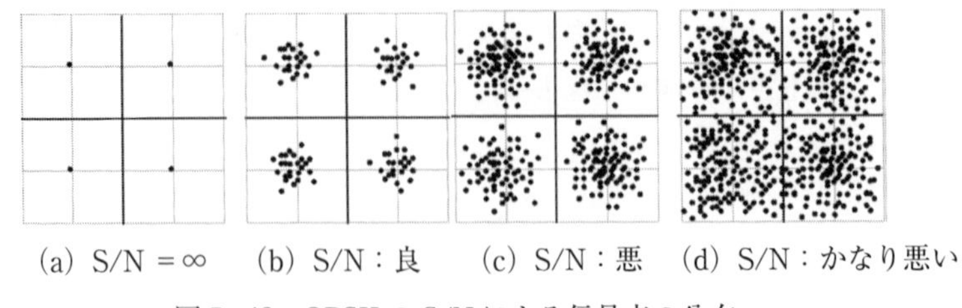

図5-42　QPSKのS/Nによる信号点の分布

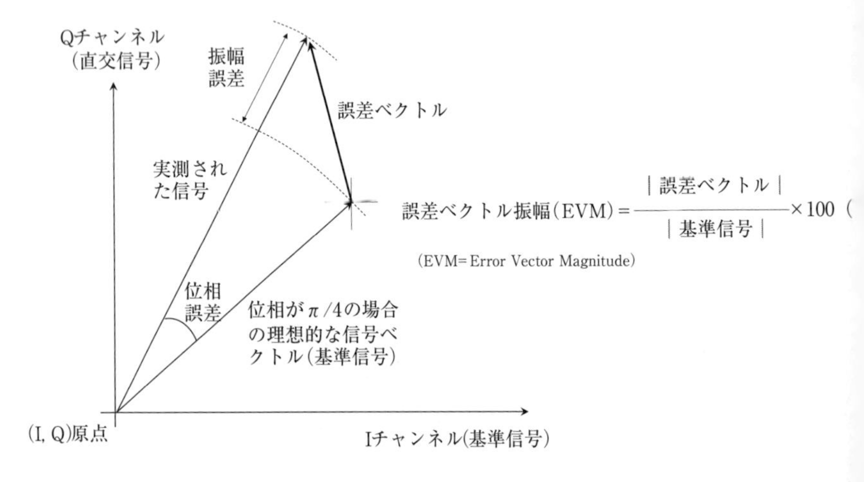

図5-43　EVM，振幅誤差，位相誤差，I/Q原点

に得られた信号波形においてEVM，**振幅誤差**（半径方向の振幅の誤差），**位相誤差**（回転方向の位相誤差）を示す。EVMだけでなく，振幅誤差，位相誤差を測定することにより，どちらの成分がEVMに影響しているかを見極め，その誤差の原因が何によるものかを推定するのに役立つことになる。

5.5　多値変調技術

5.5.1　概要

前節まででPSKの多値変調法を述べてきたが，ASKやFSKについても多値のものがある。**多値 ASK** の場合は周波数帯域幅は拡がらないが，振幅が変化するため一定の誤り率にするには送信電力を増やさなければならない。逆に多値 FSK は，電力は一定でよいが，多くの周波数で情報を送るため一種のスペクトル拡散となり帯域が拡がってしまう。そこで，これらをうまく組み合わせることで帯域を拡げず多値化する技術が開発されている。一般に PSK と ASK を組み合わせたものがよく知られており，**QAM** または **APSK** と呼ばれる。以下，これについて述べる。

5.5.2　直交振幅変調(QAM)

(1)　概要

前節までで述べてきた，4 相の PSK の位相をさらに細かく分割して 8 相，16 相と多相化すると周波数帯域幅を変えずにより多くのビットを伝送できて都合が良いように考えられる。しかし，位相差を狭くしていくとそれに従って誤りが増えていく。これは，**図 5-44** に示すように受信信号は雑音が信号ベクトルの先端に重畳したものであることを考えると，'0'を送信したとき受信信号ベクトルの先端が雑音により'1'の領域に入り込んで来なければ誤りにはならないが（図 5-44(a)），入り込んで来ると誤りになることがわかる（図 5-44(b)）。**図 5-44(c)** は QPSK の場合で，この場合も隣接する領域に入り込まなければ誤りは生じない。**図 5-45(a)** の BPSK の場合，（信号ベクトルの振幅 A_2）＞（雑音ベクトルの振幅 n_2）なら誤りは生じない。また，**図 5-45(b)** の QPSK の場合は $A_4 \sin\pi/4 > n_4$ なら誤りは生じない。従って，QPSK で BPSK と同じ大きさの雑音（$n_2 = n_4$）が入っても誤りが生じないためには，$A_4 > A_2/\sin\pi/4$ でなければならない。つまり，BPSK の場合の信号ベクトルの大きさを $A_2 = 1$ とすると $A_4 = \sqrt{2}$ となり，QPSK の場合は，信号ベクトルの大きさを $\sqrt{2}$ 倍（電力だと 2 倍）にしなければならないことがわかる。

このように，より多くのビットを同時に送るために位相だけで多値にするとどうしても位相差が小さくなり誤りが増えてくる。位相差が小さくなることによる誤りの増加よりも振幅の変化による誤りの方が少ないのを利用して，位相

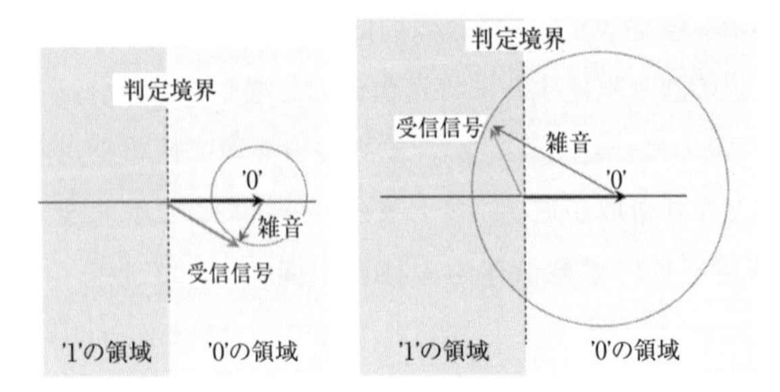

(a) 誤りがない場合 (BPSK)　(b) 誤りが生じる場合 (BPSK)

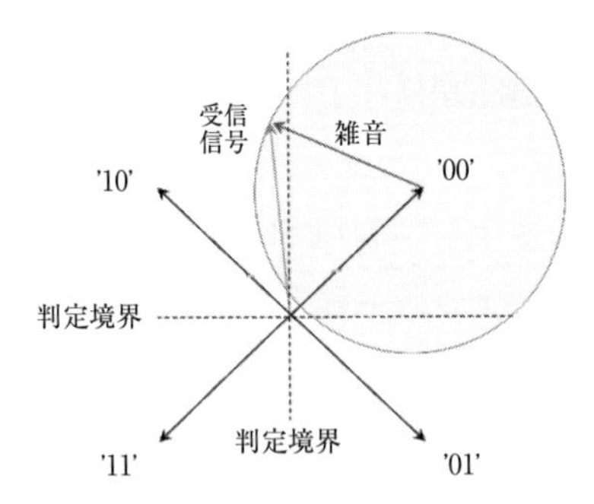

(c) QPSKで誤りが生じる場合

図5-44　雑音と信号ベクトル

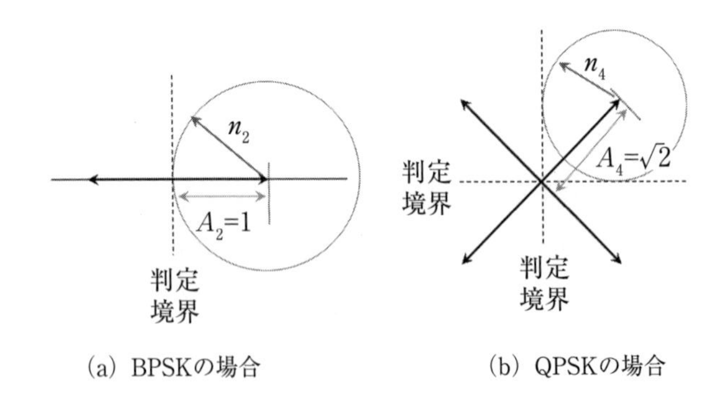

(a) BPSKの場合　　(b) QPSKの場合

図5-45　同じ大きさの雑音誤り率に必要な信号ベクトルの大きさ

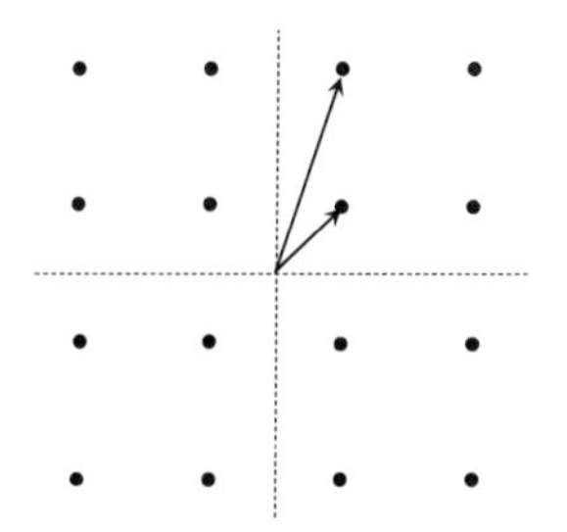

図 5-46　16 QAM の信号点配置図

変調と振幅変調を併用する方式がある。例えば，同じ伝送速度の例として **16PSK** と **16QAM** があるが，16PSK よりも 16QAM の方の誤り率が少ない。16QAM や 64QAM は地デジで，256QAM はディジタルマイクロ波伝送方式で使われ，スーパー G3 ファクシミリでは 1664QAM が使用されている。

16 QAM の信号点配置図を**図 5-46** に示す。図には，2 つだけベクトルが描いてある。

【問 5-12】振幅が 1V の信号で QPSK 信号を伝送している。8PSK になっても同じ大きさのノイズに耐えるためには，信号の電圧を何倍にすればよいか。

解）図の N が等しくなるときの A を求めればよいので，QPSK の N は，$N=\sin 45°$，8PSK では，$N=A\sin 22.5°$ なので，$A=\sin 45°/\sin 22.5°=1.85$ 倍である。電力ではこの 2 乗の 3.41 倍である。

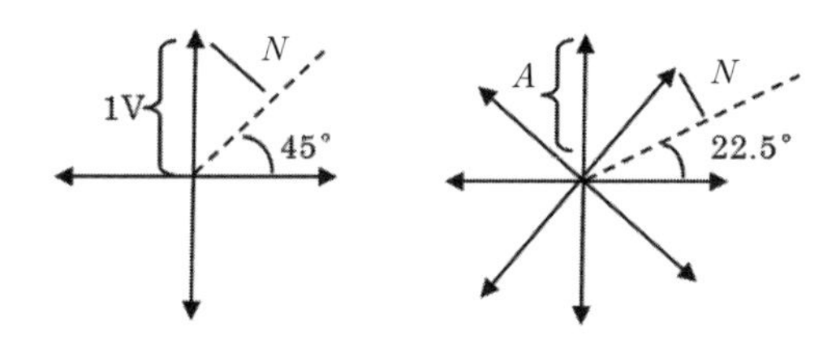

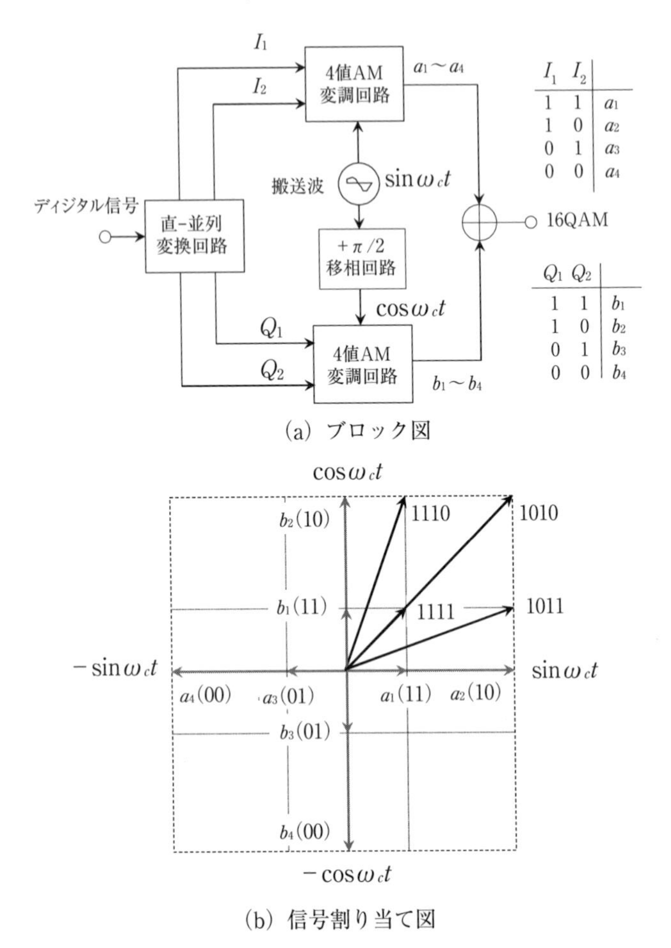

(a) ブロック図

(b) 信号割り当て図

図5-47　16QAM変調回路（直交振幅変調・合成法）

(2)　16QAM変調回路

(a) 直交振幅変調・合成法

図5-47(a)に示すブロック図により，**図5-47(b)**のような信号割り当てを持つ16QAM信号を作ることができる。**図5-47(a)**における4つの入力データI_1，I_2およびQ_1，Q_2はそれぞれ，a_1〜a_4およびb_1〜b_4の4値のアナログ値に

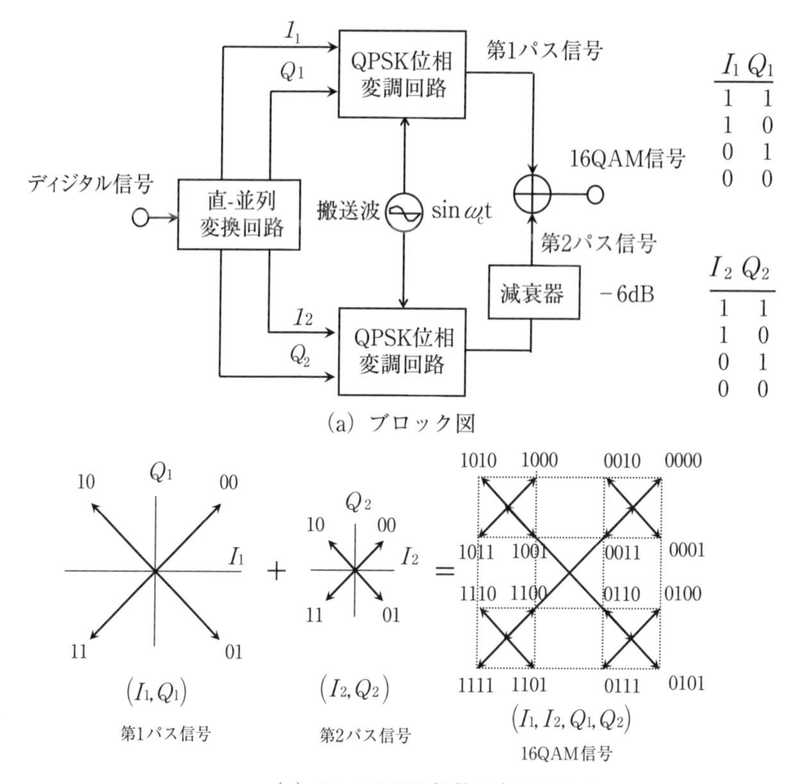

(a) ブロック図

(b) 2つのQPSK信号の和でできる

図 5-48　重畳変調方式

変換され，これでAM変調を行う。このときに使用する搬送波が sin と cos で，位相が互いに $\pi/2$ ずれた（直交している）ものを使用するので，直交変調の名がある。2つの4値AM波を合成することにより，16QAMを作り出している。なお，ここでは sin を I，cos を Q と割り当てている。

(b) 重畳変調方式

図 5-48 に示すように，2つのQPSK位相変調回路を用いて，大きい振幅のQPSK信号とその半分の大きさのQPSK信号を作り，それらの出力を合成して，16QAM変調を行う方式である。大きい方のQPSK信号を表すベクトルの

先端に，大きい方半分の大きさ（-6 dB）の QPSK 信号の原点を置いて考えるとよい。

【問 5-13】**図 5-48** の 16 値 QAM 変調回路において，AM 変調出力を -1.5，-0.5，$+0.5$，$+1.5$ の 4 値として，(I_1, I_2)，$(Q_1, Q_2)=$ ('1'，'0')，('0'，'1')のときの出力の式を求よ。

解）$1.5\sin\omega_c t-0.5\cos\omega_c t=\sqrt{2.5}\sin\left(\omega_c t+\tan^{-1}\left(\dfrac{-0.5}{1.5}\right)\right)$

【問 5-14】16 PSK と 16 QAM の信号配置図を描け。

解）次のように書けばよい。図からわかるように，16PSK は 1 つの振幅を用い，16QAM は 3 つ用いていることがわかる。

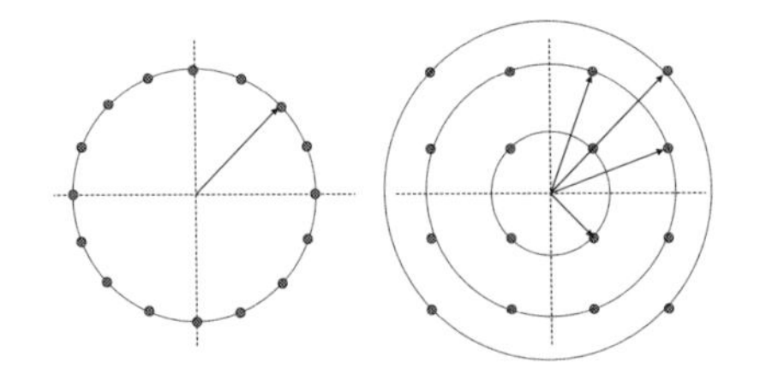

5.6　OFDM 変調方式

ひとつの副搬送波を用いて伝送している情報の量を増やすためには，複数の副搬送波を用いて並列に伝送すればよさそうである。しかし，単に多くの副搬送波を用いただけでは，隣接する副搬送波と混ざるため**ガードバンド**と呼ばれる周波数の隙間を空ける必要があり，使用できる帯域内で多くの副搬送波を用いることができない。これに対して **OFDM** では直交した副搬送波を用いることでガードバンドなしでびっしりと副搬送波を詰め込むことができ周波数利用効率が高い。また副搬送波のそれぞれを多値変調することで多くの情報を伝送できる。なお，ここで副搬送波という言葉を用いているのは，副搬送波を用いていったん変調をかけた後，主搬送波と呼ばれる信号に周波数変換して送られるためである。

OFDM の利用例としては地上デジタル TV 放送や無線 LAN がある。地上デジタル TV 放送はアナログ TV 方式で用いていた 1 チャンネル当たり 6MHz の帯域幅を 14 セグメント（1 セグメントは 429kHz）に分割し，そのうちの 13 セグメントを伝送用に用い，残りの 1 セグメントを隣接するチャンネルとの混信防止用として用いる。HDTV（High Definition Television，高精細度テレビジョン，1440 × 1080 または 1920 × 1080 画素）を伝送するためには 12 セグメント，SDTV（Standard definition television，標準解像度テレビ，640 × 480 画素）を伝送するには 4 セグメント，**ワンセグ**（320 × 240 画素）の放送には 1 セグメントが必要である。従って，1 チャンネルで HDTV 放送 1 番組とワンセグ放送，SDTV 放送 3 番組とワンセグ放送などの同時放送が可能である。副搬送波の数はセグメント当たり 108 本から 432 本まで変えることができ，副搬送波のそれぞれも QPSK，8PSK，16QAM，64QAM などの多値変調方式を切り替えることができる。これにより家庭用受信機の固定アンテナによる受信など S/N のよい回線では伝送速度を重視し，車載受信機で受信するような S/N の悪い回線ではワンセグ放送のように伝送速度よりも誤り率を重視した放送を行うことができる。また，ビルの反射などで生じるマルチパスの影響を避けるためにガードインターバルという技術を用いると共に，各種の誤り対策を用いることで信頼性のある通信を実現している。無線 LAN の規格である IEEE802.11a では，1 チャンネル当たり 16.6 MHz の周波数帯域を用い全部で 52 本の副搬送波を使用している。また，他の通信システムに電磁障害を与えないように，副搬送波の中で**キャリヤホール**と呼ばれる使用しない周波数帯を設け，その部分の副搬送波は使わないようにしている。例えば，電力線モデム（2 MHz〜30 MHz）では**図 5-49** に示すようにアマチュア無線（3.5，7，14，21，28 MHz）や短波放送（4，6，10 MHz 付近）で使用している周波数のところだけはノッチと呼ばれる副搬送波を省く部分を設けて通信を行うようにしている。OFDM では多くの副搬送波を利用できるので，このように多少の副搬送波を

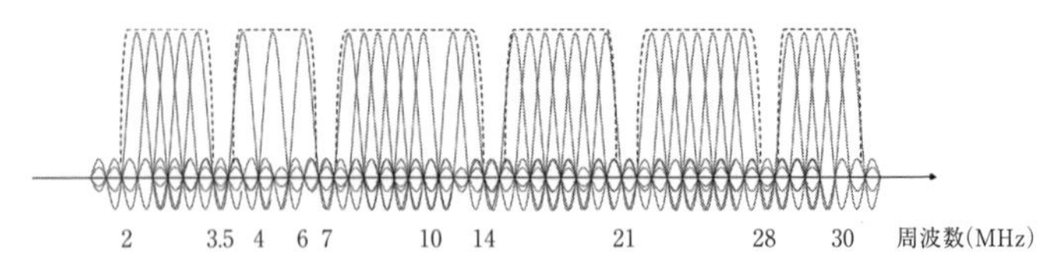

図5-49　キャリヤホールを用いた他の通信システムへの妨害防止

使わないということも可能である。

5.6.1　信号の直交性

OFDMでは，多数の直交した副搬送波を用いる。ここでは，直交性について述べる。正弦波と余弦波の掛け算を考えてみる。n，m を整数（$n \neq m$），$T_0=1/f_0$（$\omega_0=2\pi f_0$）を基本周期として，$\sin n\omega_0 t$，$\sin m\omega_0 t$，$\cos n\omega_0 t$，$\cos m\omega_0 t$ のうちいずれか2つを掛け算して基本周期 T_0 の区間を積分すると零になる。つまり，周波数がある周波数の整数倍になっていれば，自分以外の信号は掛け算して1周期の平均を取ると消えてしまうことがわかる。逆に言えば，ある信号を取り出したい場合それと同じ周波数の信号を掛け算すれば，取り出したい信号以外は消えてしまうので，周波数を変えて掛け算していけばある周波数の信号を取り出すことができることになる。例えば100 kHzの10，11，12倍の周波数を同時に伝送したとすると，それぞれ1.0，1.1，1.2 MHzの信号になるが，この中から1.0 MHzの信号だけを受信したければ1.0 MHzを掛け算して100 kHzの1周期積分すると，1.0 MHz以外の成分は消えてしまうので，1.0 MHzの信号だけが受信されることになる。これが，OFDMの基本となる考えである。

5.6.2　マルチパスの影響

マルチパスとは，**図5-50**に示すように電波が伝播する経路が送信点から受信点に直接届く経路だけでなく，地面やビルによる反射あるいは屋根による回折などで複数の伝播経路がある場合，これらの複数の伝播経路のことを指す。

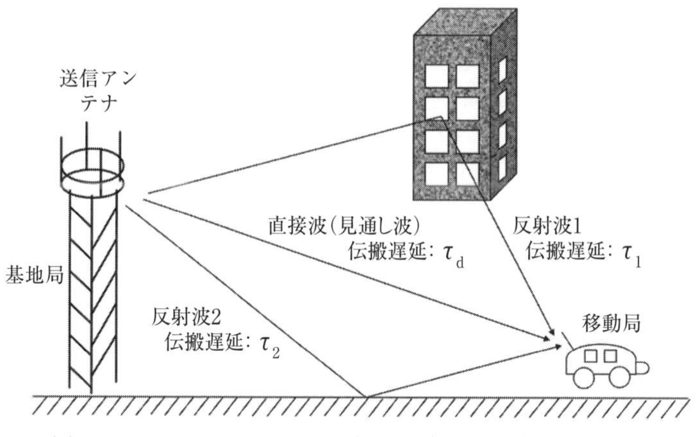

図 5-50　マルチパスにおける直接波（見通し波）と反射波

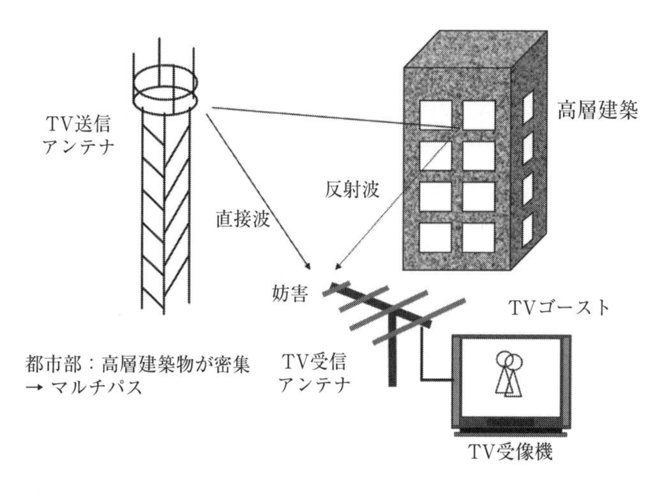

図 5-51　マルチパスによるアナログ TV 画面のゴースト画像

マルチパスがあると各経路を通ってくる電波の伝播距離がそれぞれ異なるため，経路を信号が伝播する時間（伝搬遅延時間）に少し差が生じる。そのため，受信地点では位相差のある複数の信号を受信することになる。これによって，例えばアナログ TV の場合は**図 5-51** に示すように画面にゴーストと呼ばれる画像の重なりが生じていた。

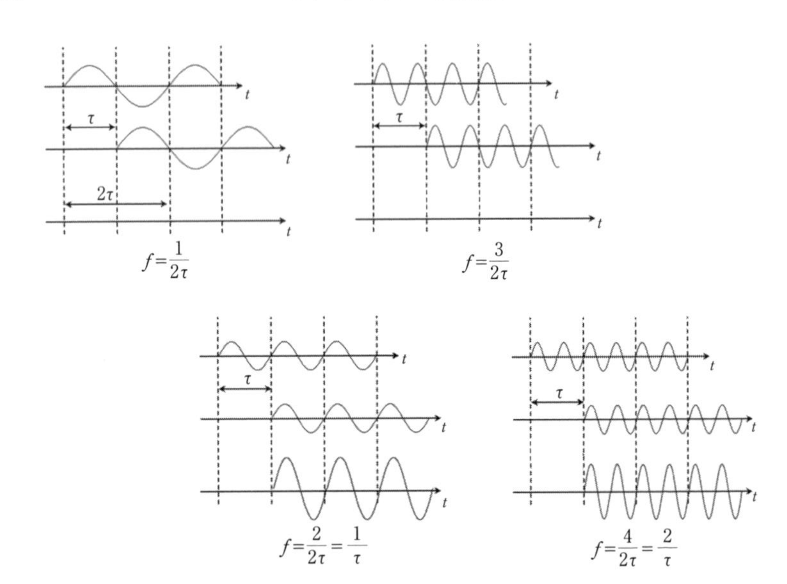

図5-52 マルチパスによる反射波と直接波の相殺，加算
（各図の上：直接波，中央：反射波，下：合成波）

マルチパスは周波数選択性フェージングを引き起こす。直接の経路（見通し経路と呼ぶ）により受信した信号（直接波あるいは見通し波と呼ぶ）と地面やビルなどで反射して届いた信号（反射波）の位相差がπだけあったとすると，互いに位相反転した信号となるため，受信した信号は大きく減衰することになる。この場合，位相差がπになるのは周波数領域ではある特定の周波数のときであり，この周波数成分だけが減衰することになるのでこれを**周波数選択性フェージング**と呼んでいる。

伝播遅延時間と周波数選択性フェージングの関係を考えてみる。直接波と反射波の伝播遅延時間の差がτ秒であったとする。**図5-50**上側に示すように，2τ秒内に奇数の周期が入ると，τ秒の時間遅れにより位相が反転した信号が受信され，これが元の信号に加算されることで，信号が相殺されて弱くなってしまう。従って，周波数選択性フェージングが生じる周波数は$1/2\tau$ [Hz]の奇数倍である。同様に，**図5-52**下側に示したように2τ秒内に偶数の周期が

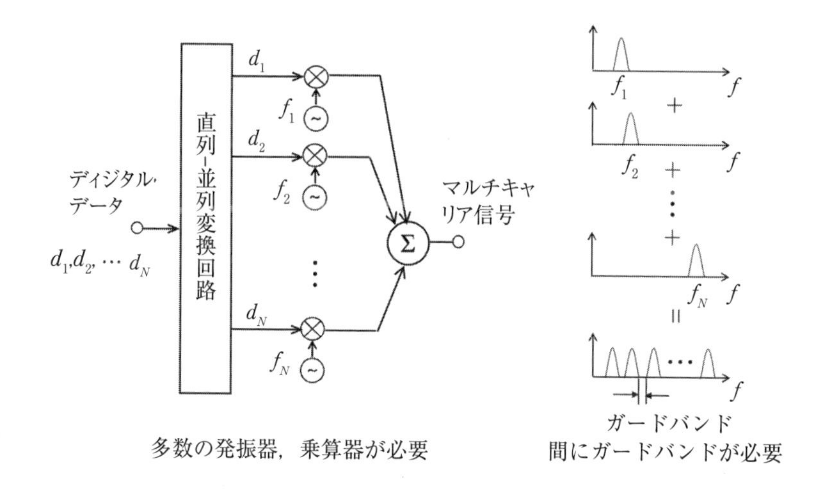

図5-53 マルチキャリア方式のブロック図と周波数スペクトル

入っていると，τ 秒ずれた場合位相が一致するため，信号が加算されて大きくなる。この場合の周波数は $1/2\tau$ の偶数倍である。

5.6.3 OFDMの周波数効率

普通のFDM(周波数分割多重)方式，つまり副搬送波を多数用いる**マルチキャリヤ方式**とOFDMとの違いを述べる。**図5-53**にマルチキャリヤ方式のブロック図を示す。FDMでは多くの副搬送波を用い，並列のデータで各副搬送波を同時に変調することで多数のデータを伝送している。しかし各周波数成分は直交していないため隣接する副搬送波をフィルタで分離しやすくするために各副搬送波の間に少し隙間を空けている。これをガードバンドと呼ぶがその分だけ周波数は無駄に使われていることになる。また，並列に変調するためその数だけ発振器や乗算器を必要とする。これに対して，OFDMでは各副搬送波が互いに直交していて干渉が生じないのでガードバンドを必要とせず多くの副搬送波を隙間無く並べることができ，与えられた周波数帯域をフルに利用できることになる。また，後で述べる逆FFTとFFTを用いて容易に変調，復調することができる。

OFDMでは多くの副搬送波を密に並べることができるが，その並べるための条件を考える。パルス幅 T_sの単一パルスの周波数スペクトルである $\sin x/x$ の波形を思い出すと，**図5-54(b)**に示すようにパルス幅 T_sの逆数の位置で値がゼロになっていた。そこで，直交している副搬送波を $1/T_s$の間隔で配置すれば隣接する副搬送波同士が干渉せずに取り出すことができそうである。では，パルス幅 T_sに相当するものは何かというと，これは**図5-54(a)**に示す各副搬送波を変調するシンボルの長さである。つまり，伝送するシンボルの周期の逆数になるように副搬送波の周波数を配置すれば，ある副搬送波の周波数スペクトルが零になる点とその隣の副搬送波の位置が一致することになり，干渉が生じないことになる。また，T_sを長くすればその分だけ副搬送波の間隔を詰めることができる。これが**図5-54(c)**，**(d)**に示すOFDMの周波数配置である。なお，ここで用いている f_0はシンボル周期の逆数であり，実際に送信されている周波数ではない。実際に送信する際は，**図5-54(c)**のような周波数スペクトルを持つ信号を主搬送波の周波数帯域に周波数変換して送っている。従って，**図5-54(c)**の周波数スペクトルの信号をベースバンドOFDM信号と呼んでいる。

【問5-15】地デジで使用されるOFDMでは，副搬送波の数が5617本，シンボル長が1008 μsである。このときの全体の周波数帯域幅を求めよ。
解）OFDMでは副搬送波の間隔は，シンボル長を T_sとすると，$1/T_s$である。従って，$1/T_s \times 5617 = 1/(1008 \times 10^{-6}) \times 5617 \fallingdotseq 5.57$ MHz

5.6.4　マルチパスへの対応

もうひとつのマルチキャリヤ方式の問題はマルチパスの影響である。マルチキャリヤ方式の場合，各副搬送波は直交していないためガードバンドが必要である。そのため，多くの情報を伝送しようとするとどうしてもひとつのシンボルを送る時間を短くしなければならない。そうすると，変調された各副搬送波はある程度の周波数帯域を持つことになる。そうすると，**図5-55**に示すようにその帯域の中でマルチパスの影響で周波数選択性フェージングが生じると，

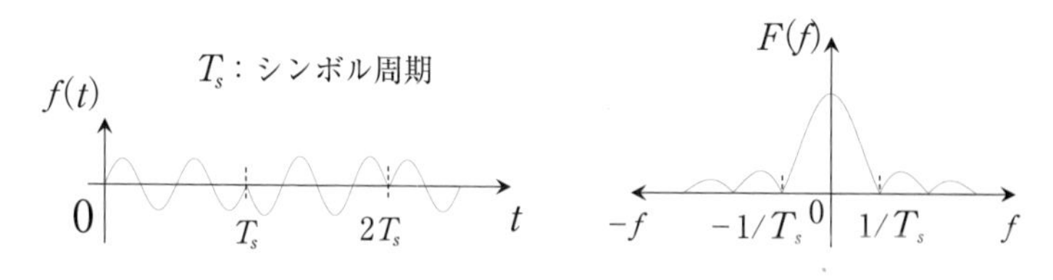

(a) 送信するシンボル周期　(b) 幅T_sの単一パルスの周波数スペクトル

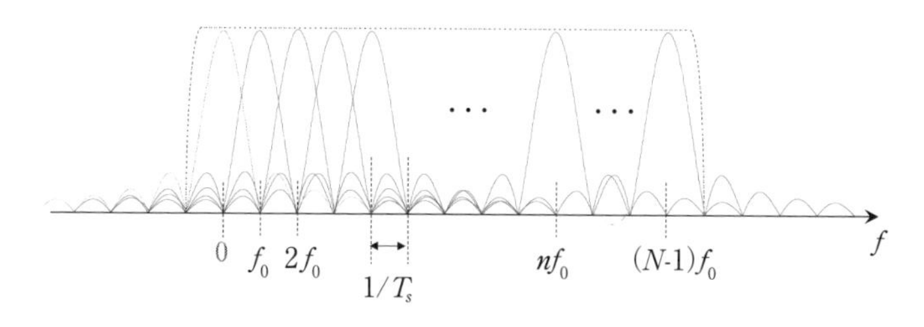

(c) OFD信号の周波数配置

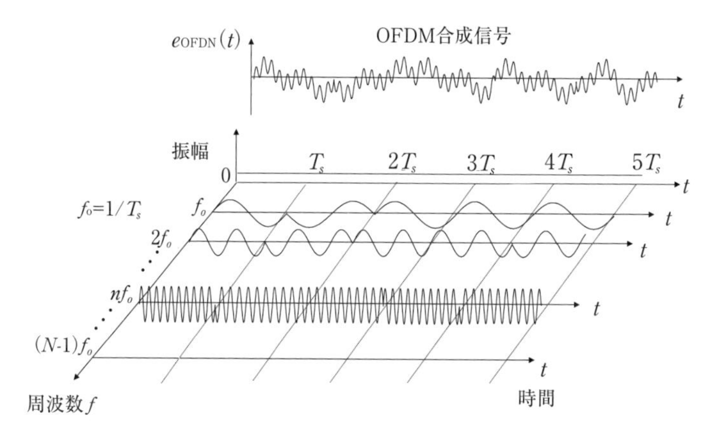

(d) シンボル周期とOFD信号の周波数間隔

図 5-54　OFDM の副搬送波の周波数配置

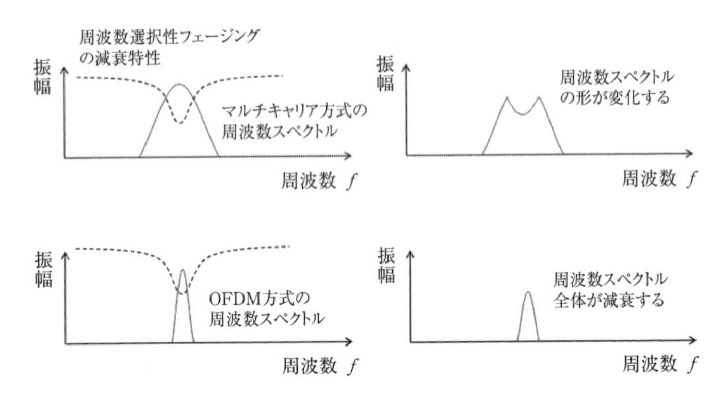

図 5-55　マルチキャリヤ方式と OFDM 方式における周波数選択性フェージングの影響の違い

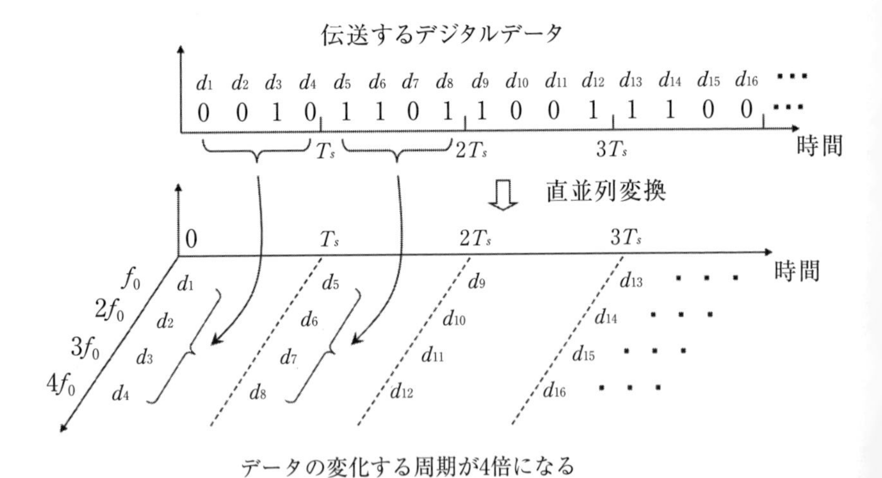

図 5-56　OFDM ではデータを並列にして送る（副搬送波を 4 つ用いた場合）

周波数スペクトルの形が変化するため受信波形にひずみが生じることになる。これを避けるにはできるだけ各副搬送波の周波数帯域を狭くするとよい。そうすれば周波数選択性フェージングが生じてもその部分の副搬送波の周波数スペクトル全体が減衰するだけで，周波数スペクトルの形は変化しないことになる。周波数帯域を狭くするには**図 5-56** のシンボルの長さ T_sを長くしてやればよいしかし，T_sを長くすると伝送するデータ量が減るため，それをカバーするために**図 5-56** に示すように副搬送波の数を増やしている。

5.6.5 ガードインターバル

マルチパスの影響を受けると受信信号は位相差のある複数の信号を受信することになる。すると，前の送信シンボルと次の送信シンボルが重なり混信を起こすことになる。これを避けるために，地上デジタル TV 放送では送信シンボルの後方のデータの一部を前の方にコピーして伝送している。これを**ガードインターバル**と呼んでいる。**図 5-57，58** にその様子を示す。**図 5-57 (a)** はガードインターバルがない場合，**図 5-57 (b)**，**(c)** はある場合である。ただし，**図 5-57 (c)** はガードインターバルよりもマルチパスによる時間遅れが長い場合である。**図 5-57 (a)** では i 番目の送信シンボルの前部で i-1 番目の送信シンボルと重なっており，混信が生じている。**図 5-57 (b)** では，i 番目の送信データの始まりの部分はマルチパスの影響を受けているが，その部分にはコピーした送信シンボルの後部が入っている。そのため，**図 5-58** からわかるように f_0，$2f_0$，$3f_0$のそれぞれの副搬送波は位相がつながっており，かつシンボルの後部をコピーしたためデータも T_s部分が周期的につながっていて，マルチパスの影響を受けない部分であればどの位置からでも本来のデータである T_sの長さの送信シンボルを取り出すことができる。これは，OFDM の変調，復調には後で説明する **IDFT** と **DFT** を用いており，信号が周期的になっていることを利用しているからである。しかし，**図 5-57 (c)** からわかるように，ガードインターバルよりもマルチパスによる遅延が大きい場合は，i-1 番目と i 番目の送信シンボル部分が重複し混信を起こすことがわかる。

5.6.6 SFN (Single Frequency Network)

従来のアナログ TV 放送の時代は県内全域にサービスをするために，周波数や偏波面を変えることで混信をしないようにして中継を行っていた。地上デジタル TV 放送では，OFDM を使いガードインターバル技術などを取り入れ

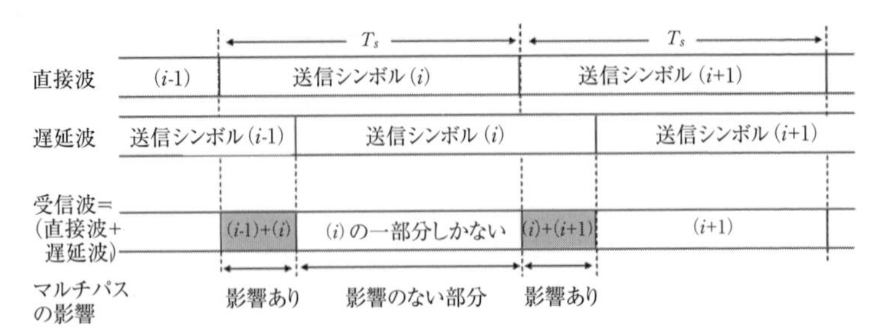

(a)ガードインターバル無し

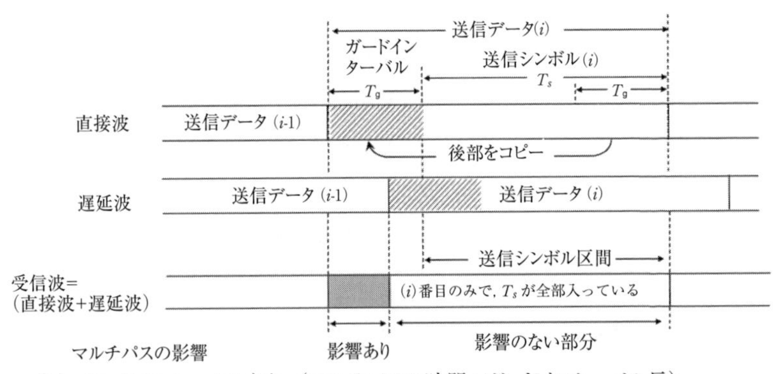

(b) ガードインターバル有り（マルチパスの時間＜ガードインターバル長）

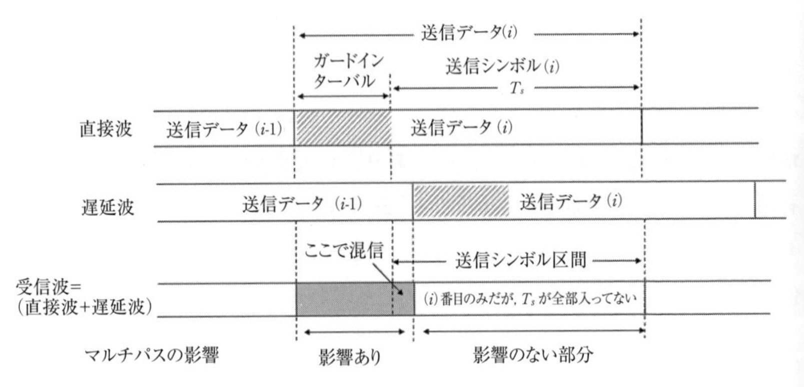

(c) ガードインターバル有り（マルチパスの時間＞ガードインターバル長）

図5-57　ガードインターバルによるマルチパスの影響除去効果

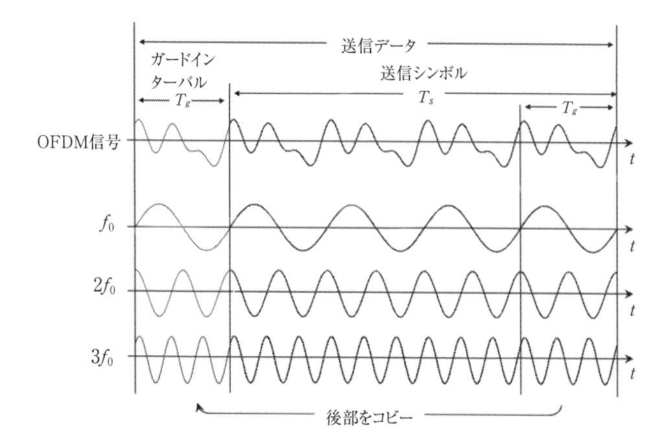

図 5-58　ガードインターバルでは送信シンボルの後部を前部にコピーして伝送する（副搬送波が 3 つの場合）

たことで同一周波数で放送しても混信する心配がなくなった。単一周波数による放送網を **SFN** と呼んでいる。

5.6.7　OFDM 変調法

図 5-59 (a) に示すように，時間領域で複数の副搬送波を加えると **OFDM ベースバンド信号**を作ることができる。時間領域の信号はフーリエ変換により周波数領域（周波数ごとの振幅と位相情報）の情報に変換できるので，逆に時間領域で加算する代わりに各副搬送波の振幅と位相の情報がわかれば，**図 5-59 (b)** に示すようにフーリエ逆変換を使っても OFDM ベースバンド信号を合成することができる。そうすれば，多くの発振器や乗算器を用いる必要がない。このようにして得られた OFDM ベースバンド信号を主搬送波の周波数まで周波数変換して送信する。

図 5-60 に OFDM 変調器のブロック図を示す。また，**図 5-61** に OFDM の各副搬送波におけるシンボルの時間変化を示す。OFDM では時間方向には T_s 秒でシンボルが変化し，$f_0=1/T_s$ の周波数間隔で並んだ多数の副搬送波信号を加算して伝送している。OFDM の変調法は，まずディジタルデータから信

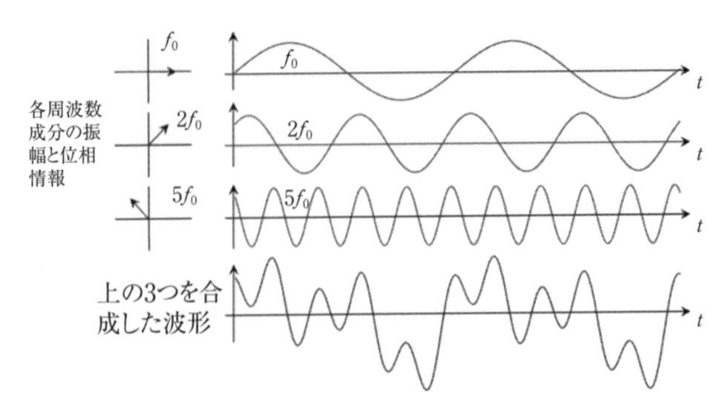

(a) 各周波数成分を加えてOFDM変調波形はできている

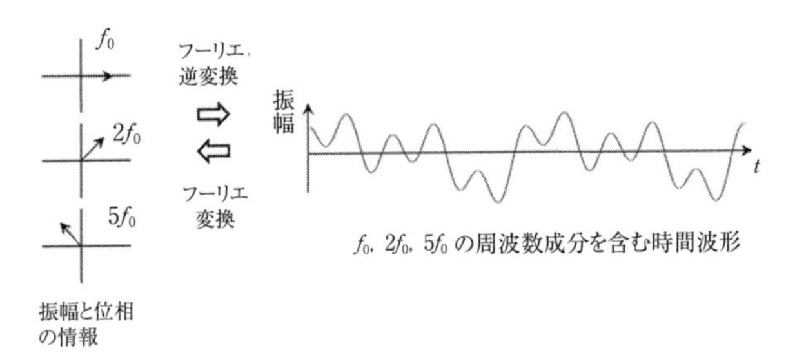

(b) フーリエ逆変換を用いると時間波形を作れる

図5-59　フーリエ逆変換によるOFDM信号の生成（副搬送波が3つの場合）

号点配置図を作成する。これをシンボルマッピングと呼ぶ。そして，信号点配置図の I 成分と Q 成分をそれぞれ実部，虚部とみなしてIDFTをかける。次にIDFTの出力を並-直列変換し，実部を取り出した後ガードインターバル情報を付加し，これをDA変換する。そして，送信用の主搬送波に周波数変換して送信する。OFDMの副搬送波の数はフーリエ変換の次数に等しい。以下，数式により順次説明する。

まず，I 成分と Q 成分をそれぞれ a_n と b_n で表し，この値で直交変調する。a_n，b_n は**図5-61**左のように T_s の周期で変化する。T_s は送信シンボルの周期で基本となる副搬送波の周波数を $f_0=1/T_s$ とすると，被変調信号の周波数スペクトルは f_0 の整数倍の位置で零になるため，**図5-61**右図のように各副搬送波

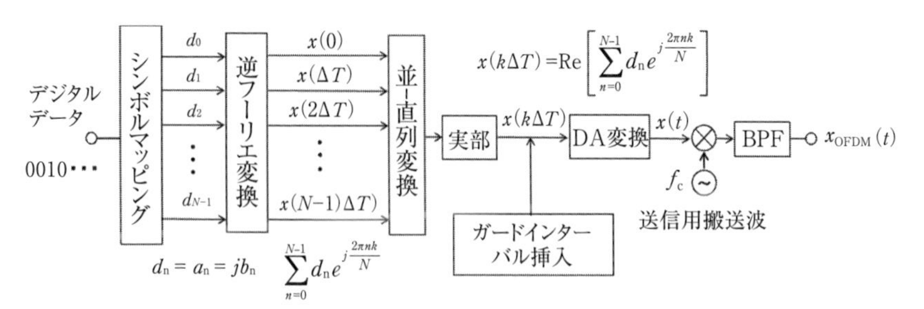

図 5 -60　OFDM 変調器ブロック図

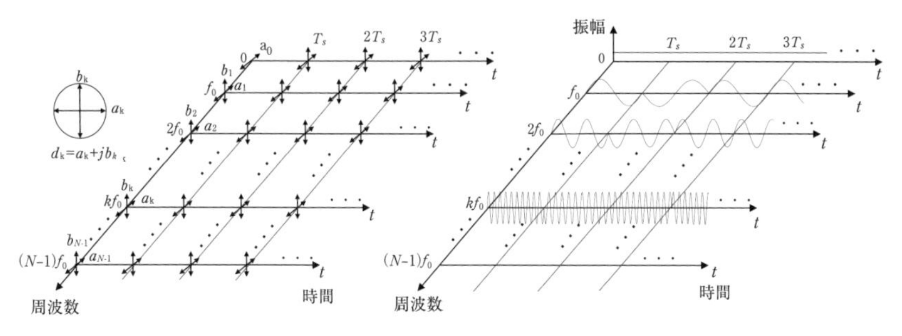

図 5 -61　OFDM の時間波形と周波数

の間隔をf_0にすることで周波数スペクトルが互いに重ならないような周波数配列にすることができる。**直交変調**した波形は次の式で表される。

$$x_n(t) = a_n\cos(2\pi nf_0t) - b_n\sin(2\pi nf_0t) \qquad (5.48)$$

ただし，$\dfrac{n}{T_s} = nf_0$

この式では I 成分を cos で，Q 成分を sin で表し，b_nの符号は後で説明する IDFT の式と符号が一致するように負にしている。正でも負でも Q 成分の位相が異なるだけなのでどちらでも差はない。式(5.54)を各副搬送波について加えると，

$$x(t) = \sum_{n=0}^{N-1} x_n(t) \qquad (5.49)$$

となり，これがOFDMのベースバンド信号である。OFDM変調ではIDFTを用いてこの信号を作り出しているので，その方法を述べる。

信号周期 T_sの1区間を N 分割すると，分割した1区間 ΔT は，

$$\Delta T=\frac{T_s}{N} \tag{5.50}$$

と表せる。**図5-62**右に示すように，N 分割した波形の k 番目の時刻は$t=k\Delta T$で，その波形の値は次式で表される。

$$\begin{aligned} x_n(k\Delta T)&=a_n\cos(2\pi nf_0\cdot k\Delta T)-b_n\sin(2\pi nf_0k\cdot\Delta T)\\ &=a_n\cos\left(2\pi n\frac{1}{T_s}\cdot k\frac{T_s}{N}\right)-b_n\sin\left(2\pi n\frac{1}{T_s}\cdot k\frac{T_s}{N}\right)\\ &=a_n\cos\left(\frac{2\pi nk}{N}\right)-b_n\sin\left(\frac{2\pi nk}{N}\right) \end{aligned} \tag{5.51}$$

これより，$t=k\Delta T$における各周波数成分を合成してできる波形は

$$x(k\Delta T)=\sum_{n=0}^{N-1}x_n(k\Delta T)=\sum_{n=0}^{N-1}\left\{a_n\cos\left(\frac{2\pi nk}{N}\right)-b_n\sin\left(\frac{2\pi nk}{N}\right)\right\} \tag{5.52}$$

となる。これがベースバンドOFDM信号である。これは標本化された値なのでDA変換して$x(t)$とし，さらに主搬送波の帯域まで周波数変換すると実際に送信されるOFDM信号$x_{\mathrm{OFDM}}(t)$となる。

ここで，a_nとb_nを用いて

$$d_n=a_n+jb_n \tag{5.53}$$

と置き，これに指数関数を掛けて和を取ってみる（つまり，IDFTする）。

$$\begin{aligned} \sum_{n=0}^{N-1}d_ne^{j\frac{2\pi nk}{N}}&=\sum_{n=0}^{N-1}(a_n+jb_n)\left(\cos\frac{2\pi nk}{N}+j\sin\frac{2\pi nk}{N}\right)\\ &=\sum_{n=0}^{N-1}\left\{\left(a_n\cos\frac{2\pi nk}{N}-b_n\sin\frac{2\pi nk}{N}\right)+j\left(b_n\cos\frac{2\pi nk}{N}+a_n\sin\frac{2\pi nk}{N}\right)\right\} \end{aligned} \tag{5.54}$$

この結果の実部は，式(5.51)の$x(k\Delta T)$となっていることがわかる。つまり，

$$x(k\Delta T)=Re\left[\sum_{n=0}^{N-1}d_ne^{j\frac{2\pi nk}{N}}\right],\ d_n=a_n+jb_n \tag{5.55}$$

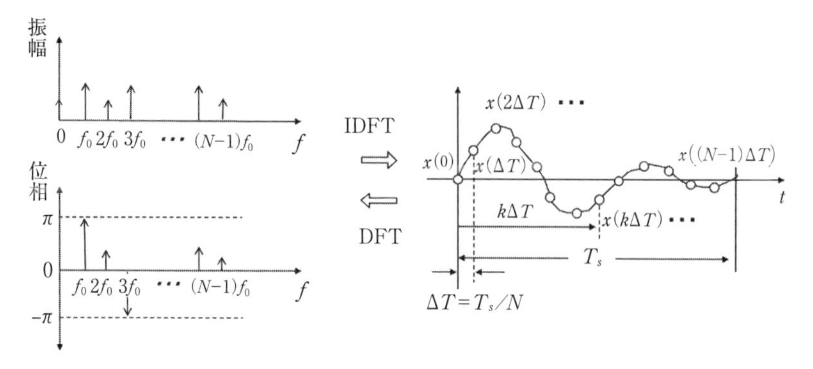

図 5 -62　DFT と IDFT の関係

である。[　]の中が逆フーリエ変換（IDFT）である。まとめると，まず a_n, b_nにデータを割り当てる。例えば，0 または 1 を a_n, b_nのそれぞれに割り当てると QPSK になる。そして，これを IDFT する。そうすると，$x(k\Delta T)$,（k=0,1,・・・，N-1）ができあがる。この実部を取り，並列－直列変換して伝送するというわけである。あるいは**図 5-62** のように並列－直列変換した後に実部を取ってもよい。a_n, b_nにデータを割り当てて d_nを作ったわけであるが，d_nは大きさと位相を持っているので，周波数スペクトラムと考えることができる。従って，これを IDFT すると時間関数になることがわかる。

5.7　スペクトル拡散変調方式（SS；Spread-Spectrum Modulation System）

今まで述べてきた変調方式は，変調波の周波数スペクトルが搬送波付近に集中しているものであった。このような変調方式ではその集中している周波数帯に他の通信の信号が混入すると通信が妨害されることになる。ここで述べる**スペクトル拡散変調**方式は，変調波の周波数スペクトルが拡がっており，通信路において混入した雑音はその広い周波数帯域の一部に混入することになり，妨害を軽減することができる。一方で，周波数スペクトルが拡がるため使用する周波数帯が広く必要となる。そこで，変調の過程で周波数スペクトルを拡げるのに，拡散符号というのを用いるが，異なる拡散符号を用いることで通信路を多重化できるため，周波数スペクトルが拡がっても問題ない。この多重化方式をCDMA（Code Division Multiple Access）と呼んでいる。このような変調方式は，携帯電話，無線LANなど幅広い分野で使用されている。スペクトル拡散変調方式では，使用している符号を知らなければ受信することができないことや，スペクトル拡散により周波数スペクトルが広く拡がり，拡散された信号は雑音以下の値になる。AM波やFM波のように搬送波の周囲に周波数スペクトルが集中しているわけではないので，信号の存在を探すのが難しく，軍等の通信には向いている。また，信号を拡散するということは，例えば1MHzの幅を用いて100mWで送信していたものが，10MHzにすると1MHzあたり10mWで済むことになり，周波数スペクトルが広がった分だけ，各周波数における電力は少なくてすむ。ここでは，拡散符号を用いてスペクトルを直接拡散する**直接スペクトラム拡散**（DS-SS；Direct Sequence Spread Spectrum）と，周波数を次々に変化させることでスペクトルを拡散する**周波数ホッピング(跳躍)スペクトラム拡散**（FH-SS；Frequency Hopping Spread Spectrum）について説明する。

5.7.1　直接スペクトル拡散変調

2章で学んだように，2つの正弦波を掛け算すると和と差の周波数成分が生じる。また，熱雑音は直流以外の全ての周波数成分が同じ大きさで含まれていた。では，熱雑音と周波数f_sの信号波を掛け算すると，その周波数スペクトルはどのようになるであろうか。熱雑音に含まれる周波数をfで表すと，これに信号波周波数の和と差が生じるので，

$f \pm f_s$　（fは直流以外の全ての周波数）

となる。つまり，雑音と信号波を掛け算すると，その周波数スペクトルは無限に広がることになる。これが直接スペクトル拡散変調の原理である。実際には雑音と同じような性質を持つ有限長の符号を用いる。**M系列**（Maximum Length Sequence；最大長周期系列）**符号**や**Gold符号**などが使用され，これ

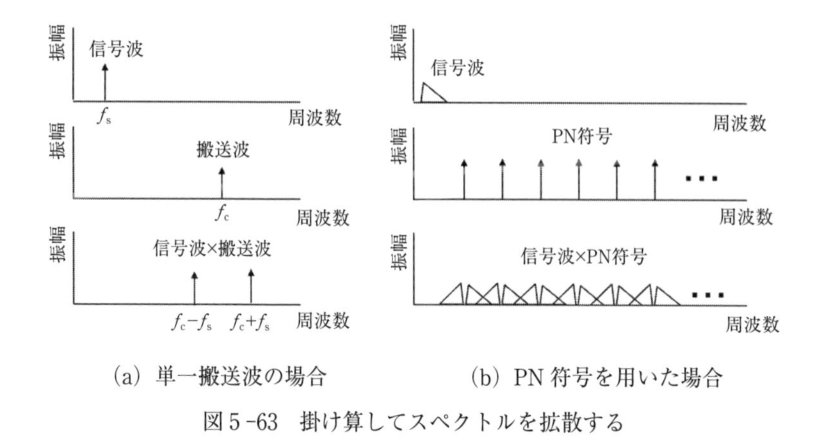

(a) 単一搬送波の場合　　　(b) PN 符号を用いた場合

図 5-63　掛け算してスペクトルを拡散する

らは **PN 符号**（PN；Psuedo noise，**擬似雑音**）と呼ばれる。

図 5-63 に DSB-SC 変調と直接スペクトル拡散方式の周波数スペクトルを示す。**図 5-63 (a)** は，f_sなる周波数の信号波とf_cなる周波数の搬送波を乗算する DSB-SC 変調の場合で，乗算することで$f_c \pm f_s$の 2 つの周波数成分が生じることがわかる。これに対して，**図 5-63 (b)** は，PN 符号と信号波を掛けた場合である。分かりやすいように信号波の周波数スペクトルは△の記号で表している。PN 符号は擬似雑音と呼ばれるように，多くの周波数成分を含んでいるが，これも分かりやすいように同じ大きさの多数の搬送波で表した。掛け算すると，PN 符号の各搬送波成分の上下に信号波の周波数スペクトルが多数並び，信号波の周波数スペクトルが拡散されることがわかる。

図 5-64 に直接スペクトル拡散方式の波形を示す。ディジタルデータ $d(t)$ にスペクトル拡散用の符号である PN 符号（図では，１０１１０１００の符号を ±１で表している）$c(t)$を掛け算することで，$d(t)c(t)$が得られる。この $d(t)c(t)$に対して，ディジタル変調を行い送信する。この図では BPSK 変調を用いているが，QPSK や FSK も使用される。ここで用いる PN 符号のパターンを変えることで複数のディジタルデータを同時に同じ周波数帯で送信することができる。これが CDMA と呼ばれる，符号分割による多重化である。符号分割

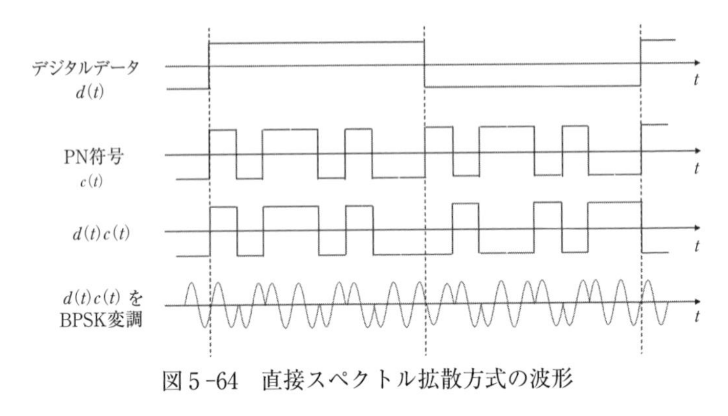

図 5-64　直接スペクトル拡散方式の波形

により多くの局が同時に通信を行うことができるが，携帯電話の基地局の場合は，ある局の信号を受信したいときは他の局の信号は全て雑音となる。雑音が増えると通信できなくなるので，できるだけ多くの局が使用できるように，携帯電話側では基地局に近いときは電波の出力を下げ，離れたときは出力を上げて通信するようにしている。このようなきめ細かい電力制御技術を用いることで，基地局側から見たときにできるだけ雑音が増えないようにしている。

図5-65 に直接スペクトル拡散変調による通信の送受信の系統図を示す。まず，音声などのアナログ信号をディジタル化し，PN 符号と掛け算することでスペクトルを拡散する。スペクトル拡散されたディジタルデータは BPSK や QPSK などのディジタル変調を受けて送出される。このときに高周波でディジタル変調を行うとアンテナから送信することができる。受信側では，これと逆の操作を行い復調する。まず，高周波信号を受信し，復調する。得られた信号はスペクトル拡散されたものなので，これに送信時と同じ PN 符号を乗算することでディジタルデータを取り出すことができる。これを逆拡散という。逆拡散した信号を復号することで元のアナログ信号を得ることができる。送信・受信に用いる PN 符号を変えることで複数の信号を同じ周波数帯で送ることができる。異なる符号の信号をどのように見分けるかは，受信したい信号の PN 符号と相関をとると，同じ符号であれば相関関数の値は最大になるので，相関がもっとも高くなる符号の系列を取り出して受信すればよい。

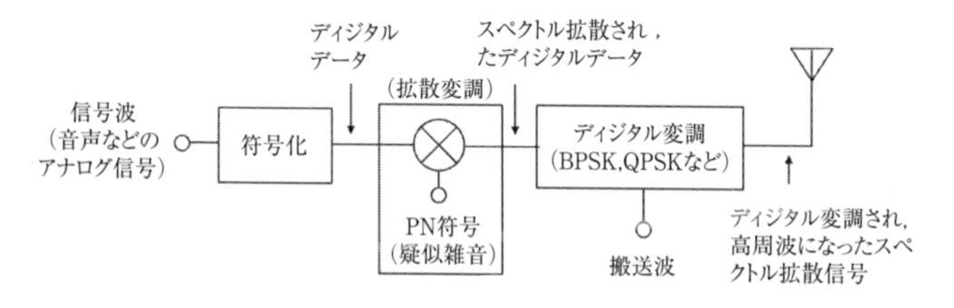

（a）送信側系統図

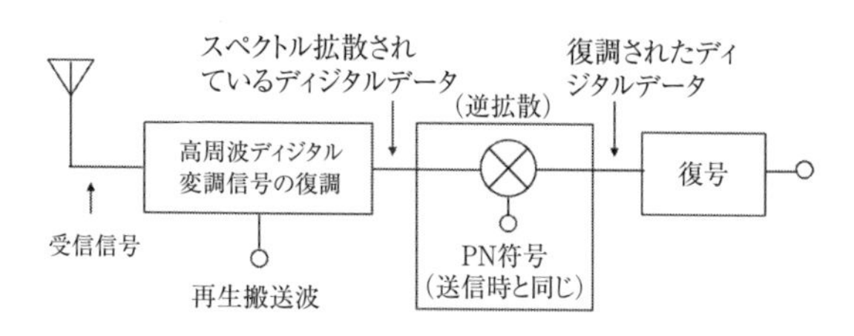

（b）受信側系統図

図5-65　直接スペクトル拡散変調によるスペクトル拡散変調・復調の系統図

5.7.2　周波数ホッピング（跳躍）スペクトル拡散変調

周波数ホッピングスペクトル拡散変調は，ある帯域内で複数の搬送波（ホッピングチャンネルと呼ばれる）を準備し，ある規則的なパターン（ホッピング・シーケンスあるいはホッピング・パターンと呼ばれる）に従って時間的に搬送波周波数を次々に切り換えてスペクトルを拡散する方法である。切り替えるパターンを知らなければ受信することができない。また，この異なるパターンを用いることで多重化ができる。**図5-66**に周波数ホッピングスペクトル拡散の様子を示す。

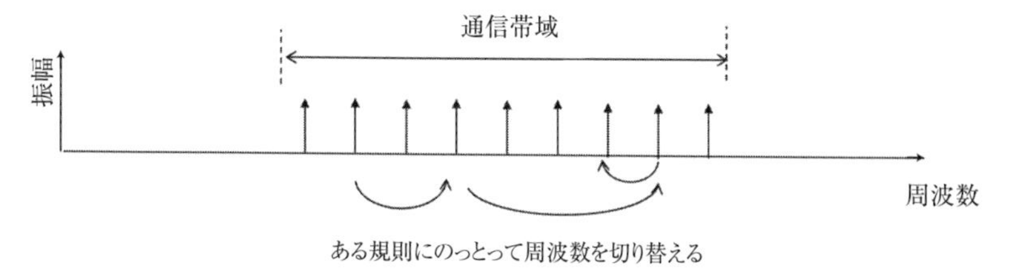

図5-66　周波数ホッピングスペクトル拡散変調の周波数切り換えの様子

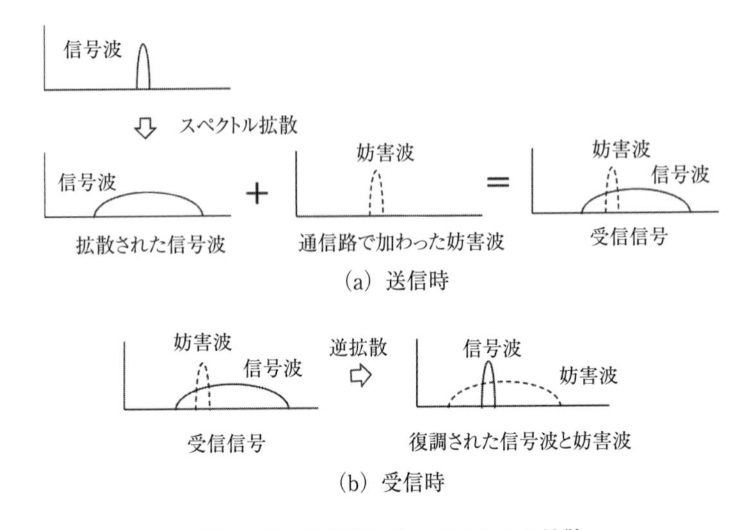

図5-67 妨害波に強いスペクトル拡散

5.7.3 妨害波とスペクトル拡散

図5-67にスペクトル拡散を用いたときの妨害波の影響について示す。送信側では，信号波をスペクトル拡散して送信し，通信路の途中で狭帯域の妨害波が加わったとする。受信側では逆拡散により，拡がった信号波のスペクトルを元の集中した形に戻すが，このとき狭帯域で入っていた妨害波は逆に拡散されることになる。従って，元に戻した信号波は狭帯域信号となり，妨害波は広帯域の雑音以下の成分になるので，スペクトル拡散変調は通信路で入ってくる狭帯域の妨害波に強いことになる。

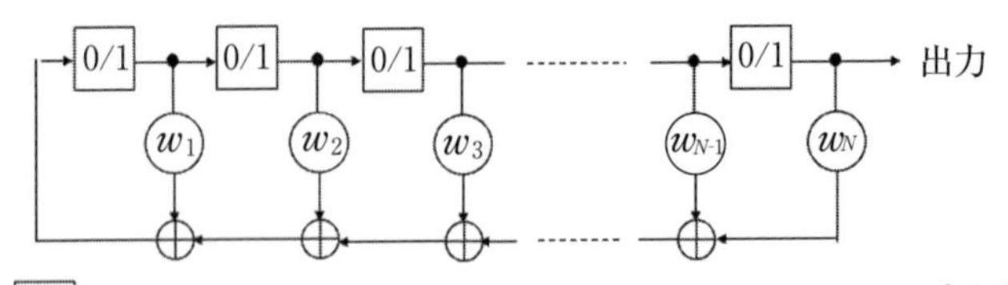

図5-68 線形帰還シフトレジスタによるM系列符号発生器の回路

5.7.4　PN 符号

直接スペクトル拡散変調に用いられる PN 符号は M 系列符号や Gold 符号が用いられる。ここでは，M 系列符号の特長と作り方を示す。M 系列符号は，
① **図 5-68** のシフトレジスタの段数を N とすると，2^N-1 の周期を持つ
② 擬似乱数を作ることができる
③ 自己相関関数が大きな値をとり，異なる M 系列符号との相互相関関数は小さな値となる
といった特長を持つ。①，②を利用してスペクトル拡散を行い，③を利用した多重化を行っている。

M 系列符号は，**図 5-65** のような回路で作成することができる。この回路は，0 または 1 を保持するシフトレジスタ（線形帰還シフトレジスタと呼ばれる），重み係数，排他的論理和の各素子からできている。レジスタの出力と重み係数の値が掛け算され，右隣の排他的論理和の出力と排他的論理和がとられる。状態がひとつ進むごとに，レジスタには新しい値が左側から入力されていく。重み係数の決定方法については符号理論の教科書を参照されたい。

【問 5-16】直接スペクトル拡散変調において，異なる PN 符号を用いて，通信路の多重化を行うが，あるビット数の長さの符号において実際に使用できる符号の数は少ないという。これはなぜか。

解）受信するときには，受信したい信号の PN 符号と同じ PN 符号と相関を取って，相関が最大になる信号を取り出す。例えば 4 ビットの１１０１という PN 符号を用いた信号を受信しようとしたとき，１０１１や０１１１などの PN 符号が混ざっていると，これらは１１０１のビット位置がシフトしただけなので，１１０１と同様に相関が高くなってしまうので，これらの符号は使うことができない。従って，使用できる符号が少なくなってしまう。

練習問題

（ディジタル変調に関する問題）

1．次のディジタルデータに対するASK，FSK各変調波形を描け。搬送波の周波数はASKでは1ビットに対して3周期，FSKについては，マークを6周期，スペースを3周期とする。

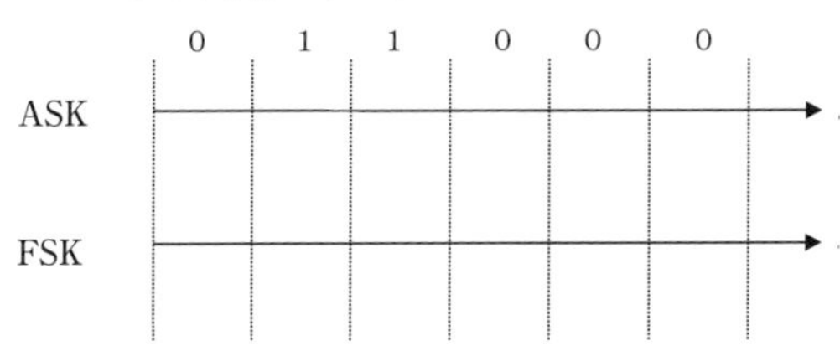

（答）下図のとおり。

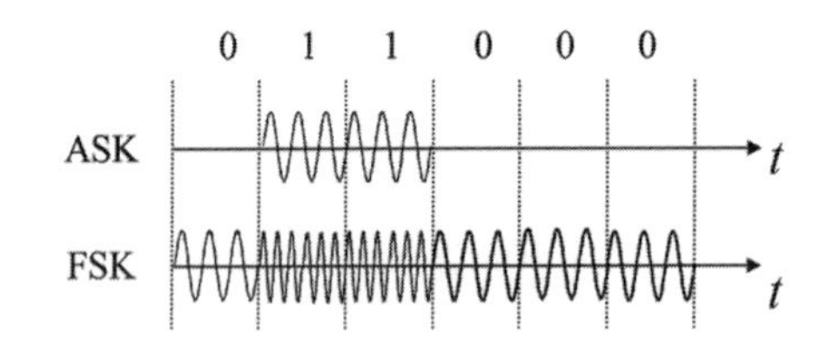

2．0と1からなるディジタルデータを搬送波周波数1MHzのFSKで伝送する。1ビットを0.001秒で，変調指数$m_{\mathrm{FSK}}=2$で伝送したとき，(1)ディジタル信号のビット速度を求めよ。また，(2)マーク周波数とスペース周波数の差は何Hzになるか。

（答）(1) ビット速度は，1ビットが0.001秒なので，1秒間には1/0.001＝1000ビット/秒である。(2) FSKの変調指数＝（マーク周波数とスペース周波数の差）／（ビット速度の1/2）である。変調指数が2で，ビット速度が1000なので，マーク周波数とスペース周波数の差＝2×(1000/2)＝500 Hz。

3．図は$0-\pi/2$，$0-\pi$の2種類の移相器を縦続接続してQPSK変調を行う回路を示している。この回路に(I,Q)＝(‘1’，‘1’)を入力したときの出力信号の位相を求めよ。

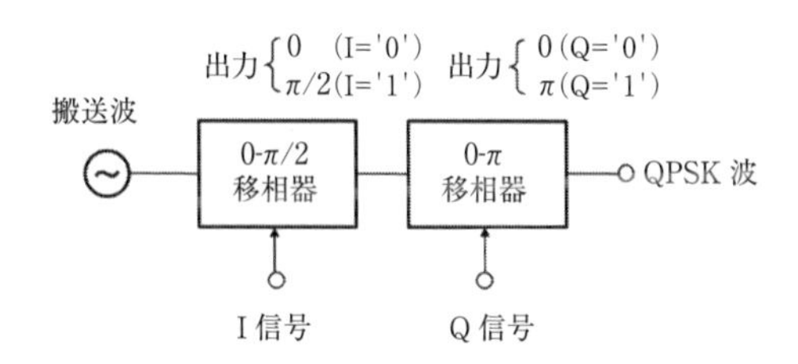

（答）I 信号が'1'なので $\pi/2$ 変化し，Q 信号も'1'なので π だけ位相が変化し，出力は合計の $3\pi/2$ となる。

4．ディジタル信号 111001 で変調したときの BPSK，QPSK 変調波形を描け。符号と位相の割り当て図を左側の図に書くこと。

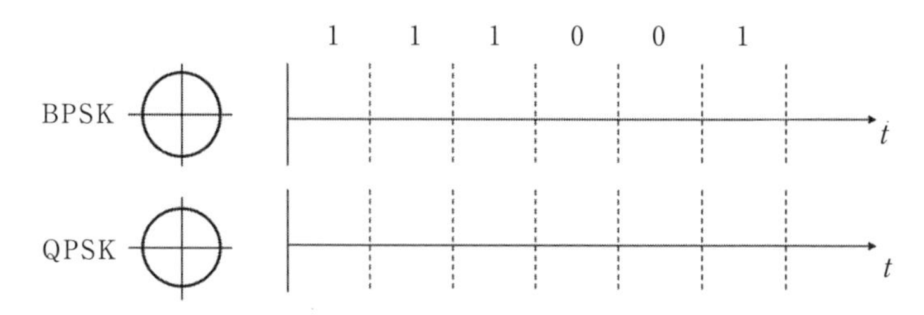

（答）下図の通り。なお，いずれも符号開始点の位相が合っていれば，搬送波の周波数は任意でよい。解答では，それぞれひとつの符号に 1 周期を割り当ててある。

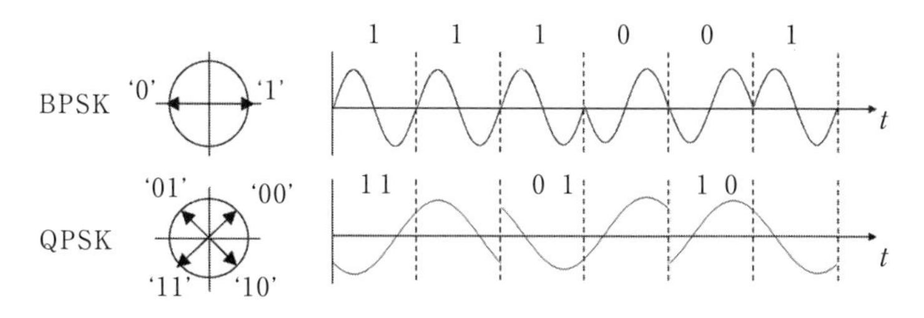

（OFDM に関する問題）

1．ある送信局から受信点までの見通し距離とあるひとつのマルチパスの距離の差が 10 cm であるという。このとき，信号が減衰する周波数で最も低いものはどれだけか。

(答) 10 cm で位相が反転した信号が受信されるので，信号の波長を λ とすると，$\lambda/2=10$ cm である。従って，$f=3\times10^8/\lambda=3\times10^8/0.2=1.5$ GHz

2．750 MHz の携帯電話システムで，直線の道路に沿ってマルチパスによる定在波が発生しているという。この道路を時速 40 km で走行したとき，電波が強くなったり，弱くなったりするフェージングが生じるという。このフェージングの周期を求めよ。

(答) 750 MHz ということは，波長が 300/750＝40 cm である。一方，定在波は信号の強弱の間隔が 1/4 波長になるため，フェージングの周期としては，半波長に相当する距離を走行する時間を求めればよい。従って，20 cm/(40 km/h)＝0.2 m/ (40000 m/3600 s)＝0.018 s＝56 Hz となる。

3．OFDM で 5000 本の副搬送波を用い，各副搬送波を QPSK で変調して送信する。10 Mbps で通信を行うとき，(1)OFDM 信号の 1 シンボルが切り替わるのは何秒おきか，また(2)そのときの副搬送波の間隔を求めよ。

(答) (1)QPSK で 5000 本の副搬送波ということは，2×5000＝10000 ビットをひとつのシンボル区間で送ることができる。10 Mbps なので，1 シンボル区間は，10000/(10 × 106)＝1×10^{-3}秒となる。(2)副搬送波の間隔は，1 シンボル区間の長さの逆数にすればよいので，$1/(1\times10^{-3})$＝1000 Hz となる。

4．4600 本の副搬送波を用い，64 QAM で変調した OFDM で伝送速度が 16 Mbps であるという。同じシステムで QPSK を用いて 400 kbps で伝送するためには，最低何本の副搬送波を用いればよいか。

(答) ひとつのシンボルで送れる情報は 64 QAM の 6 ビットから QPSK の 2 ビットに減少しているが，伝送速度が 400 kbps/16 Mbps＝1/40 になっているので，4600× (6/2) × (1/40) ＝345 本。

5．**図 5-55** のガードインターバル長が 252 μs，送信シンボル長が 1008 μs のとき，SFN で中継伝送するには，送信局と中継局の距離は最大何 km

までとなるか。

（答）下図からわかるように，送信局からの信号を受け取ってから，中継局が送信するので，その分を考えると，受信点に送信局から直接くる電波と中継局から来る電波は 2τ 秒ずれている。この値が，252 μs までは影響ないので，$\tau=252\,\mu s/2=126\,\mu s$ である。従って，$126\,\mu s\times(3\times10^8\,m/s)=37.8\,km$ となる。

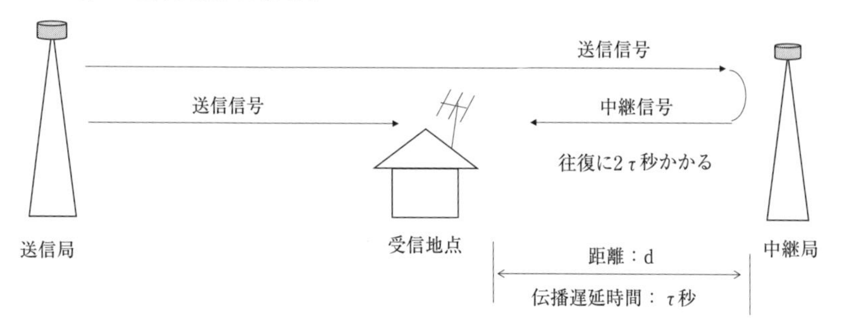

（CDMA に関する問題）

1．4 ビットの M 系列符号を次の回路で作る。出力パターンを求めよ。ただし，シフトレジスタの初期値は[1000]，重みは$[w_1, w_2, w_3, w_4]=[1,0,0,1]$とする。

（答）初期状態では，シフトレジスタの内容は，[1000]である。そのときの各 XOR の出力は下記の図のステップ 1 のようになっている。以下，ステップ 2，3 と進んでいく。このとき，一番左側のレジスタには前のステップの一番左の XOR の出力が入ってくることに注意する。これは，ステップ 4 から 5 の変化をみるとわかる。ステップ 4 では，一番左の XOR の出力が 0 で，この値が次のステップ 5 で一番左のレジスタに入力され，シフトレジスタの内容が[0111]となる。以下，同様に進めていくと，出

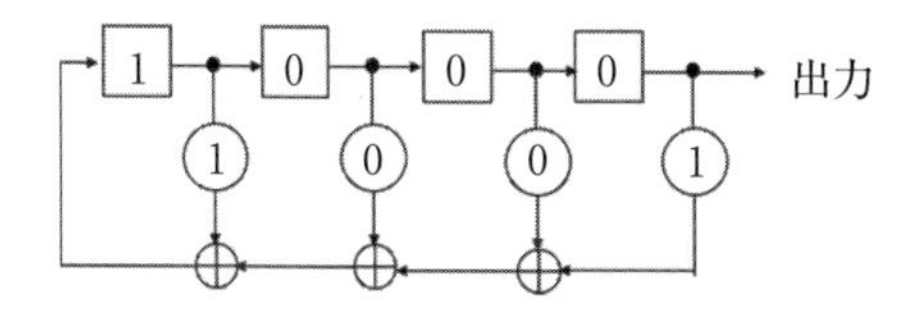

力として周期15の[0001 1110 1011 001]が得られ，ステップ16でステップ1と同じ状態に戻る。

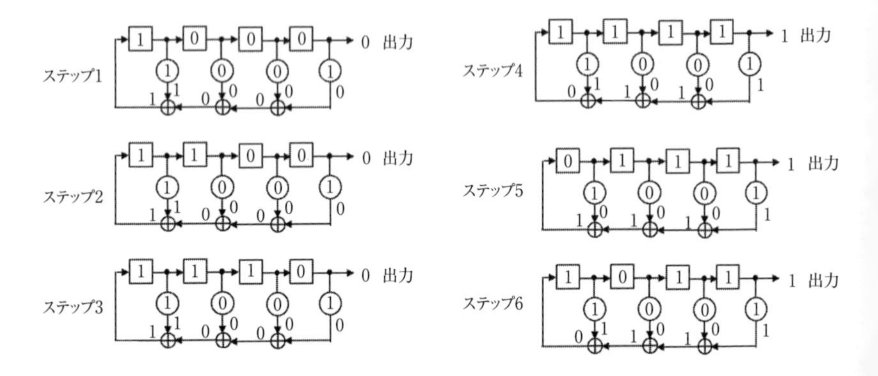

【参考文献】

第1章

1) 小郷　寛：交流理論，電気学会，1969.
2) Y.W. リー著，宮川　洋，今井　秀樹訳：不規則信号論（上），東大出版会，1973.
3) A. パポリス著，大槻　喬，平岡　寛二訳：工学のための応用フーリエ積分，オーム社，1967.
4) E.ORAN.BRIGHAM：The First Fourier Transform，Prentice-Hall，1974.

第2章

1) William Sinnema & Tom Mcgovern：Digital, Analog, and Data Communication, 2nd Edition, Prenctice-Hall, 1986.
2) 伊藤祐弥：わかりやすいFM技術，電子科学シリーズ26，産報，1973.
3) ennis Roddy and John Coolen,：Electronic Communications, Third edition Reston Publishing Company, Inc. A Prentice-Hall company, 1984.
4) Robert J.Schoenbeck,：Electronic Communications，Modulation and Transmission Merrill Publishing Company, A Bell & Howell Information Company, 1988.
5) 服部錠吉：考え方　解き方　トランジスタ回路（II），オーム社，1977.
6) 菊池憲太郎：完全マスター　高周波・発振・変調・復調―Tr・FET・OPアンプ―，東京電機大学出版局，1986.
7) 小柴典居，植田佳典：トランジスタ回路入門講座　発振・変復調回路の考え方，改訂第2版，オーム社，1991.
8) 村上正夫：周波数変調の解説，電波振興会，1970.

第3章

1) 電気通信協会編：データ伝送の基礎知識〔改訂第1版〕，オーム社，1971.
2) B.P. ラシィ著，山中惣之助／宇佐美興一訳：詳解　デジタル・アナログ通信方式〈上巻〉，CBS出版，1985.
3) ウィリアム・R・ベネット，ジェームス・R・デーヴィ共著，甘利省吾訳：データ伝送　改訂版，ラテイス刊，1973.
4) R.W.Lucky, J.Salz, E.Weldon.Jr著，星子幸男訳，"データ通信の原理"，ラテイス刊，1975.

5) Mischa Schwartz：Information Transmission, Modulation, and Noise: A unified Approach to Communications Systems, McGRAW-HILL KOGAKUSYA LTD., 1970.

第4章

1) 越川常治，山崎芳男：PCM／ディジタル・オーディオのすべて，誠文堂新光社，1980.
2) 川島将男：PCM 通信システム，電子通信学会，1976.
3) 電気通信協会編：PCM ディジタル通信の基礎知識〔改訂第１３版〕，オーム社，1971.
4) Wayne Tomasi,：Advanced Electronic Communications Systems, Prentice-Hall International Editions, 1987.

第5章

1) 喜安善市監修，関　清三著：図解　電子回路入門シリーズ　ディジタル変復調回路の基礎，オーム社，1984.
2) 泉武博監修：無線通信の未来をひらくディジタル変調，電子技術とコンピュータ　エレクトロニクスライフ　1994年1月号，pp.28-74，日本放送出版協会.
3) Harold B.Killen,：Telecommunications and Data Communication System Design with Troubleshooting, Prentice-Hall, 1986.
4) 山内雪路：ディジタル移動通信方式，東京電機大学出版局，1995.
5) 関清三：わかりやすいディジタル変復調の基礎，オーム社．2001.
6) 伊丹誠：わかりやすい OFDM 技術，オーム社，2006.
7) W. スタイン，J.J.ジョーンズ著，関英男監訳：現代の通信回線理論　データ通信への応用，森北出版，1970.
8) 神谷幸宏：C 言語によるディジタル無線通信技術，コロナ社，2010.
9) 小西良弘監修，横山光雄著：動通信技術の基礎，マルチメディア伝送技術選書，日刊工業新聞社，1994.
10) NHK 受信技術センター：テレビ新時代　知っておきたい地上デジタル放送，NHK 出版，2005.

索　引

【英数字】

2相PSK 210
4相PSK 210
8相PSK 210
16PSK 237
16QAM 237
16相PSK 210
AD変換器 153
AMI 122
AM変調 36
APSK 235
ASK 186
BER 186
BNZS 122
BPSK 210
CMI 123
Crosstalk 118
DEPSK 220
DFT 249
DSB-FC 36
DSB-SC 36
EVM 233
FM 62
FM-MPX信号 95
FMステレオ放送 94
FSK 30, 186
f-V変換型 86
GMSK 209
Gold符号 256
IDFT 249
mid-rise型 173
mid-tread型 174
MSK 205, 208
M系列符号 256
NBFM 71
NRZ信号 119
OFDM 30, 240
OFDMベースバンド信号 251
PAM 30, 139
PCM 30, 139
PLL 86, 92
PM 62
PN符号 257
PPM 139
PSK 30, 186
PWM 30, 139
PWN 159
QAM 30, 186, 235
QPSK 210
Quadrature検波器 86
RZ信号 119

S/N …… 139
SFN …… 251
sinc 関数 …… 19
SSB …… 36
SSB-AM 方式 …… 100
SSB-FM 方式 …… 100
VCO …… 92, 205
VCXO …… 87
X-Y スコープ法 …… 42
$\pi/4$ シフト QPSK …… 210, 231

【あ】

アイパターン …… 134
アイ開口率 …… 134
圧伸 …… 177
位相誤差 …… 234
位相スペクトル …… 10
位相同期回路 …… 92
位相比較器 …… 92
位相不連続 FSK …… 202
位相変調 …… 62
位相連続 FSK …… 202
一様量子化 …… 177
インパルス応答 …… 148
エリアジング …… 150
エンベロープ方式 …… 95
多値 ASK …… 235
オフセット QPSK（OQPSK） …… 230
重畳変調方式 …… 239
折り返し 2 進符号 …… 175
折り返しひずみ …… 150

【か】

ガードインターバル …… 249
ガードバンド …… 240
片側スペクトル …… 11
可変容量ダイオード …… 205
間接 FM …… 80
擬似雑音 …… 257
基準搬送波 …… 219
基底帯域伝送方式 …… 117
逆特性等化器 …… 131
キャリヤホール …… 241
クォドレーチャ検波 …… 93
グレイコード …… 175
交番 2 進符号 …… 175
誤差関数 …… 201
誤差ベクトル振幅精度 …… 233
誤差補関数 …… 201
コレクタ変調回路 …… 58

【さ】

最小推移キーイング …… 205
再生中継 …… 164
最大周波数偏移 …… 63
最大有能電力 …… 102

最適閾値 199
最適スレッショルド 199
雑音指数 100
差動符号化 220
三角雑音 83
サンプル&ホールド 154
自然 2 進符号 174
ジッタ 135
時分割多重方式 139, 180
周波数選択性フェージング 244
周波数分割多重 98
周波数変調 62
周波数弁別器 86
周波数ホッピング（跳躍）スペクトラム拡散 256
信号対雑音比 100, 139
信号点配置図 211, 234
振幅誤差 201
振幅スペクトル 10
水晶振動子 87
スイッチング方式 96
スペクトル拡散変調 187
スペクトル拡散変調方式 255
狭帯域 FM 71
全般送波変調 36
占有周波数帯幅 1

【た】

帯域制限 117
台形描画法 44
ダイコード 120
ダイナミックレンジ 154, 173
ダイパルス 120
ダイビット 231
楕円形描画法 45
単位インパルス 146
単側波帯変調 36
単流 118
遅延検波 220
逐次比較形 AD 変換器 155
直接 FM 80
直接スペクトラム拡散 256
直交振幅変調・合成法 238
直交多重変調 187
直交変調 253
包絡線検波器 60
ディエンファシス 83
電圧制御発振器 92
電圧制御発振器 205
等化 131
等価雑音温度 106
等価雑音抵抗 107
等価雑音電力 106
同期検波 61
同期搬送波 219

トランスバーサルイコライザ----131

【な】
ナイキスト周波数----152
ナイキスト速度----152
ナイキストパルス----130
仲上－ライス分布----199
二重積分型----159
二重積分形 AD 変換器----156
二乗余弦周波数特性----128
熱雑音----100
ノイズマージン----134

【は】
バイポーラ----118
パルス位置変調----139
パルス振幅変調----139
パルス幅変調----139
ひずみ波交流----3
非線形量子化----177
ビット誤り率----186
ビット同期----181
標本化----165
標本化定理----140
広帯域 FM----71
フーリエ級数----5
フォスターシーリー型復調器----89
複素スペクトル----10
複流----118
符号間干渉----117
プリエンファシス----83
フレーム同期----181
ベースバンド信号（基底帯域信号）----29
ベースバンド伝送方式----117
ベース変調回路----56
ベッセル関数----65
変調指数----42
変調度----42
ボーレート----211

【ま】
マルチキャリヤ方式----245
マルチパス----242
マンチェスタ符号----120

【や】
抑圧搬送波変調----36
両側スペクトル----11
量子化----165
量子化誤差----166
量子化ステップ----165
量子化レベル----165

【ら】
レイリー分布----198

漏話------------------------------------118
ロールオフフィルタ----------------215

【わ】

ワンセグ--------------------------------241

著者略歴
下塩　義文（しもしお　よしふみ）（1章，3章，4章，5章）
1975年　電気通信大学電気通信学部電波通信学科卒業
1975年　熊本電波工業高等専門学校（現熊本高等専門学校）勤務
1999年　博士（工学）（九州工業大学）
2018年　熊本高等専門学校退任
現在に至る
西山　英治（にしやま　えいじ）（2章，練習問題）
1986年　熊本電波工業高等専門学校電波通信学科卒業
1991年　山形大学工学部電気工学科卒業
1993年　熊本電波工業高等専門学校（現熊本高等専門学校）・助手（助教）
1998年　熊本大学大学院自然科学研究科博士後期課程修了
（システム科学専攻）・博士（工学）
2011年　熊本高等専門学校・教授（情報通信エレクトロニクス工学科）
（第1級無線技術士・第1級総合無線通信士・第1級アマチュア無
技士）
現在に至る。

実践的技術者のための電気電子系教科書シリーズ
通信システム工学
アナログ・ディジタル変復調技術

2018年4月18日　初版第1刷発行

検印省略

著　者　下　塩　義　文
　　　　西　山　英　治
発行者　柴　山　斐呂子

〒102-0082　東京都千代田区一番町27
電話03（3230）0221（代
FAX03（3262）8247
振替口座　00180-3-3608
http://www.rikohtosho.c
発行所　理工図書株式会社

Printed in Japan　ISBN978-4-8446-08
印刷・製本　ムレコミュニケーションズ